T0222222

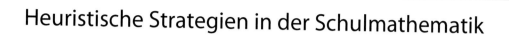

Heuristische Strategien in der Schulmathematik

Peter Stender

Heuristische Strategien in der Schulmathematik

Eine Methodendidaktik

 Springer Spektrum

Peter Stender
Hamburg, Deutschland

ISBN 978-3-662-64078-4   ISBN 978-3-662-64079-1   (eBook)
https://doi.org/10.1007/978-3-662-64079-1

Die Deutsche Nationalbibliothek verzeichnet diese Publikation in der Deutschen Nationalbibliografie; detaillierte bibliografische Daten sind im Internet über http://dnb.d-nb.de abrufbar.

© Der/die Herausgeber bzw. der/die Autor(en), exklusiv lizenziert durch Springer-Verlag GmbH, DE, ein Teil von Springer Nature 2021
Das Werk einschließlich aller seiner Teile ist urheberrechtlich geschützt. Jede Verwertung, die nicht ausdrücklich vom Urheberrechtsgesetz zugelassen ist, bedarf der vorherigen Zustimmung der Verlage. Das gilt insbesondere für Vervielfältigungen, Bearbeitungen, Übersetzungen, Mikroverfilmungen und die Einspeicherung und Verarbeitung in elektronischen Systemen.
Die Wiedergabe von allgemein beschreibenden Bezeichnungen, Marken, Unternehmensnamen etc. in diesem Werk bedeutet nicht, dass diese frei durch jedermann benutzt werden dürfen. Die Berechtigung zur Benutzung unterliegt, auch ohne gesonderten Hinweis hierzu, den Regeln des Markenrechts. Die Rechte des jeweiligen Zeicheninhabers sind zu beachten.
Der Verlag, die Autoren und die Herausgeber gehen davon aus, dass die Angaben und Informationen in diesem Werk zum Zeitpunkt der Veröffentlichung vollständig und korrekt sind. Weder der Verlag noch die Autoren oder die Herausgeber übernehmen, ausdrücklich oder implizit, Gewähr für den Inhalt des Werkes, etwaige Fehler oder Äußerungen. Der Verlag bleibt im Hinblick auf geografische Zuordnungen und Gebietsbezeichnungen in veröffentlichten Karten und Institutionsadressen neutral.

Planung/Lektorat: Annika Denkert
Springer Spektrum ist ein Imprint der eingetragenen Gesellschaft Springer-Verlag GmbH, DE und ist ein Teil von Springer Nature.
Die Anschrift der Gesellschaft ist: Heidelberger Platz 3, 14197 Berlin, Germany

Alle Mathematikerinnen und Mathematiker wissen, was in diesem Buch steht.
Viele wissen jedoch nicht, dass sie es wissen.

Alle Lehrerinnen und Lehrer lehren, was in diesem Buch steht.
Viele wissen jedoch nicht, dass sie es lehren.

Es hilft, wenn man weiß, wass man weiß und lehrt.

Inhaltsverzeichnis

1. Einleitung

Mathematik ist seit Generationen eines der wichtigsten Unterrichtsfächer in Deutschland und weltweit. Gleichzeitig ist es eines der umstrittensten Fächer: einerseits wird der Ausbildung im Fach Mathematik von den bildungspolitisch tätigen Akteuren ein sehr hoher Stellenwert zugemessen, andererseits kann man problemlos öffentlich bekennen, von Mathematik keine Ahnung zu haben, was für andere Kernfächer wie den Unterricht in deutscher Literatur oder Rechtschreibung undenkbar ist. Es ist allgemein anerkannt, dass Mathematik wichtig ist, da in den MINT-Fächern ein Studium ohne solide Mathematikkenntnisse kaum möglich ist und die aus diesen Fächern hervorgehenden Absolventen einen großen Anteil an der Produktion des Reichtums unserer Gesellschaft haben. Andererseits gibt es ein weit verbreitetes Verständnis dafür, Mathematik nicht zu können – das Fach wird allgemein als schwierig eingeschätzt, wenn nicht gar als eine Art Geheimwissenschaft.

Wie kommt es zu dieser Einschätzung? „Mathematik macht Spaß!" – so ging es mir doch immer, warum nicht allen anderen auch? Mathematik zu betreiben bedarf einer besonderen Denkweise, die nicht jedem Menschen in gleicher Weise liegt. Wem diese Denkweise nicht so liegt, der tut sich schwerer mit dem Lernprozess und wird oft von wohlmeinenden Lehrkräften mit kleinen überschaubaren Kalkülen konfrontiert, die so geübt werden können, dass man damit über die nächste Klassenarbeit kommt. Schülerinnen und Schüler schätzen dies sehr (wegen der akzeptablen Noten trotz des Gefühls, eigentlich nichts verstanden zu haben) aber Spaß macht das Ganze natürlich nicht: Kalküle abarbeiten ohne diese wirklich verstanden zu haben und ohne zu wissen, wozu das nützlich ist oder was das Ergebnis soll – diese Art Mathematik zu betreiben würde mir auch keinen Spaß machen.

Wann macht Mathematik Spaß? Wenn man die gelernte Mathematik verwenden kann, um Fragen zu beantworten, also Erfolgserlebnisse hat und dabei das Gefühl, Mathematik zu benutzen und nicht von unverstandenen Rezepten beherrscht zu werden, wo ein einzelner Fehler bei der Rezeptbearbeitung zum Totalschaden führt.

An dieser Stelle sollen keine Wunder versprochen werden: für alle diejenigen, die keinen intuitiven Zugang zum mathematischen Denken haben, ist diese Denkweise nicht einfach zu erwerben. Aber es sollte vorteilhaft sein, wenn man als Lernender zumindest weiß, worin diese Denkweisen bestehen und dazu gehört, dass diese in der Lehre explizit gemacht werden. Zu verstehen *warum* man bestimmte Verfahren in der Mathematik lernen soll könnte motivierend wirken und helfen, das Gelernte sinnvoll einzuordnen – und dann vielleicht auch ein wenig besser zu lernen.

Dieser Ansatz wird hier verfolgt: es wird versucht, einen Teil der mathematischen Denkweisen explizit zu machen und zu zeigen, wo diese in der Schulmathematik auftreten. Aus wissenschaftstheoretischer Sichtweise bezeichnet man das spezifische

© Der/die Autor(en), exklusiv lizenziert durch
Springer-Verlag GmbH, DE, ein Teil von Springer Nature 2021
P. Stender, *Heuristische Strategien in der Schulmathematik*,
https://doi.org/10.1007/978-3-662-64079-1_1

Vorgehen einer Wissenschaft als dessen *Methode,* daher wurde dieser Begriff als Teil des Untertitels gewählt. Heuristische Strategien werden schon seit Jahrzehnten in der Fachdidaktik thematisiert, haben aber nur in geringem Maße explizit den Weg in die Schule gefunden. Hier wird gezeigt, welche Bedeutung die heuristischen Strategien in der Schulmathematik haben und wie diese für Schülerinnen und Schüler sinnstiftend in den Unterricht eingebracht werden können.

Diese Betrachtungsweise – heuristische Strategien als zentraler Teil der Methode der Mathematik – kann hier nicht für den gesamten Fachinhalte der Schule entwickelt werden. Die These, dass heuristische Strategien als Methode der Mathematik an vielen Stellen wirkmächtig für das Verständnis des Faches und der Lehre sind, wird jedoch mit zahlreichen Beispielen von der Grundschule bis in die Universität hinein belegt. Damit wird der Fachdidaktik eine Sichtweise hinzugefügt, die hier als *Methodendidaktik* bezeichnet wird. *Methodendidaktik* analysiert Fachinhalte analog zur Stoffdidaktik, fokussiert jedoch auf die implizit in der Mathematik enthaltenen Denkvorgänge und verwendet dafür ein weit gefasstes Konzept von heuristischen Strategien, das im ersten Abschnitt vorgestellt wird. Im zweiten Abschnitt folgen Beispiele, die die Bedeutung des Konzepts belegen und im dritten Abschnitt werden weitere fachdidaktische Konsequenzen ausgeführt.

Teil I.

Theoretische Grundlagen

Im diesem ersten Abschnitt werden die theoretischen Grundlagen und die im Buch verwendeten Begriffe geklärt. Hier werden zunächst zwei Aspekte mathematischer Handlungsstrategien bzw. mathematischer Methoden unterschieden: heuristische Strategien und Beweisstrategien. Beide Aspekte werden dann noch in Beziehung zu den mathematischen Kompetenzen gesetzt, wie sie in den Bildungsplänen verankert sind.

Wieso wird hier den mathematischen Methoden ein eigenes Buch gewidmet?

In vielen Bereichen von Schule und Wissenschaft sind in den letzten Jahrzehnten die zur Anwendung kommenden Methoden stärker in den Blick genommen worden: in den Schulen führte das Methodentraining nach Klippert (1997) zu anhaltenden Diskussionen und oft zur Formulierung von schulinternen Methodencurricula, auch wenn dieser Ansatz sich deutlicher Kritik ausgesetzt sah (Wisniewski & Vogel, 2013). In den Bildungswissenschaften ist heute (noch vor vierzig Jahren war das nicht ganz so) keine Veröffentlichung mehr denkbar, ohne dass genau dargestellt wird, mit welcher Methode man die Ergebnisse gewonnen hat: seien es quantitative Methoden wie Fragebögen oder Tests oder qualitative Methoden wie die Auswertung von Videoaufnahmen oder Interviews oder auch die Analyse vorhandenen Materials – alles detailliert und mit Bezug auf gut beschriebene Standardmethoden. So wurden viele der hier genannten eigenen Ergebnisse durch die Analyse von mathematischen Materialien unter Verwendung der in den beiden nächsten Abschnitten vorgestellten Begriffe gewonnen.

Die Tatsache, dass die Methoden in den Fokus von wissenschaftlich Tätigen und Lehrpersonen gelangten, sollte dabei nicht überraschen. In der Wissenschaftstheorie ist es unstrittig, dass eine spezielle Wissenschaft sich durch zwei Aspekte auszeichnet: ihren Gegenstand und ihre Methode. So wird der „Mensch" als wissenschaftlicher Gegenstand unter anderem in der Biologie, der Soziologie, der Psychologie, der Medizin, der Geschichte und der Philosophie untersucht. Die Methoden dieser Wissenschaften sind dabei jedoch sehr unterschiedlich und das macht einen großen Teil des Unterschiedes dieser Wissenschaften aus.

Wie ist es also mit den Methoden in der Mathematik?

In der traditionellen mathematischen Lehre steht der Fachinhalt im Vordergrund. So enthielten Lehrpläne jahrelang eine Liste von Fachinhalten, die zu unterrichten waren. In den siebziger Jahren des letzten Jahrhunderts gab es den Ansatz der *operationalisierten Lernziele*: Es wurde nicht nur gesagt, welcher Fachinhalt unterrichtet werden sollte, sondern welche *Handlungen* Schülerinnen und Schüler mit den mathematischen Gegenständen durchführen können sollten. Dies wurde wieder aufgegeben, weil die Handlungsbeschreibungen äußerst kleinschrittig waren mit dem Resultat, dass oft ebenso kleinschrittig im Unterricht einzelne Lernziele angestrebt wurden und der Gesamtzusammenhang der Mathematik aus dem Blick geriet[1]. Modulhandbücher für das Mathematikstudium lesen sich auch heute noch oft als reine Aufzählungen von Fachinhalten und diese stehen in den Mathematikvorlesungen

---

[1] Wer mit diesen Beschreibungen operationalisierter Lernziele vertraut ist erlebt heute ein déja vu wenn der Blick auf die in manchen Schulen verwendeten Checklisten zu innermathematischen Kompetenzen fällt.

dementsprechend deutlich im Zentrum: eine Definition wird angegeben, ein Satz formuliert und der Beweis vorgeführt. Die Frage, wie man zu der Definition, dem Satz oder gar dem Beweis kommen würde, wenn man das selbst entwickeln müsste, wird selten gestellt oder beantwortet[2]. Einzelne Beweisstrategien[3] werden explizit behandelt wie die vollständige Induktion oder der Beweis durch Widerspruch und wenig mehr. Andere Strategien müssen die Studierenden in der Auseinandersetzung mit den Übungsaufgaben selbst entwickeln. Dabei ist die Frage „Wie kommt man darauf?" jeder Lehrperson gut bekannt und dies *ist* die zentrale Frage nach der Methode: *méthodos* aus dem Griechischen heißt so viel wie „Weg zu etwas hin".

Die Methoden der Mathematik im Sinne des Aufzeigens des Weges, auf dem die Inhalte entstanden sind, werden in mathematischen wissenschaftlichen Veröffentlichungen nicht thematisiert und werden in großen Teilen der Lehre in Schule und Hochschule nur implizit behandelt. Wissenschaftshistorisch war dies nicht immer so: noch Euler hat in seinen Veröffentlichungen Wege und Irrwege, Ansätze und Ideen mit dargestellt. Den Wechsel in der Sichtweise, was in einem mathematischen Aufsatz veröffentlicht wird, scheint Gauß initiiert zu haben, dem bezüglich der Darstellung von mathematischen Sachverhalten der Satz nachgesagt wird: „ein Architekt lässt niemals das Gerüst stehen, nur damit die Leute erkennen können, wie das Gebäude erbaut wurde." (zitiert nach Gerwig et al. (2015, S. 111)). Heute hat es sich als Standard etabliert, dass nur das fertige Gebäude präsentiert wird wie auch aus einer Äußerung Freudenthals entnommen werden kann: „Wenn er (der Mathematiker) von den Überlegungen, die ihn zum Ziel führten, etwas veröffentlichte, käme er sich vor, als stände er in der Unterhose auf der Straße." (ebenfalls nach Gerwig et al. (2015)).

In wissenschaftlichen Veröffentlichungen ist diese Darstellungsweise der Mathematik durchaus effizient: Der präsentierte Beweis besteht aus einer Abfolge von Schlussfolgerungen, die vom Leser oder von der Leserin geprüft werden können, ohne deren Genese zu kennen. Die Prüfung der einzelnen Beweisschritte (und nur darum geht es in erster Linie in der Wissenschaft: ist der Satz wahr?) wird dadurch in der Regel sogar erleichtert, da deutlich weniger Information zu verarbeiten ist als wenn man sich durch etliche nicht erfolgreiche Versuche durcharbeiten müsste. Für den Lernprozess sind diese Irrwege jedoch möglicherweise äußerst instruktiv.

Aber was sollen die Methoden der Mathematik in der Schule – eigenständiges Finden von Beweisen hat in der Schulmathematik doch wenig Bedeutung.

Die Methoden der Mathematik spielen nicht nur beim Finden und Entwickeln von Beweisen eine Rolle, sondern sind die Grundlagen allen mathematischen Handelns[4] und treten dementsprechend auch in allen Bereichen der Schulmathematik auf. Kennt man diese Methoden, so kann man einerseits die kognitiven Strukturen, die in den Lerngegenständen enthalten sind, besser verstehen und daher den Schülerinnen und Schülern besser erklären. Zum anderen wendet jeder Mensch

---

[2]Eine Ausnahme bildet hier zum Beispiel die von Grieser (2013) beschriebene Vorlesung.

[3]Mit dem Ausdruck *Beweisstrategien* werden hier solche mathematischen Strategien bezeichnet, bei denen die formale Sprache zwingend eingesetzt wird. Beispiele werden in Kapitel 3 beschrieben.

[4]Daher wird dieser Bereich der Mathematik in der Fachdidaktik oft auch als „Mathematik als Prozess" bezeichnet.

diese Methoden an, wenn er oder sie selbständig Mathematik im weitesten Sinne benutzt, das heißt „mathematisch denkt." Für alle diejenigen, die später in Studium oder Beruf mathematisch denken müssen, sind die mathematischen Methoden die zentrale Fähigkeit, um selbständig Situationen zu bewältigen. Für alle, die später die Fachinhalte aus dem Unterricht nicht verwenden, ist die Fähigkeit mathematisch zu denken, also in einer spezifischen Weise an Probleme heran zu gehen, das einzige, was von einem höheren Mathematikunterricht an Wirkung übrigbleibt.

„Bildung ist das, was übrigbleibt, wenn man alles vergessen hat, was man gelernt hat."[5] Was bleibt übrig, wenn man alle Inhalte vergessen hat? Die Methoden! Neben den heuristischen Strategien und speziell den Beweisstrategien ist noch ein weiterer Bereich mathematischer Methoden im Fokus der fachdidaktischen Diskussion: *mathematisches Lesen und Schreiben*. Mathematische Texte verwenden eine spezifische sehr kondensierte Darstellung der Sachverhalte und das Lesen und Verstehen dieser Texte erfordert daher spezifische Vorgehensweisen. Dies gilt auch für das selbständige Verfassen mathematischer Formulierungen. Geübt wird dies im Mathematikstudium, wenn Studierende die Lösungen zu Übungsaufgaben formulieren, wobei die wesentlichen Aspekte wiederum implizit den mathematischen Darstellungen aus der Vorlesung zu entnehmen sind. Dieser Bereich der mathematischen Methoden wird hier nicht ausführlich behandelt.

Abbildung 1.1 gibt Überblick über die hier vorgestellte Sichtweise auf die Mathematik.

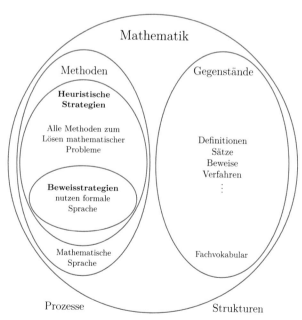

Abbildung 1.1.: Gegenstände und Methoden der Mathematik

---

[5]Dieses Aussage wird u.a. Werner Heisenberg zugeschrieben.

A successful research mathematician has mastered a dozen general heuristic principles of large scope and simplicity, which he/she applies over and over again. These principles are not tied to any subject but are applicable in all branches of mathmathematics. He usually does not reflect about them but knows them subconsciously. (Engel, 1998)

2. Heuristische Strategien

2.1. Der Anfang: Pólya

George (György) Pólya lebte von 1887 bis 1985 und war ein ungarischer Mathematiker, der 1940 in die USA emigrierte. 1945 publizierte er sein bekanntestes Werk über heuristische Strategien mit englischen Titel: „How to solve it? A new Aspect of Mathematical Methods."[1] Mit diesem Titel drückt Pólya aus, dass er einerseits darüber schreibt, wie man (mathematische) Probleme löst, aber andererseits auch, dass er seine Darstellung als Beschreibung mathematischer Methoden verstanden wissen will. Dieser Aspekt ist leider in dem Titel der deutschen Übersetzung verloren gegangen: „Schule des Denkens – Vom Lösen mathematischer Probleme"[2] . Weitere Aspekte von heuristischen Strategien werden in Pólya (1966a, 1966b) beschrieben. In allen diesen Werken erklärt Pólya die heuristischen Strategien durch Beispiele für ihre Anwendung in mathematischen Problemlesesituationen, bringt aber für viele Strategien auch Beispiele dafür, wie sie *außerhalb* der Mathematik zur Anwendung kommen. Dies gibt den heuristischen Strategien für die schulische Bildung eine zusätzliche Bedeutung: im Umgang mit Mathematik werden Denkformen erlernt, die auch außerhalb der Mathematik bedeutsam sind und somit allgemein bilden. Dies mag den deutschen Titel „Schule des Denkens" mit motiviert haben.

In Pólya (2010) wird der Begriff „Heuristik" selbst erklärt als eine Kunst um den Weg zur Lösung eines Problems zu finden. Eine präzisere Beschreibung gibt der deutsche Kognitionspsychologe Dörner (1976), der sich auch auf Pólya's Werk bezieht. Da die Definition des Begriffs „Heuristische Strategie" den Begriff „Problem" verwendet, wird zunächst dieser Begriff definiert:

> *Was ein Problem ist, ist einfach zu definieren: Ein Individuum steht einem Problem gegenüber, wenn es sich in einem inneren oder äußeren Zustand befindet, den es aus irgendwelchen Gründen nicht für wünschenswert hält, aber im Moment nicht über die Mittel verfügt, um den unerwünschten Zustand in den wünschenswerten Zielzustand zu überführen.*

Zentral für die Einordnung einer Fragestellung als Problem ist dabei das Auftreten einer *Handlungsbarriere*:

> *Ein Problem ist also gekennzeichnet durch drei Komponenten:*
>
> 1. *Unerwünschter Anfangszustand s_α*

---

[1] Hier wird die zweite Auflage von 1973 heran gezogen.
[2] Im Folgenden angegebene Seitenzahlen beziehen sich auf die Ausgabe von 2010.

© Der/die Autor(en), exklusiv lizenziert durch
Springer-Verlag GmbH, DE, ein Teil von Springer Nature 2021
P. Stender, *Heuristische Strategien in der Schulmathematik*,
https://doi.org/10.1007/978-3-662-64079-1_2

2. *Erwünschter Zielzustand s_ω*

3. *Barriere, die die Transformation von s_α in s_ω im Moment verhindert.* (Dörner, 1976, S. 10)

Tritt bei einer Fragestellung also keine Handlungsbarriere auf, so ist diese kein Problem, auch wenn die Beantwortung der Frage sehr aufwändig ist. Ein Beispiel hierfür ist die Situation, dass der Gauß-Algorithmus bekannt ist und ein mit Dezimalzahlen voll besetztes lineares Gleichungssystems mit zehn Gleichungen und zehn Unbekannten ohne Computer zu lösen ist. Diese Situation ist kein Problem, bleibt jedoch eine anspruchsvolle Herausforderung. Dörner verwendet zur Abgrenzung solcher Fragestellungen von *Problemen* die Bezeichnung *Aufgabe*:

> *Wir grenzen Probleme von* Aufgaben *ab. Aufgaben sind geistige Anforderungen, für deren Bewältigung Methoden bekannt sind. Die Division von 134 durch 7 ist für die meisten wohl kein Problem, sondern eine Aufgabe, da dafür eine Lösungsmethode bekannt ist. Aufgaben erfordern nur reproduktives Denken, beim Problemlösen muss etwas Neues geschaffen werden.* (Dörner, 1976, S. 10)

Im Rahmen der Schule ist diese Verwendung des Wortes *Aufgaben* ungünstig, da hier als Aufgabe jede Art von Fragestellung verstanden wird, mit der Schülerinnen und Schüler in der Schule konfrontiert werden. Das Wort *Aufgaben* fungiert also als Oberbegriff für die Worte *Problem* und *Aufgaben* im Sinne Dörners. Daher wird hier künftig der Ausdruck *Routineaufgabe* verwendet, wenn Dörners Konzept von *Aufgaben* gemeint ist und für den Oberbegriff die Bezeichnung *Fragestellung*.

Ob im Sinne der obigen Definition *etwas Neues geschaffen werden* muss, hängt dabei nicht nur von der Fragestellung selbst ab, sondern auch von der Person, die diese bearbeitet. Für die Einordnung als Aufgabe muss eine Methode zur Bewältigung derselben nicht nur *im Allgemeinen* bekannt sein, sondern sie muss *im Moment der Bearbeitung der konkreten Person* bekannt sein.

> *Was für ein Individuum ein Problem und was eine Aufgabe ist, hängt von der Vorerfahrung ab. Für den Chemiker ist die Herstellung von Ammoniak aus Luft kein Problem, sondern eine Aufgabe. Für den Laien im Bereich der Chemie ist die Ammoniaksynthese ein äußerst schwieriges Problem. Bei einer Aufgabe fehlt von den drei oben aufgezählten Komponenten der Problemsituation die dritte, nämlich die Barriere.* (Dörner, 1976, S. 10)

Basierend auf dieser Definition definiert Dörner (1976, S. 27): Heuristische Strategien sind Verfahren, mit deren Hilfe Lösungen für Probleme gefunden werden können (Heurismen = Findeverfahren).

Heuristische Strategien sind also Vorgehensweisen mit denen man versucht weiter zu kommen, wenn man nicht weiß, was man als nächstes tun soll – also wie man die Handlungsbarriere überwindet. Damit ist offensichtlich, dass heuristische Strategien keinen Rezeptcharakter haben: es ist eben unklar, wie man weiter kommt, aber die heuristischen Strategien sind ein Handlungsrepertoire, von dem man hofft, dass eine der Strategien oder eine Kombination von diesen dabei hilft, die Handlungsbarriere zu überwinden. Das muss nicht immer gelingen: Mathematikerinnen und Mathematiker mit hervorragend ausgebildeten heuristischen Strategien ist es bisher noch nicht gelungen, die Handlungsbarrieren beim Beweis der Riemanschen Vermutung zu überwinden, trotzdem sind diese Strategien häufig hilfreich.

Nicht alle hier aufgeführten heuristischen Strategien wurden bereits explizit von Pólya beschrieben. Die im Folgenden formulierte Liste von heuristischen Strategien umfasst auch solche, die von anderen Autoren vorgestellt wurden, oder Methoden, die unter anderen Bezeichnungen in der Fachdidaktik diskutiert werden. So können beispielsweise einige „fundamentale Ideen" (für diese siehe z.B. Schweiger, 1992) auch als heuristische Strategien aufgefasst werden, wenn man die Anwendungen der Ideen bei der Lösung mathematischer Probleme betrachtet.

2.2. Verzeichnis Heuristischer Strategien

In diesem Kapitel werden 21 heuristische Strategien vorgestellt und mit Beispielen erläutert. Die Liste nimmt nicht für sich Anspruch, vollständig zu sein, deckt aber sicher einen großen Teil von Pólyas Arbeit ab und berücksichtigt weiter Konzepte.

Nicht hier, sondern im nächsten Kapitel „Beweisstrategien" berücksichtigt werden diejenigen Strategien, die eher im Rahmen der Verwendung formaler Sprache, also im Wesentlichen beim Umgang mit mathematischen Termen, eingesetzt werden.

Um ein gewisse Ordnung in den 21 hier darstellten heuristischen Strategien zu schaffen wurden diese unter Überschriften zusammengefasst, die bei der Darstellung der Strategien mit erläutert werden. Diese Einteilung ist nicht zwingend, andere Gruppierungen sind möglich (z.B. Bruder und Collet, 2011). Die Art der Gruppierung ist für die hier verfolgten Ziele nicht relevant, da immer die konkrete Strategie wirksam wird.

- Material organisieren
  - Unterschiedliche Repräsentationen nutzen,
  - Systematisches Probieren,
  - Simulationen nutzen,
  - Diskretisieren;

- Effektives Nutzen des Arbeitsgedächtnisses
  - Superzeichen bilden,
  - Symmetrie nutzen,
  - Zerlege dein Problem in Teilprobleme;

- Think Big
  - Vergrößere den Suchraum,

    – Nutze Verallgemeinerungen;

- Vorhandenes Nutzen
  - Führe Neues auf Bekanntes zurück,
  - Analogien nutzen,
  - Superpositionsverfahren – kombiniere Teillösungen zur Gesamtlösung,
  - Probleme auf Algorithmen zurückführen;

- Funktionales
  - Betrachte Grenzfälle oder Spezialfälle,
  - Zum Optimieren muss man variieren;
  - Iteration und Rekursion
  - Invarianzprinzip
  - Approximieren

- Arbeitsorganisation
  - Rückwärts arbeiten und Vorwärts arbeiten,
  - Dran bleiben und Aufhören – jeweils zum richtigen Zeitpunkt.

Material organisieren

In der ersten Phase eines Problemlöseprozesses muss die vorliegende Situation in allen Facetten erfasst und die vorhandenen Informationen geordnet und strukturiert werden. Diese Operationen nennt Kießwetter (1985) „Material organisieren". In dieser Phase treten bereits mehrere heuristische Strategien auf: „Unterschiedliche Repräsentationen nutzen, Systematisches Probieren, Simulationen nutzen und Diskretisieren". Dies heißt nicht, dass diese Strategien im weiteren Verlauf eines Problemlöseprozesses nicht mehr auftreten oder dass nicht auch andere Strategien beim Organisieren von Material nützlich sein können. „Material organisieren" wird hier sowohl als Überschrift über einige Strategien, als auch als eigenständige Strategie (2.2.5) betrachtet.

2.2.1. Repräsentationswechsel

Ist man mit einem Problem konfrontiert, so liegen die Fragestellung und weitere Informationen zunächst in einer bestimmten Form vor. In der Schule ist dies häufig ein Aufgabentext, kann aber auch einfach eine provokante These der Lehrperson sein. Im Leben außerhalb der Schule präsentieren sich Probleme oft eher situativ, wenn beispielsweise ein Umzug zu planen ist.[3]

---

[3]In der Literatur wird die Auswahl einer guten Repräsentation auch als fundamentale Idee der Mathematik bezeichnet (Bender & Schreiber, 1985). Bereits bei Pólya (1966a, 1966b, 1973) tritt der Wechsel von Repräsentationen als heuristische Strategie auf: „Consider your problem from various

Eine sinnvoll strukturierte Anordnung der zur Verfügung stehenden Information kann häufig den weiteren Weg zur Lösung erheblich vereinfachen.

Als **erstes Beispiel** wird hier eine einfache Frage aus der Grundschule verwendet:
Händeschütteln (nach Rasch (2003)): Wenn sich Anke, Birgit, Christian und Dieter früh auf dem Schulweg treffen, geben sie sich gegenseitig die Hand. Wie viele Handschläge werden zwischen ihnen gewechselt?

Eine mögliche erste Darstellung des Sachverhaltes wird in Abbildung 2.1 gezeigt und basiert auf der Perspektive von Anke.

Abbildung 2.1.: Händeschütteln 1. Repräsentation

Diese Repräsentation zeigt, dass Anke dreimal Hände schüttelt, was schnell zu der falschen Rechnung „4 Kinder · 3 Linien = 12-mal Hände schütteln" führen kann. Besser ist also die in Abbildung 2.2 gezeigte Repräsentation, bei der dieser Fehler nicht auftritt. Der Wechsel zu einer besseren Repräsentation ist also hier der Schlüssel zu einer einfachen überzeugenden und richtigen Lösung.

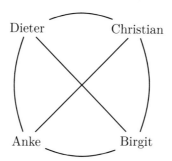

Abbildung 2.2.: Händeschütteln 2. Repräsentation

Als **zweites Beispiel** wählen wir eine einfache typische Fragestellung zum Umgang mit Funktionen:

Eine lineare Funktion f verläuft durch die beiden Punkte $S = (s,0)$ und $T = (0,t)$ mit $s > 0$ und $t > 0$. Zwischen den positiven Koordinatenachsen und der Funktion wird ein Rechteck eingepasst wie in Abbildung 2.3 dargestellt. Wie soll der Punkt $B = (b,0)$ gewählt werden, damit das Rechteck maximalen Flächeninhalt hat?

---

sides and seek contacts with your formerly acquired knowledge". In dem Kompetenzmodell der Bildungsstandards tritt diese Strategie zentral in der Kompetenz „Mathematische Darstellungen verwenden" auf (KMK, 2004, 2005a, 2005b, 2012). Die Behandlung von Repräsentationswechseln in der Literatur ist sehr umfangreich und kann daher hier nicht vollständig dargestellt werden.

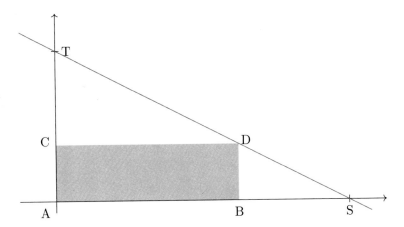

Abbildung 2.3.: Rechteck unter Funktion

Die klassische funktionale Repräsentation dieser Fragestellung verleitet zu einer Bearbeitung der Fragestellung mit Hilfe der Funktion (hier mit Variablen gerechnet, wo in der Schule in der Regel Zahlen stehen):

1. Aufstellen des Funktionsterms $f : x \mapsto -\frac{t}{s}x + t$

2. Aufstellen des Terms für den Flächeninhalt des Rechtecks in Abhängigkeit b
   $A : b \mapsto b \cdot \left(-\frac{t}{s}b + t\right)$

3. Überführen dieses Terms in die Scheitelpunktform (oder in der Oberstufe ableiten)
   $A : b \mapsto -\frac{t}{s}\left(b - \frac{s}{2}\right)^2 + \frac{st}{4}$

4. Wähle die Scheitelstelle der Parabel $\frac{s}{2} = b$ für ein Rechteck mit maximalem Flächeninhalt.

Eine mehr geometrische Betrachtung führt zu einem anderen Lösungsweg: Betrachte das Dreieck AST und schneide es aus Papier aus. Markiere eine Stelle b und Falte entlang BD so, dass das Dreieck BSD auf dem Rechteck zu liegen kommt. Falte jetzt entlang CD so, dass das Dreieck CDT ebenfalls auf dem Rechteck zu liegen kommt. Es entsteht eine Situation wie in Abbildung 2.4 Die Winkel der beiden Dreiecke bei D ergänzen sich zu $90°$, so dass die von D aus verlaufenden Linien der gefalteten Dreiecke aufeinanderliegen müssen. Man beobachtet, dass in der vorliegenden Konfiguration die beiden Dreiecke zusammen einen größeren Flächeninhalt haben, als das Rechteck. Wählt man B in der Mitte von A und S, so sind Rechteckfläche und Summe der Dreiecksflächen gleich. Diese Konfiguration liefert somit den minimalen Flächeninhalt der Dreiecke also den maximalen des Rechteckes. In jeder anderen Lage von B wird ein Teil der Dreiecke aus dem Rechteck herausragen. Dabei wird gleichzeitig erkannt, dass das maximale Rechtecke den halben Flächeninhalt des gegebenen Dreiecks hat.

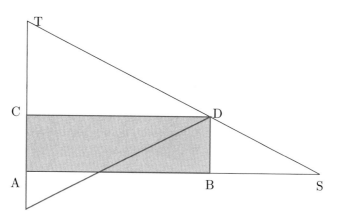

Abbildung 2.4.: Rechteck in einem Dreieck

Der Wechsel der Repräsentation führt hier zu einer Lösung, die ganz ohne formale Ausdrücke auskommt und überzeugt. Die Lösungen sind natürlich identisch, aber auf dem geometrischen Weg wird unmittelbarer deutlich, dass hier die Halbierung von AS die zentrale Rolle spielt. Dies zeigt sich auch schon in der oben berechneten Lösung $\frac{s}{2}$, würde jedoch nicht unmittelbar überzeugen, wenn man ein Zahlenbeispiel gerechnet hätte. Darüber hinaus lässt sich diese geometrische Repräsentation auch nutzen, wenn nicht zwei Kanten des Rechtecks auf den Koordinatenachsen liegen, sondern eine Kante auf dem Funktionsgraphen.

Im **dritten Beispiel** wird ein in der Schule typischer Repräsentationswechsel bei der Darstellung quadratischer Funktionen betrachten:

$$f: \quad \begin{aligned} x \quad &\mapsto \quad 2x^2 + 16x + 30 \\ &= 2(x+4)^2 - 2 \\ &= 2(x+3)(x+5) \end{aligned}$$

Diese drei unterschiedlichen Repräsentationen des Funktionsterms sind alle drei für spezifische Fragestellungen von Vorteil: aus der ersten entnimmt man den y-Achsenabschnitt $y_0 = 30$, aus der zweiten den Scheitelpunkt $S = (-4, -2)$ und aus der dritten die beiden Nullstellen $x_{0_1} = -3$ und $x_{0_2} = -5$. Je nachdem, welche Frage man an die Funktion richtet, ist also eine spezifische Repräsentation der Funktion eine gute Wahl.

Es gibt sehr umfangreiche Literatur zu Repräsentationswechseln, deren umfassende Darstellung hier den Rahmen sprengen würde (u. a. Verschaffel et al., 2010). Eine sehr wichtige Einteilung ist die von Bruner (1967), Bruner et al. (1971) eingeführte Unterscheidung zwischen **e**naktiven, **i**konischen und **s**ymbolischen Repräsentationen (EIS). Die enaktiven Repräsentationen beschreiben Darstellungen durch Handlungen, wobei diese sowohl konkret realisiert oder auch nur vorgestellt sein können, bei ikonischen Repräsentationen wird eine bildliche Form gewählt und bei symbolische Repräsentationen eine Darstellung durch Zeichen im allgemeinen Sinne, also durch Sprache oder Formeln. Im ersten Beispiel (Händeschütteln) wurde demnach zwischen zwei ikonischen Repräsentationen gewechselt, im dritten Beispiel (quadratische Funktionen) zwischen drei verschiedenen symbolischen Repräsentationen und im zweiten Beispiel (Rechteck im Dreieck) zwischen symbolischen und ikonischen (Funktionsterm und Funktionsgraph) und einer enaktiven (Papierfalten). Schon diese wenigen Beispiele illustrieren also, wie vielfältig Repräsentationen sein können. Dementsprechend noch größer ist die Anzahl der möglichen Repräsentationswechsel (die Anzahlen entsprechen der Anzahl der Kinder (Repräsentationen) und der Anzahl des Händeschüttelns (Repräsentationswechsel) aus dem ersten Beispiel), diese wächst quadratisch mit der Anzahl der Repräsentationen.

Repräsentationswechsel, speziell der Umgang mit Superzeichen (Abschnitt 2.2.7), sind in der Mathematik von sehr großer Bedeutung, stellen aber gleichzeitig eine sehr große Schwierigkeit dar, so dass Lehrpersonen im Umgang mit Repräsentationswechseln immer besonders aufmerksam seien müssen (Dreher, 2013; Kuntze, 2013; Sprenger et al., 2013; Wagner & Wörn, 2013).

Ein wichtiger Spezialfall von Repräsentationswechseln sind **Perspektivwechsel**. Dies tritt besonders in dreidimensionalen geometrischen Situationen auf. Am deutlichsten wird dies in der Tatsache, dass es für die perspektivische Darstellung verschiedene unterschiedliche Ansätze gibt: In der Mathematik wird zuallererst zwischen Parallelprojektion und Zentralprojektion unterschieden. In Anwendungen und der Kunst werden weitere Bezeichnungen für spezielle Projektionen / Perspektiven verwendet: die in der Ingenieurwissenschaft weit verbreitete Dreitafelprojektion (drei Parallelprojektionen auf die von den Koordinatenachsen aufgespannten Ebenen), die standardmäßig für Konstruktionszeichnungen verwendet wird, die Vogelperspektive oder Militärperspektive von Luftbildaufnahmen und Landkarten, die sprichwörtliche Froschperspektive, eine Zentralprojektion, bei der der Augpunkt auf dem Fußboden liegt, Perspektiven mit zwei Fluchtpunkten und etliche weitere. Jede Form von Weltkarte unserer Erde verwendet eine bestimmte Art von Projektion und damit eine spezifische Lage von einem oder mehreren Augpunkten, um unterschiedliche Weltkarten zu erzeugen, die für unterschiedliche Fragestellungen geeignet sind (längentreu, winkeltreu, flächentreu). Hier wird besonders deutlich, dass eine bestimmte Perspektive eingenommen werden muss, um eine spezifische Fragestellung zu beantworten. Für Reisezeiten mit dem Flugzeug benötigt man längentreue Karten, für Positionsbestimmungen mit Winkelpeilungen benötigt man winkeltreue Karten.

Ein weiterer zentraler Aspekt von Repräsentationswechseln ist der Wechsel zwischen **formaler Sprache und Normalsprache**. Unter formaler Sprache werden hier alle Ausdrücke verstanden, die mit mathematischer Symbolik formuliert werden. Insbesondere gehören dazu: Terme, Funktionen, Rechenausdrücke aus der Arithmetik oder mathematische Formeln, wie sie in Formelsammlungen aufgelistet sind. In der Schulgeometrie[4] nimmt die exakte Zeichnung die Rolle der Formalsprache ein. Der Ausdruck „Normalsprache" wird für die übliche Sprache mit Wörtern unter Verwendung einer korrekten Syntax und Semantik verwendet. Mit Normalsprache ist nicht Umgangssprache oder Alltagssprache mit Bestandteilen von „Slang"

---

[4]In der Universitätsmathematik werden auch die geometrischen Objekte in erster Linie formalsprachlich dargestellt.

gemeint, es wird jedoch auch nicht der hohe Anspruch wie an die wissenschaftliche Sprache gestellt. Normalsprache beschreibt die angestrebte Sprachqualität guten Unterrichts. Bei anspruchsvollen mathematischen Fragestellungen spielt dieser Repräsentationswechsel eine zentrale Rolle:

- Ist die Fragestellung in Formalsprache formuliert, ist es sehr sinnvoll, diese in Normalsprache zu übersetzen.

- Ist die Fragestellung in Normalsprache formuliert, ist es sehr sinnvoll, diese in Formalsprache zu übersetzen.

Für erfolgreiches Arbeiten benötigt man beide Repräsentationen. Das Beweisen oder Rechnen findet in der Formalsprache statt, während das Denken darüber, wie man vorgeht, oft in Normalsprache realisiert wird. Dieser Repräsentationswechseln ist eine der großen Hürden für viele Studierende in der Mathematik in der Studienanfangsphase, er sollte also in der Schule bewusst vorbereitet werden. Dazu gehört die Entwicklung einer korrekten Fachsprache.

Repräsentationswechsel sind innerhalb und außerhalb der Mathematik oft der Schlüssel zur Lösung eines Problems, man sollte sich aber immer vergegenwärtigen, dass *Repräsentationswechsel kein Selbstzweck* sind! Repräsentationswechsel dienen dazu, die Darstellung einer Situation so zu verändern, dass man sie besser bewältigen kann. Auch wenn Repräsentationswechsel als heuristische Strategie kein sicheres Verfahren zum Lösen eines Problems sind, so sind sie doch immer mit einem bestimmten Ziel verbunden. Wenn unterschiedliche Repräsentationen eines Sachverhaltes betrachtet werden, sollte also immer der mögliche Nutzen mit thematisiert werden, also die Stärken und Schwächen der jeweiligen Repräsentation, damit dieses Wissen im Anwendungsfall handlungsleitend sein kann.

2.2.2. Systematisches Probieren

Analytische Lösungen für Fragestellungen werden in der Mathematik im Allgemeinen als die wertvollste Art von Lösungen angesehen. Geschlossene Terme als Antwort für eine Fragestellung, möglichst mit Parametern statt Zahlen, stellen ein wirkmächtiges Antwortschema dar, da das Zusammenspiel der Einflussfaktoren besonders deutlich wird und Lösungen gut verallgemeinert werden können. Die Lösungen von $x^2 - 2x - 1 = 0$ lauten $x_{0_1} = 1 + \sqrt{2}$ und $x_{0_2} = 1 + \sqrt{2}$ mit einer Genauigkeit, die man durch Ausprobieren möglicher Lösungen niemals finden kann. Wenn analytische Lösungswege bekannt und einfach zu realisieren sind, werden diese deswegen oft vorgezogen. Trotzdem hat das Probieren im mathematischen Problemlöseprozess eine große Bedeutung, da bei vorhandenen Problemen der Lösungsweg ja nicht bekannt ist (auch wenn er vielleicht aus Sicht der Lehrperson bekannt sein sollte). Weiß man wenig über die Situation, wird man zunächst unsystematisch probieren, es ist aber immer vorteilhaft, wenn der Probierprozess systematisiert wird. Auf jeden Fall gilt: eine durch Probieren gefundene Lösung ist besser als keine Lösung.[5]

---

[5]In der Literatur tritt diese Strategie bereits in vielen Beispielen von Pólya (1966a, 1966b, 1973). Daneben wird diese Strategie auch in den Darstellungen von Dörner (1976, S. 26) und

Das **erste Beispiel** ist eine klassische Textaufgabe aus dem Mathematikunterricht: Für die Gäste einer Geburtstagspartie sollen 10 Stück Kuchen eingekauft werden. Dafür stehen 21 Euro zur Verfügung. Man kann zwei verschiedene Kuchensorten kaufen; ein Stück Bienenstich kostet 2 Euro, ein Stück Torte 2,30 Euro. Es sollen möglichst viele Stücke Torte eingekauft werden. Wie viele sind das?

Die Lehrperson hat den analytischen Ansatz klar vor Augen: $x \in \mathbb{N}$ ist die Anzahl der Torten, somit $10 - x$ die Anzahl der Bienenstiche und der Preis für den Kuchen bei variierendem x ist $P(x) = 2,3 \cdot x + 2 \cdot (10 - x) = 20 + 0,3x$. Zu lösen ist also die Ungleichung $20 + 0,3x \leq 21 \Leftrightarrow 0,3x \leq 1 \Leftrightarrow x \leq \frac{10}{3} \Leftrightarrow x \leq 3$ (da $x \in \mathbb{N}$). Maximal drei Torten sind unter den gegebenen Bedingungen bezahlbar.

Lösung von Clara aus einer 4. Klasse (Zimmermann, 2002): Ich „kaufe" zunächst 10 Bienenstiche, dann habe ich einen Euro über. Jetzt tausche ich Torte gegen Bienenstich, das kostet 0,30 € Die passen in den einen Euro 3-mal rein, 4-mal liegt schon drüber, also kann ich 3 Stück Torte kaufen.

Der Schlüssel zu dieser überzeugenden Lösung ist sicherlich, einfach mit irgendeinem Wert anzufangen. Dies sind hier 10 Stück Bienenstich, also die maximale mögliche Anzahl. Als Startwert für die Überlegung wäre aber jede andere Zahl genauso geeignet gewesen. Bei einem Einstieg mit 10 Stück Torte als erste Annahme hätte Clara gemerkt, dass ihr 2 € fehlen und hätte dann berechnen können, dass sie sieben mal 0,30 € sparen muss.

Ebenso möglich gewesen wäre es, eine komplette Wertetabelle zu machen, also systematisch alle möglichen Ergebnisse zu probieren. Eine Wertetabelle ist oft eine Form systematischen Probierens, insbesondere wenn in Textaufgaben nur ein gerundetes Ergebnis sinnvoll ist.

Als **zweites Beispiel** betrachten wir eine typische Frage beim Umgang mit quadratischen Funktionen $f : x \mapsto ax^2 + bx + c$. Welche Auswirkung hat eine Veränderung eines der Parameter a, b, c auf die Lage des Funktionsgraphen im Koordinatensystem? Für die Parameter a und c kann man mit überschaubaren analytischen Argumenten die Wirkung noch klären, beim Parameter b wird dies jedoch schon sehr anspruchsvoll. Das Zeichnen einer Funktionenschar mit systematisch variiertem Parameter b liefert hier eine angemessene Lösung.

In komplexeren Situationen hat systematisches Probieren nicht nur den möglichen Effekt, dass man zu einer Lösung gelangt, sondern auch einen Lerneffekt über den untersuchten Sachverhalt. Die Beschäftigung mit einzelnen Beispielen kann zur Entdeckung von Regelmäßigkeiten, Mustern oder Strukturen führen, die dann im weiteren Bearbeitungsprozess genutzt werden. Dies tritt oft bei komplexeren Textaufgaben auf, bei denen man sich zunächst in der Gesamtsituation orientieren muss.

Diese Strategie kann dann auf Lernprozesse übertragen werden: Ist man im Mathematikstudium mit einem Satz oder einer Definition konfrontiert, die man nicht versteht, ist es oft hilfreich, sich ein Beispiel mit einfachen Werten zu konstruieren. Wieder liegt ein Problem vor, das hier jedoch nicht in dem finden einer Lösung

---

den Aufzählungen heuristischer Strategien von Bruder und Collet (2011), Schreiber (2011) und Schwarz (2018) beschrieben.

besteht, sondern sich als Verständnisproblem präsentiert. Auch gilt es, eine Barriere zu überwinden und dazu kann es helfen, konkrete Varianten der abstrakten Aussage durchzuprobieren.

Da in vielen komplexen Situationen in Wissenschaft und Alltag zunächst oft nur willkürlich gewählte Beispiele und Probieransätze möglich sind, ist es wichtig, diese Denkweise in der Schule zu kultivieren und entsprechende Lösungen zu würdigen.

2.2.3. Simulationen nutzen

Der Einsatz von Simulationen kann als groß angelegtes systematisches Probieren angesehen werden, als Handlungskonzept hat es jedoch aufgrund einer erhöhten Komplexität eine eigene Qualität. Simulationen werden in der Schule in erster Linie eingesetzt, wenn Fragestellungen mit Realitätsbezug untersucht werden. Das ist häufig in der Wahrscheinlichkeitsrechnung der Fall. Hier können Wahrscheinlichkeitsexperimente mit Würfeln, Glücksrädern oder Urnenmodellen simuliert werden, was zu wichtigen Einblicken in den Beziehungen zwischen Wahrscheinlichkeiten und Statistik führen, wie beispielsweise von Riemer (1991)[6] sehr instruktiv dargestellt wurde.

Viele Simulationen werden heute mit Computern realisiert, wobei dann mathematische Konzepte mit Hilfe einer Programmiersprache oder Simulationsoberfläche implementiert werden. Ein umfangreiches Beispiel zur Stochastik wurde von Stender (2015) unter Verwendung einer Tabellenkalkulation vorgestellt. Weitere Beispiele werden unter anderem von Biehler et al. (2006) beschrieben, wobei die Software „Fathom" eingesetzt wird. Die Software „Dynasys" eignet sich gut um dynamische Systeme zu simulieren, wie beispielsweise Räuber-Beute-Modelle. Solche Simulationen können als eigenständige Ergebnisse interpretiert werden, sind aber oft auch Ausgangspunkt für die tiefere mathematische Analyse der zugrundeliegenden Zusammenhänge.

Neben den bereits genannten Simulationen aus dem Bereich der Stochastik gibt es auch im Kontext von Modellierungsproblemen Simulationen, die auch ohne Computer auskommen. Das bekannteste Beispiel ist hier das Brettspiel Ökolopoly von Frederic Vester, in dem komplexe Zusammenhänge zwischen Wirtschaft und Natur simuliert werden. Ebenfalls, wie ein Brettspiel anmutend, ist die Simulation eines Kreisverkehrs von Stender (2016a) beschrieben. „Autos" in Form unterschiedlich farbiger Papierstückchen, wobei die Farben das Ziel der Autos im Kreisverkehr repräsentieren, werden systematisch durch den Kreisverkehr auf der Spielfläche (Abbildung 2.5) geschoben, um zu verstehen, wie viele Autos höchstens einen Kreisverkehr in einer bestimmten Zeit durchqueren können. Dabei erlaubt das Ergebnis des Spiels auch quantitative Aussagen.

---

[6]Dieses vergriffene Werk wird von Wolfgang Riemer kostenlos als pdf-Datei zur Verfügung gestellt: www.riemer-koeln.de/cmbasic/?archiv

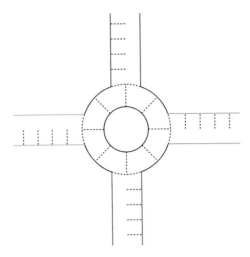

Abbildung 2.5.: Simulation eines Kreisverkehrs

2.2.4. Diskretisieren

Diskretisieren bedeutet, eine kontinuierliche Situation in endlich viele Teile zur zerlegen, bei denen innerhalb eines Teils Aspekte als konstant angesehen werden, die in der kontinuierlichen Situation veränderlich sind.[7]

Als **erstes Beispiel** kann die Simulation des Kreisverkehrs aus Abbildung 2.5 dienen: in der Simulation werden die Autos von einem Feld zum nächsten gezogen und bleiben dort während des restlichen Spielzuges, also während die anderen Autos bewegt werden, stehen. In der Realität fährt ein Auto mit gleichmäßigem Tempo durch den Kreisverkehr, der Ort ändert sich kontinuierlich, während er sich in der Simulation in diskreten Schritten verändert.

Ein **wichtigstes Beispiel** aus der Schulmathematik ist sicherlich die Berechnung des Umfangs eines Kreises, indem der Kreis näherungsweise durch einen n-Eck angenähert wird, dessen Umfang bestimmt wird (Abschnitt 10). Dort, wo der Kreis rund ist, ist das n-Eck jeweils gerade. Die Richtung, in der die Länge gemessen werden muss, ist also stückweise konstant, während sie sich beim Kreis kontinuierlich ändert. In der Schule wird man sich häufig mit endlichen Werten für n zufriedengeben und den Übergang zur Kreiszahl π argumentativ gestalten. Mathematisch konsequent zu Ende gedacht muss der Grenzübergang realisiert werden, bei dem n beliebig groß wird. Durch diesen Grenzübergang wird die Diskretisierung aufgehoben. Leider sieht die Sprache kein eigenes Wort hierfür vor, wie z.B. „Rediskretisierung" oder „Kontinuierlichisierung" – so ein Begriff wäre manchmal hilfreich. Dieses und die folgenden Beispiele sind auch aussagekräftig in Hinblick auf die Strategie „Approximieren".

---

[7]In der Literatur wird diese Strategie überwiegend von Mathematikern als Teil der Methoden der Mathematik beschrieben (Amann & Escher, 2010; Schaback & Wendland, 2005; Stoer, 2005; Zeidler et al., 2013). Bei der Beschreibung der fundamentalen Idee „Kontinuität" tritt bei Bender und Schreiber (1985) das Diskretisieren als Teilaspekt auf.

Das **dritte Beispiel** ist die Behandlung des Prinzips von Cavalieri in der Mittelstufenmathematik: das Volumen eines Körpers wird auf die Flächeninhalte von Schnittflächen zurückgeführt. In der Argumentation werden statt der Schnittflächen endlich viele Prismen oder Zylinder betrachtet und dann rediskretisiert. Ganz analog geschieht in der Oberstufenmathematik die Einführung des Riemenintegrals über endlich viele Rechtecke, die den Flächeninhalt unter einer Funktion annähern, mit anschließendem Grenzübergang, der die eine Rechteckseite gegen Null gehen lässt.

Diskretisierungen werden nicht immer rückgängig gemacht: in einem großen Teil der numerischen Mathematik geht es gerade darum, Lösungen für kontinuierliche Situationen auf diskreten Teilräumen zu finden. So werden numerische Integrale durch Auswertung von endlich vielen Funktionsstellen berechnet oder Differentialgleichungen mit endlicher Schrittweite näherungsweise gelöst. Weit verbreitet ist die „Finite-Elemente-Methode", bei dem der kontinuierliche Gegenstandsraum in Dreiecke oder Tetraeder zerlegt wird, innerhalb derer wieder die zentrale Größe als konstant gedacht wird.

2.2.5. Material organisieren

Die Bezeichnung für diese Handlungsstrategie verwendet Kießwetter (1985, S. 302) für die Denkoperationen, mit denen das bei der Bearbeitung der Fragestellungen auftretende Material geordnet und strukturiert wird mit dem Ziel, Muster und Strukturen in der untersuchten Situation sichtbar und identifizierbar zu machen. Der Ausdruck Material wird dabei weit konzeptionalisiert und umfasst alle zu Beginn vorhandenen Informationen und deren Beziehungen zueinander, ebenso wie im Laufe des Bearbeitungsprozesses auftretenden Aspekte.

Die bisher angeführten heuristischen Strategien *Repräsentationswechsel, systematisches Probieren, Simulationen nutzen* und *Diskretisieren* können alle in dieser Phase genutzt werden, um die Situation so aufzubereiten, dass der weitere Problemlöseprozess realisiert werden kann.

Zur Organisation des Materials können auch sehr gut die Fragen verwendet werden, die bei Pólya (2010) in der Tabelle im Klappentext unter der Überschrift *Verstehen der Aufgabe* stehen:

- *Was ist unbekannt? Was ist gegeben? Wie lautet die Bedingung?*

- *Ist es möglich, die Bedingung zu befriedigen? Ist die Bedingung ausreichend, um die Unbekannte zu bestimmen? Oder ist sie unzureichend? Oder überbestimmt? Oder kontradiktorisch?*

- *Zeichne eine Figur! Führe eine passende Bezeichnung ein!*

- *Trenne die verschiedenen Teile der Bedingung! Kannst Du sie hinschreiben?*
  (Pólya, 2010, Klappentext)

Diese Fragen können in der Schule in ähnlicher Form auch gut zum Erschließen von Textaufgaben eingesetzt werden, haben aber in allen Problemlöseprozessen eine hohe Relevanz.

2.2.6. Effektives Nutzen des Arbeitsgedächtnisses

Die Strategien Superzeichenbildung, Nutzen von Symmetrien, Zerlege in Teilprobleme werden unter der Überschrift *Effektives Nutzen des Arbeitsgedächtnisses* zusammengefasst. Für die Verwendung von Superzeichen ist dies in Hinblick auf (Miller, 1956) konstituierend (s. u.). Das Nutzen von Symmetrien ist die Eigenschaft, dass man nur Teile betrachten muss um das Ganze zu kennen. Da ein Teil oder ein einzelner Fall in der Fallunterscheidung weniger komplex als das Ganze ist und daher weniger Aufwändig im Arbeitsgedächtnis zu halten ist, entlastet das Nutzen von Symmetrien auch das Arbeitsgedächtnis. Diese Strategie leistet jedoch oft mehr. Vergleichbares gilt für das Zerlegen eines Problems in Teilprobleme. Diese Bündelung der Strategien unter den Überschriften berücksichtigt einen einzelnen Aspekt der Strategien. Andere Aspekte könnten zu anderen Zusammenfassungen führen. So kann eine Superzeichenbildung auch beim Organisieren von Material auftreten. Die Leserin / der Leser ist aufgefordert, diejenigen Bündelungen der einzelnen heuristischen Strategien zu kreieren, die ihrem / seinem Denken am besten entgegenkommt. Irgendeine Bündelung sollte man verwenden: 21 einzelne Strategien sind zu viel für jedes Arbeitsgedächtnis.

2.2.7. Superzeichen

Der Ausdruck *Superzeichenbildung* wurde von Kießwetter (1977) in die Fachdidaktik der Mathematik eingeführt. Der Begriff *Superzeichen* stammt ursprünglich aus der mathematischen Informationstheorie und ist von der Kognitionspsychologie aufgegriffen worden. Ein Superzeichen ist ein Zeichen, dass für eine (gedankliche) Gruppierung mehrerer Zeichen steht.[8]
  Beispiele:

- $\mathbb{N} = \{1, 2, 3, \dots\}$. Hier steht das Zeichen $\mathbb{N}$ für unendlich viele natürliche Zahlen.

- $\vec{r} = (r_1, r_2, r_3)^T$. Der Vektor $\vec{r}$ steht hier für drei Zeichen, die in einer festgelegten Reihenfolge auftreten. Vergleichbar sind Ausdrücke wie „Die Matrix A".

- Es sei G eine Gruppe. Hier steht G für irgendeine Gruppe, also irgendeine der unendlich vielen mathematischen Strukturen, die die Gruppeneigenschaften haben. Der Satz „In G gibt es ein eindeutiges inverses Element." macht eine Aussage über alle diese unendlich vielen Strukturen. In diesem Satz steht G daher für *alle Gruppen*, die es gibt.

Wird ein Superzeichen definiert oder verwendet, kann beim weiteren Operieren im Arbeitsgedächtnis statt der Einzelobjekte das Superzeichen eingesetzt werden, wodurch das Arbeitsgedächtnis entlastet wird. Die erste Verwendung dieses Konzeptes findet sich bei Miller (1956, S. 92): „Since the memory span is a fixed number

---

[8]Dörner (1976) beschreibt das Konzept der Superzeichenbildung mit dem Begriff „Komplexionen". Die fundamentale Idee nach Winter (2001) „Teil-Ganzes-Beziehung" ist eine Sichtweise dieser Strategie, ebenso wie die „Charakterisierung (Klassifikation, Kennzeichnung von Objekten durch Eigenschaften)" nach Schreiber (2011).

of chunks, we can increase the number of bits of information that it contains simply by building larger and larger chunks, each chunk containing more information than before."

Die Überlegungen von Miller (1956) beruhen auf der Beobachtung, dass Menschen in ihrem Arbeitsgedächtnis etwa fünf bis neun Informationen gleichzeitig präsent halten können und auf diesen operieren können. Müssen größere Informationsmengen verarbeitet werden, so gelingt dies nur durch Bündelung (chunking) von einzelnen Informationseinheiten zu größeren Einheiten. Dieses Vorgehen durchzieht somit das gesamte menschliche Denken, spielt aber innerhalb der Mathematik eine herausragende Rolle, da sehr viele der verwendeten Symbole Superzeichen (bzw. chunks) darstellen. Zur Illustration seien hier einige Beispiele für Superzeichen / chunks außerhalb der Mathematik angeführt, die Liste ließe sich beliebig fortführen:

- „Der Baum" als Gattungsbegriff steht für alle Bäume auf der Erde – dies gilt vergleichbar für alle Gattungsbegriffe.

- „Das Paläozän" steht für eine Erdepoche, bezeichnet also etwa zehn Millionen Jahre Erdgeschichte und mehrere Unterepochen mit einem einzigen Ausdruck.

- „Die Wohnzimmersitzgruppe" umfasst mehrere Möbelstücke unterschiedlicher Art.

- „Klasse 5b" bezeichnet eine Gruppe von Schülerinnen und Schülern.

Beim Umgang mit Superzeichen treten unter anderem folgende wichtige Operationen auf:

1. Einzelne Elemente werden gedanklich zu einem neuen Ganzen zusammengesetzt.

2. Ein Superzeichen wird *aufgefaltet*. Dieser Ausdruck wird im Folgenden dann verwendet, wenn vom Superzeichen zur Betrachtung der Elemente des Superzeichens übergegangen wird. Im obigen Beispiel bedeutet dies, dass statt mit dem Vektor $\vec{r}$ mit den einzelnen Komponenten des Vektors gearbeitet wird.

3. Mit dem Superzeichen selbst wird gearbeitet, dies kann beispielsweise das Rechnen mit Vektoren oder Matrizen sein, wenn dabei die Komponenten selbst keine Rolle spielen.

Die beiden erstgenannten Operationen beinhalten immer auch einen Repräsentationswechsel. **Beispiel**: Die allgemeine Darstellung eines linearen Gleichungssystems in der Mathematik lautet:

$$
\begin{aligned}
x_1 \cdot a_{11} + \quad \cdots \quad + x_n \cdot a_{1n} &= b_1 \\
x_1 \cdot a_{21} + \quad \cdots \quad + x_n \cdot a_{2n} &= b_2 \\
\vdots \qquad\qquad \vdots \qquad\qquad \vdots \\
x_1 \cdot a_{n1} + \quad \cdots \quad + x_n \cdot a_{nn} &= b_n
\end{aligned}
$$

Mit Hilfe von drei Superzeichen wir dies zu

$$
A \cdot \vec{x} = \vec{b}
$$

Die Darstellung mit Superzeichen ist offensichtlich sehr kompakt und übersichtlich. Viele Operationen mit Gleichungssystemen in der Mathematik sind mit dieser kompakten Repräsentation möglich, andere sind jedoch nur in der ausführlichen Darstellung realisierbar. Der flexible Wechsel zwischen diesen Repräsentationen, d. h. das flexible Bilden und Auffalten der Superzeichen, je nach Anforderung an die erforderlichen Arbeitsschritte, ist ein zentraler Schlüssel zum erfolgreichen Treiben von Mathematik. Dabei darf dieses eher aus der Oberstufe stammende Beispiel nicht den Eindruck erwecken, dass Superzeichen erst in der fortgeschrittenen Mathematik auftreten, vielmehr sind sie sogar in der Grundschulmathematik präsent und das Konzept wird hier als „Teil-Ganzes-Beziehung" bezeichnet (z. B. Schäfer (2013), Winter (2001). So steht die Ziffer „2" in der Zahl 21 für 20 Einzelne! Erst wenn Schülerinnen und Schüler dieses Konzept, also den Zehnerübergang, beherrschen, können sie die Dezimaldarstellung der Zahlen verstehen.

In der fachdidaktischen Forschung gibt es starke Hinweise darauf, dass die Fähigkeit zum selbständigen Bilden von Superzeichen und das flexible Wechseln von Repräsentationen in mathematischen Problemlöseprozessen ein wichtiges Merkmal mathematischer Begabung sind (Bauersfeld, 2001; Fuchs, 2006). Dieser Sachverhalt impliziert sowohl Aussagen über die Mathematik, als auch für auftretende Schwierigkeiten beim Lernen von Mathematik:

- Eine Fähigkeit, die mathematische Begabung kennzeichnet, muss für die Mathematik besonders relevant sein. Die spezifischen Fähigkeiten einer mathematisch begabten Person befähigen diese Person ja gerade, besonders erfolgreich Mathematik zu betreiben und dieser Zusammenhang würde nicht bestehen, wenn diese Dispositionen für die Mathematik von untergeordneter Bedeutung wären. Das Bilden von Superzeichen und die Fähigkeit zum Wechseln mathematischer Repräsentationen muss also beim mathematischen Handeln besonders wichtig sein. Die Analyse von schulmathematischen Inhalten in Abschnitt II wird dies deutlich zeigen.

- Eine Fähigkeit, die bei ausgeprägter mathematischer Begabung in größerem Maße vorliegt als bei Personen mit geringerer mathematischer Begabung, befähigt offensichtlich zu erfolgreicherem mathematischen Handeln. Dies heißt aber auch, dass weniger begabte Personen dadurch, dass eben diese Fähigkeit geringer ausgeprägt ist, an genau den Stellen Schwierigkeiten haben werden, an denen diese Fähigkeit eingesetzt werden muss. Treten Superzeichen oder Repräsentationswechsel in der Mathematik auf, muss man an diesen Stellen also mit besonderen Schwierigkeiten der Lernenden rechnen. Auch hier werden die Beispiele aus Abschnitt II zeigen, dass gerade in schulmathematischen Themen, die für Schülerinnen und Schüler als besonders schwierig gelten, das flexible Handhaben von Superzeichen unverzichtbar ist.

Dies bedeutet, dass Lehrpersonen ganz besonders aufmerksam sein müssen, wenn im mathematischen Arbeiten Superzeichen und Repräsentationswechsel verwendet werden, da bei schwächeren Schülerinnen und Schülern Schwierigkeiten zu erwarten sind. Das gleiche gilt, wenn Superzeichen oder Repräsentationswechsel in Erklärungen auftreten, dann muss gegebenenfalls bewusst langsamer gearbeitet werden[9]. Weitere Unterstützung findet diese Sichtweise in der Literatur zur Rechenschwäche: „Bündelung", also Superzeichenbildung, fallen bei Rechenschwäche oft schwer. Ebenso sollten zu viele verschiedene Repräsentationen vermieden werden, da dies sonst zu einem „representational overkill" führen kann (Fritz et al., 2008; Seeger, 1998).

Ein weiterer Aspekt von Superzeichen tritt auf, wenn nicht mehrere Gegenstände zu einem gedanklichen Objekt zusammengefasst werden, sondern mehrere Arbeitsschritte:

$$\sum_{i=1}^{6} i^2 = 1 + 4 + 9 + 16 + 25 + 36$$

Hier ist das Summenzeichen ein Superzeichen, das für fünf einzelne Additionszeichen steht. Um solche Superzeichen, die mehrere Operationen zusammenfassen, von den bisher beschriebenen Superzeichen zu unterscheiden wird hier im Folgenden der Ausdruck *Prozesssuperzeichen* verwendet. Einfache Varianten von Prozesssuperzeichen treten bereits in der Grundschule auf:

$$\sum_{i=1}^{6} 5 = 5 + 5 + 5 + 5 + 5 + 5 = 6 \cdot 5$$

Es werden sowohl innerhalb als auch außerhalb der Mathematik mehrschrittige Handlungsabläufe mit einem einzelnen Begriff belegt wie bereits ein so profanes **Beispiel** wie „Kuchenbacken" zeigt. Wenn jemand plant, übermorgen einen Kuchen zu backen, dann wird der Prozess vermutlich als Einheit gedacht, für die Durchführung muss das Superzeichen aufgelöst werden damit die einzelnen Arbeitsschritte in der richtigen Reihenfolge durchgeführt werden. In der Mathematik ist dies ebenfalls weit verbreitet: Ausdrücke wie „Dreieckskonstruktion" oder „Kurvendiskussion" stehen für mehrere Einzelhandlungen, die bei der Durchführung gekannt und gekonnt werden müssen. Da bei Prozesssuperzeichen ebenso wie bei Superzeichen im Rahmen mathematischen Arbeitens immer aufgefaltet und gebündelt werden muss, ist im Unterricht im Umgang mit Prozesssuperzeichen dieselbe Vorsicht geboten wie im Umgang mit Superzeichen, die Strukturen bezeichnen.

2.2.8. Symmetrie

Symmetrien treten im Geometrieunterricht in vielfältiger Form auf: Spiegelsymmetrie, Drehsymmetrie und Translationssymmetrie sind traditionelle Unterrichtsinhalte. Symmetrien können als Selbstzweck untersucht werden, einfach aufgrund der innewohnenden ästhetischen Momente oder auch um Gegenstände zu ordnen

---

[9]Mathematiklehrerinnen und Mathematiklehrer sind ja häufig Personen, die Mathematik selbst in der Schule gut konnten, also über eine gewisse mathematische Begabung verfügen. Sie selbst waren und sind daher oft in der Lage zwischen verschiedenen Repräsentationen bzw. Superzeichen und deren Auflösungen souverän hin und her zu springen und haben in der Schule kaum die Erfahrung gemacht, dass das zu schnell geht oder besonders schwierig ist.

und zu strukturieren. Dies tritt beispielsweise beim Ordnen von Vierecken nach Symmetrieeigenschaften auf. Symmetrie als heuristische Strategie bedeutet das aktive Verwenden von Symmetrieeigenschaften, um einer Problemlösung näher zu kommen.[10]

Pólya (2010, S. 215) führt einen sehr weiten Symmetriebegriff ein: „Wenn eine Aufgabe in irgendeiner Hinsicht symmetrisch ist, können wir aus der Beachtung der untereinander vertauschbaren Teile Nutzen ziehen, und oft wird es sich lohnen, diese Teile, die dieselbe Rolle spielen, in derselben Weise zu behandeln." Symmetrie tritt also auf, wenn ich irgendeinen (mathematischen) Gegenstand betrachte, bei dem sich verschiedene Teile des Gegenstandes in Hinblick auf einen Aspekt gleich darstellen. Wenn dies der Fall ist, kann diese Symmetrie beim Lösen des Problems verwendet werden. So ermöglicht es die Symmetrie eines gleichseitigen Dreiecks, die Höhe des Dreiecks in Abhängigkeit von der Kantenlänge mit dem Satz des Pythagoras zu berechnen. Im allgemeinen Dreieck wird dies komplizierter.

Beispiel: Eine weit verbreitete Optimierungsaufgabe lautet: An einem Fluss soll mit einem 800 m langen Zaun eine rechteckige Fläche umzäunt werden, wobei am Fluss kein Zaun erforderlich ist. Der Flächeninhalt des Rechtecks soll maximiert werden. Die typische Bearbeitung der Aufgabe verwendet das gleiche funktionale

Fluss

Abbildung 2.6.: Zaun am Fluss

Konzept wie die Maximierung der Rechtecksfläche unter einer linearen Funktion in Abbildung 2.3: Eine Kante des Rechtecks (hier wird die Kante senkrecht zum Fluss gewählt) wird mit x bezeichnet, dann bleibt für die andere Kante Zaunmaterial der Länge $800 - 2x$ und der Flächeninhalt des Rechtecks wird mit Hilfe der Funktion $A : x \mapsto x \cdot (800 - 2x)$ beschrieben. Die Scheitelpunktform $A : x \mapsto -2 \cdot (x - 200)^2 + 80000$ liefert das Maximum dieser quadratischen Funktion für $x_{max} = 200$. Nutzt man Symmetrie, kann man den Aufwand reduzieren: Die erste Darstellung der Funktion in Produktform enthält die Information über die Nullstellen $x_{0_1} = 0$ und $x_{0_2} = 400$. Das Maximum einer quadratischen Funktion liegt in der Mitte zwischen den Nullstellen (Symmetrie!) also bei $x_{max} = 200$.

Symmetrie hilft hier sogar, die gesamte Rechnung zu sparen: man zeichnet eine Hilfslinie ein, die das Rechteck in zwei gleiche Teile teilt (Abbildung 2.7). Jetzt untersucht man mit Hilfe der Symmetrie nur noch die eine Hälfte, bei der ein Haken

---

[10]Diese Strategie wird in der Literatur von vielen Autoren betont, und zwar sowohl als heuristische Strategie (Bruder & Collet, 2011; Pólya, 1966a, 1966b, 1973; Schreiber, 2011; Schwarz, 2018; Tietze, 1978; Tietze et al., 1997; Tietze et al., 2000), als auch als fundamentale Idee (Klika, 2003; Winter, 2001).

aus zwei Zaunstücken ein maximales Rechteck bilden soll. Nun spielen beide Schenkel des Hakens offensichtlich die gleiche Rolle, sind also symmetrisch zueinander, die Lösung wird also symmetrisch sein: die Schenkel müssen gleich lang sein. Anders ausgedrückt sucht man bei den Haken dasjenige Rechteck, das bei vorgegebenem Umfang den größten Flächeninhalt umfasst und dies ist aus Symmetriegründen ein Quadrat. Damit folgt auch, dass für die beiden kurzen Seiten des Zauns also genau so viel Material verbraucht werden kann, wie für die lange Seite. Die lange Seite entspricht also der Hälfte des verfügbaren Materials, für jede kurze Seite kann ein Viertel des Materials verwendet werden. Hier entsteht also ohne Rechnung (insbesondere ohne Verwendung von Parametern) eine vollständige Lösung des Problems in Abhängigkeit vom zur Verfügung stehenden Material.

Eine weitere Lösung mit Hilfe von Symmetrie stellt eine symmetrische Situation her, indem der Zaun am Fluss gespiegelt wird. Dann sucht man wieder ein Rechteck mit gegebenem Umfang und maximalem Flächeninhalt. Die so gefundene Lösung (Quadrat) muss dann nur wieder durch den Fluss halbiert werden.

Pólya (2010, S. 215) fordert: „Versuche symmetrisch zu behandeln, was symmetrisch ist, und zerstöre nicht mutwillig natürliche Symmetrie." Das letzte Beispiel zeigt, dass die Symmetrie in der Fragestellung nicht immer von Anfang an explizit vorhanden ist, sondern wie hier (mit Hilfe der Hilfslinie oder durch Spiegeln) sichtbar gemacht werden muss. Im Mathematikunterricht wird leider oft der gegenteilige Weg beschritten: Aufgaben mit hoher Symmetrie sind einfach zu lösen. Will man den Lernenden Aufgaben geben, an denen mehr zu rechnen ist, zerstört man Symmetrie mutwillig, oft durch die Wahl eines Koordinatensystems, das dem Objekt nicht angemessen ist: In Textaufgaben müssten eigentlich die Scheitelpunkte von Parabeln auf der y-Achse liegen, betrachtet man einen regelmäßigen Oktaeder, liegt der Koordinatenursprung im Schwerpunkt und die Eckpunkte auf den Achsen – das ist mathematisch kluges Denken und es wird alles einfach. Zum Testen und Üben von Rechenfertigkeiten sollte man andere Fragestellungen verwenden, um mathematisch kluges Denken nicht zu konterkarieren, nicht Aufgaben mit mutwillig zerstörter Symmetrie. Abbildung 2.7 zeigt noch einen weiteren Aspekt von Symmetrie: wenn

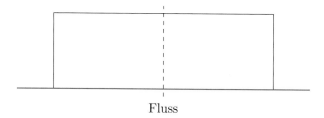

Fluss

Abbildung 2.7.: Zaun am Fluss mit Symmetrielinie

man die Zeichnung links von der Hilfslinie kennt und die Symmetrieeigenschaft, kennt man auch die rechte Hälfte und damit die ganze Zeichnung. *Daher gilt: Wenn ich die richtigen Teile eines symmetrischen Objektes und dessen Symmetrieeigenschaften kenne, kenne ich das ganze Objekt.* Mit Hilfe dieser Formulierung kann man

Symmetrie in weiteren Bereichen nutzen: wenn ich für die Basis eines Vektorraumes eine bestimmte Eigenschaft kenne, und diese Eigenschaft wird durch Linearkombination erhalten, gilt diese Eigenschaft für den ganzen Vektorraum. Dies zeigt, dass Vektorräume als hoch symmetrische Strukturen angesehen werden können, bei denen die Basisvektoren die Teile sind, die man kennen muss um sich das Ganze zu erschließen. Ein weiteres **Beispiel** ist die Sinusfunktion: Kenne ich die Funktion auf dem Intervall $[0, 2\pi]$, so kenne ich sie auf ganz $\mathbb{R}$ aufgrund der Translationssymmetrie. Das Fortsetzen von Zahlen oder Bildfolgen orientiert ebenfalls auf Symmetrie: man muss die Symmetrie / Invarianz in den gegebenen Folgengliedern (oder deren Differenzen, Quotienten etc.) entdecken, um auf Grundlage der Symmetrie die Folge fortsetzen zu können. Engel (1987) nennt dieses Vorgehen die Verwendung des Invarianzprinzips[11]: suche in den Folgengliedern diejenige Eigenschaft, die sich nicht ändert (also einen Aspekt, der in allen Teilen gleich ist, eine Symmetrie / Invarianz) und nutze diese Invarianz zum Fortsetzen der Folge.

In der Schule sollte im Unterricht, wenn Symmetrie genutzt werden kann, die Chance ergriffen werden und das Nutzen der Symmetrie bewusst gemacht werden. Aufgrund der oft möglichen geometrischen und somit stark anschaulichen Darstellungen können Schülerinnen und Schüler Symmetrie als Strategie besonders gut verstehen und damit diese Methode der Mathematik als hilfreich wahrnehmen.

2.2.9. Zerlege dein Problem in Teilprobleme

Das Zerlegen von Problemen in besser handhabbare Teile ist eine schon sehr lange explizit diskutierte Strategie.[12] Pólya (1966a, S. 191) zitiert zu dieser Strategie Descartes und Leibniz:

> *„Man zerlege jede Aufgabe, die man untersucht, in so viele Teile als es möglich und nötig ist, um die Aufgabe besser zu behandeln." Descartes : Oeuvres, Bd. VI, S. 18 ; Discours de la méthode, Teil II.*
>
> *„Diese Regel Descartes ist von geringem Nutzen, so lange die Kunst des Zerlegens ... unerklärt bleibt... Durch die Zerlegung seiner Aufgabe in ungeeignete Teile könnte der unerfahrene Aufgabenlöser seine Schwierigkeit erhöhen." Leibnitz: Philosophische Schriften, herausgeg. von Gerhardt, Bd. IV, S. 331.*

Die Bedeutung dieser Strategie ist offensichtlich, da die besonderen Schwierigkeiten von Schülerinnen und Schülern mit Fragestellungen, deren Bearbeitung mehrschrittig ist, gut bekannt ist. Hier muss immer die Arbeit zunächst in Teilschritte zerlegt werden, bevor die inhaltliche Arbeit beginnt. Weniger offensichtlich

---

[11]Da diese Strategie für sich genommen sehr wichtig ist, wird sie weiter unten noch weiter ausgeführt.

[12]Neben Pólya (1966a, 1966b, 1973) findet sich diese Strategie in der Literatur zu heuristischen Strategien bei Bruder und Collet (2011), Schwarz (2018), Tietze (1978), Tietze et al. (1997), Tietze et al. (2000).

ist, dass auch einfach erscheinende Rechnungen, die für Lehrpersonen oder mathematisch erfahrene Personen einschrittig erscheinen, im Grunde mehrschrittig sind und daher aus Sicht der Schülerinnen und Schüler anspruchsvoll.

Ein wichtiges **Beispiel** ist das Umrechnen von zusammengesetzten Einheiten also z. B. $\frac{km}{h}$ in $\frac{m}{s}$. Schülerinnen und Schüler lernen $3,6\frac{km}{h} = 1\frac{m}{s}$. Wenn die Umrechnung zu einem späteren Zeitpunkt realisiert werden soll, ist häufig nicht klar, in welche Richtung hier multipliziert und in welche dividiert werden muss (vergl. Stender, 2016a, S. 255), zudem besteht dann noch möglicherweise Unsicherheit über den Faktor 3,6. Die Herleitung der Umrechnung ist einfach, wenn man die Umrechnung nicht als einzelnen Arbeitsschritt, sondern als zwei Arbeitsschritte organisiert: zum einen Kilometer in Meter umrechnen, zum anderen Stunden in Sekunden. Dies gelingt Schülerinnen und Schülern aber oft nicht, sie hängen kognitiv an dem Rezept mit *einem* Arbeitsschritt. Ist die Umrechnung in einem Schritt bekannt, stellt sie ein Prozesssuperzeichen dar. Bestehen Zweifel über die Verwendung dieses Prozesssuperzeichens, so muss es aufgefaltet werden. Für dieses Beispiel könnte ein Hinweis für Schülerinnen und Schüler hilfreich sein: wenn eine Einheit aus mehreren Einheiten zusammengesetzt ist, muss man beim Umrechnen ebenso viele Einzelumrechnungen durchführen.

Zwei weitere **Beispiele** für das Zerlegen eines Problems in Teilschritte sind die Rechnungen zu den Abbildungen 2.3 und 2.6 (Maximimieren von Rechtecksflächen): Zunächst werden schrittweise Terme formuliert, als erster Schritt für die eine Kante des Rechtecks (oft nur x), dann für die andere Kante, dann für den Flächeninhalt des Rechtecks. Danach wird ein Maximum der formulierten Funktion gesucht, was wiederum mehrere Arbeitsschritte umfasst: Funktionsterm ausmultiplizieren, Scheitelpunktsform bilden, Scheitelpunkt ablesen.

Ein weiterer Aspekt dieser Strategie ist die Fallunterscheidung. In mathematischen Beweisen werden Fallunterscheidungen regelhaft eingesetzt, wenn in der mathematischen Situation verschiedene Konstellationen auftreten, die im Beweis unterschiedlich behandelt werden müssen. In gewisser Hinsicht ist dieses Vorgehen das Spiegelbild von Pólyas Forderung zur Symmetrie: „Versuche symmetrisch zu behandeln, was symmetrisch ist, und zerstöre nicht mutwillig natürliche Symmetrie." Das Credo lautet hier: *Behandle unterschiedlich, was nicht in der gleichen Weise zu behandeln ist!*[13] In der Schulmathematik tritt unter anderem ein wichtiger Spezialfall der Fallunterscheidung beim Lösen von Gleichungen auf: „Wenn Du die Gleichung durch x teilst, untersuche den Fall $x = 0$ getrennt!"

Wie schon Leibnitz betonte, ist das Zerlegen eines Problems in Teilprobleme oft eine Kunst, für einfachere Typen von Fragestellungen im Mathematikunterricht kann dies jedoch geübt werden[14], so dass Schülerinnen und Schüler vielleicht auch etwas daraus für die allgemeine Kunst lernen. Wie bei allen heuristischen Strategien kann auch diese nie zu einem sicheren Rezept führen und es wird immer wieder geschehen, dass ein gelöstes Teilproblem gar nicht hilfreich für die Ausgangsfragestellung ist.

---

[13]Dies ist auch die Grundlage des Konzeptes der Differenzierung im Unterricht: Schülerinnen und Schüler, die nicht in gleicher Weise lernen können, dürfen nicht mit den gleichen Anforderungen, Inhalten oder Vorgehensweisen unterrichtet werden.

[14]Beispiele hierfür werden unter anderem im Abschnitt 7 angeführt.

Trotzdem ist es zentral Schülerinnen und Schüler daran zu gewöhnen, dass man bei mathematischen Fragestellungen nicht immer von Anfang an den gesamten Lösungsprozess überschaut, wie dies bei Routineaufgaben der Fall ist, sondern möglicherweise zunächst nur Teile bearbeiten kann. Hierfür Handlungsstrategien zu entwickeln ist unverzichtbar.

Think Big

Den im folgenden Abschnitt beschriebenen Strategien „Vergrößere den Suchraum" und „Verallgemeinere" ist gemeinsam, dass sie Grenzen des Denkens überschreiten, daher wurde die Überschrift *Think Big* gewählt. Nicht jede Grenzüberschreitung in diesem Sinne ist hilfreich, es muss (wie bei allen heuristischen Strategien) geprüft werden, ob sie angemessen ist und die Lösung des Problems erleichtert.

2.2.10. Vergrößere den Suchraum

Dörner (1976) Erläutert diese Strategie auf Grundlage des in Abbildung dargestellten Problems. Die neun quadratisch angeordneten Punkte (Abb. 2.8a) sollen in einem Zuge durch vier gerade Linien verbunden werden. Nach Dörner (1976, S. 77)

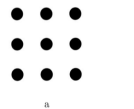 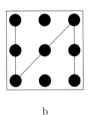 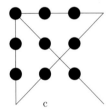

a   b   c

Abbildung 2.8.: Neun-Punkte-Problem

verwenden die meisten Individuen nur einen Suchraum, der durch ein Quadrat definiert ist, in dem die neuen Punkte gerade Platz finden (Abb. 2.8b), in dem aber keine Lösung des Problems gefunden werden kann. Die Lösung gelingt, indem diese Beschränkung überwunden wird (Abb. 2.8c). Nach Dörner ist es typisch, dass Problemlöser sich häufig bei der Suche nach Lösungen hinsichtlich der möglichen Operationen unnötigerweise selbst beschränken.

Dörner (1976, S. 78) nennt vier mögliche Gründe dafür, dass der Suchraum nicht angemessen ausgenutzt wird:

- *Unkenntnis über Operationen außerhalb des Suchraumes.*

- *Persönliche Erfahrung, dass bestimmte Operationen außerhalb des subjektiven Suchraumes bisher nur mit wenig Erfolg eingesetzt werden konnten.*

- *Zuordnung von bestimmten Operationen zu Realitätsbereichen, die nicht mit dem aktuellen Problem in Zusammenhang stehen. Dazu gehört auch eine Zuordnung* zu bestimmten Vorgehensweisen (funktionale Gebundenheit) oder die untrennbare Zuordnung als Teil zu einem Ganzen (figurale Gebundenheit).

* Es liegt ein „Verbotsirrtum" vor. Es wird unterstellt, dass der Suchraum z. B. durch den Kontext beschränkt wird, obwohl dies nicht der Fall ist („Ich dachte nicht, dass ich über den Bereich der neun Punkte hinaus zeichnen darf").

In der Schule gut bekannt sind sicherlich die Gründe „Unkenntnis" und „Verbotsirrtum", also die Aussage „Ich dachte nicht, dass wir das dürfen!" Schülerinnen und Schüler unterstellen häufig, dass die Lehrerin oder der Lehrer ein ganz bestimmtes Vorgehen von ihnen erwarten. Für diese Strategie geht es also in erster Linie darum, ein offenes Klima für unkonventionelle Ansätze zu schaffen, Mathematik zu treiben heißt ja nicht, zu erraten, was die Lehrerin oder der Lehrer von mir will. Hierzu kann das Kultivieren von bereits erläuterten Strategien hilfreich sein: wenn Schülerinnen und Schüler gelernt haben, dass man zu Lösungen auch durch Probieren kommen kann und nicht nur durch ein vorgeschriebenes Lösungsverfahren. Wenn für die Lösung einer Gleichung eine zeichnerische Lösung (also ein Repräsentationswechsel) gewürdigt wird, oder wenn eine argumentative Lösung beispielsweise mit Hilfe von Symmetrie wie in Abb. 2.7 ein Erfolg ist, auch wenn es eigentlich darum ging, mit Funktionen zu operieren, dann lernen Schülerinnen und Schüler, dass es nicht nur darum geht ein vorgegebenes Schema abzuarbeiten, sondern eigenes Denken zum Bewältigen der Fragestellungen einzusetzen. Für das Bildungsziel selbständig zu denken und zu entscheiden und verzichtbare Grenzen des Denkens zu überschreiten ist es wichtig, dass Schülerinnen und Schüler Mathematik nicht als Pflicht empfinden, bestimmte von den Lehrkräften gewünschte Verfahren abzuarbeiten, sondern sinnvoll zu vernünftigen Antworten auf die Fragestellungen kommen. Natürlich muss die Lösung stichhaltig sein, die Lehrkraft muss also kreative Vorgehensweisen sorgsam prüfen und darf diese weder vorschnell akzeptieren noch zurückweisen.

2.2.11. Verallgemeinere

Ein vorhandenes Problem kann durch Weglassen von Bedingungen verallgemeinert werden, z. B. wenn feste Zahlenwerte durch Parameter ersetzt werden. Zunächst bezieht sich dadurch die Fragestellung auf einen umfassenderen Gegenstandsbereich und erscheint komplexer. Eine Verallgemeinerung kann jedoch auch dazu führen, dass das Finden der Lösung einfacher wird, wie Pólya (2010) am folgenden Beispiel aus der Oberstufenmathematik verdeutlicht:[15]

Es seien eine Gerade und ein reguläres Oktaeder der Lage nach gegeben. Suche eine Ebene, die durch die gegebene Gerade geht und das gegebene Oktaeder halbiert." Diese Aufgabe sieht schwierig aus, aber nur ein wenig Vertrautheit mit der Gestalt des regulären Oktaeders genügt, um folgende allgemeinere Aufgabe nahezulegen: „Eine Gerade und ein

---

[15]In der Literatur nennen neben Pólya (2010) auch Schwarz (2018), Tietze (1978), Tietze et al. (1997), Tietze et al. (2000) (Generalisieren) und Schreiber (2011) diese Strategie. Bender und Schreiber (1985) führt sie als Abstraktion unter den fundamentalen Idee auf.

fester Körper mit einem Symmetriezentrum sind der Lage nach gegeben. Suche eine Ebene, die durch die gegebene Gerade geht und das Volumen des gegebenen Körpers halbiert." Die geforderte Ebene geht natürlich durch das Symmetriezentrum des festen Körpers und wird durch diesen Punkt und die gegebene Gerade bestimmt.

Die Verallgemeinerung ist hier so erfolgreich, weil sie den *Wesenskern* der Bedingung in den Fokus rückt: die Form „Oktaeder" ist für die Lösung des Problems gar nicht relevant, sondern nur eine spezielle Eigenschaft des Oktaeders, nämlich das Vorhandenseins eines Symmetriezentrums. Dadurch, dass man das Problem verallgemeinert, muss man die Details der Form des Oktaeders nicht mehr berücksichtigen und das Problem wird einfacher. Ein wesentlicher Aspekt der Abstraktion ist, dass weniger Detailinformation berücksichtigt wird, was eine Vereinfachung für die Problemlösung bedeutet. Dies stellt einen zentralen Aspekt der Wirkungsmacht der Mathematik dar und begründet die Tendenz in der Mathematik, Behauptungen so allgemein und damit abstrakt wie möglich zu formulieren und zu beweisen. Für den Lernprozess ist dies jedoch oft nicht günstig, da man beim Lernen die abstrakten Begriffe erst dann sinnvoll auffassen kann, wenn man genügend konkrete Beispiele für das abstrakte Konzept hat. In Pólyas Beispiel muss man genügend viele Körper und deren Symmetriezentren kennen, sowie die Bedeutung der Symmetrie für die Fragestellung erkennen.

Eine spezielle Aufgabe, in der sinnvollerweise verallgemeintert wird, lautet: 35 Kreise vom Durchmesser 2,5 cm werden in ein Rechteck der Kantenlängen 12,5 cm und 17,5 cm gelegt. Welchen Anteil des Flächeninhaltes decken die Kreise ab? Verallgemeinert man hier auf eine beliebige Anzahl Kreise mit irgendeinem

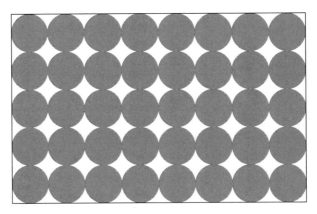

Abbildung 2.9.: Kreise im Rechteck

Radius die passend in einem Rechteck liegen, so sieht man sofort, dass man nur einen Kreis mit Radius 1 in einem umgebenden Quadrat betrachten muss: die Verallgemeinerung erlaubt es hier, sich auf einen Spezialfall zu beschränken. In der Universitätsmathematik wird dies gern mit „O.B.d.A." bezeichnet – „Ohne

Beschränkung der Allgemeinheit". Der Spezialfall darf verwendet werden, weil er bezogen auf den allgemeinen Fall eine Symmetrieeigenschaft nutzt, hier die, dass das Bild translationssymmetrisch ist. Das umgebende Quadrat hat den Flächeninhalt vier, der Kreis den Flächeninhalt π, der Anteil den in Abb. 2.9 die Kreisflächen an der Rechteckfläche haben ist also $\frac{\pi}{4}$.

In der Schulmathematik treten Verallgemeinerungen unter anderem dann auf, wenn in Fragestellungen Parameter statt konkreter Zahlen auftreten. Dabei geht es in Bezug auf diese Strategie in erster Linie darum, dass die Schülerinnen und Schüler die Macht der Verallgemeinerung realisieren und verstehen, dass der größere kognitive Aufwand, den die Arbeit mit Parametern für sie mit sich bringt, sich letztlich auszahlt und den Umgang mit der Mathematik erleichtert.

Vorhandenes Nutzen

Neues auf Bekanntes zurückführen sowie Analogien, Teillösungen und Algorithmen zu nutzen, sind wesentliche Vorgehensweisen in der Mathematik, die hier unter der Überschrift „Vorhandenes Nutzen" zusammengefasst werden. Dieser Aspekt von Mathematik ist daneben ein wichtiger Grund, Mathematik in gewissen Schritten die hierarchisch aufeinander aufbauen, zu lernen: man kann eben später nutzen, was früher erlernt wurde. Für die Schülerinnen und Schüler ist das oft frustrierend, weil der Sinn des aktuellen Lernens damit erst später sichtbar wird – das vielzitierte Vorratslernen, dass aktuell immer eher demotivierend ist. Daher sollte so früh wie möglich im Lernprozess sichtbar gemacht werden, wie sich die Ergebnisse des aktuellen und des vergangenen Lernprozesses nutzen lassen und wie dies in der Mathematik systematisch angelegt ist.

2.2.12. Führe Neues auf Bekanntes zurück

Diese Strategie stellt ein Grundkonzept mathematischen Denkens dar. Bei Pólya (2010, S. 120) tritt sie folgendermaßen auf: „Hier ist eine Aufgabe, die der deinen verwandt ist und schon früher gelöst ist." und stellt dazu in seiner Übersicht im Klappentext die Fragen „Kannst Du sie gebrauchen? Kannst Du ihr Resultat gebrauchen? Kannst Du ihre Methode gebrauchen?" (Pólya, 2010, S. 121).[16]

In der Universitätsmathematik ist dieses Vorgehen omnipräsent: Es werden Sätze $S_1, S_2, S_3, \ldots$ bewiesen und danach werden diese Sätze verwendet, um neue Definitionen zu formulieren und weitere Sätze zu beweisen. Auf diese Weise wird nach und nach das gesamte mathematische Denkgerüst hierarchisch aufgebaut. In der Schulmathematik spiegelt sich dieses Vorgehen teilweise wieder: Es wird zunächst das Rechnen mit natürlichen Zahlen entwickelt und darauf aufbauend dann das Rechnen mit Brüchen, wobei die Rechenverfahren aus den natürlichen Zahlen verwendet werden und ggfs. zur Begründung von Rechenregeln beim Bruchrechnen (Kommutativgesetz, Assoziativgesetz, etc.) dienen. Eine weitere Version dieses Vorgehens findet sich dann bei den Potenzgesetzen: das Potenzieren wird zunächst

---

[16]Diese Strategie wird auch genannt bei Bruder und Collet (2011) und Schreiber (2011).

für natürliche Exponenten definiert und Potenzgesetze werden daraus entwickelt. Dann wird das Potenzieren auf negative und gebrochene Exponenten erweitert und mit Hilfe der Potenzgesetze für natürliche Exponenten werden die Potenzgesetze für weitere Exponenten begründet.

Auch in der Schulmathematik tritt diese Strategie vielfältig auf, der systematische Aufbau ist dabei jedoch nicht immer so gut sichtbar, wie in der Universitätsmathematik. So werden Flächeninhalte zunächst für Rechtecke bestimmt. Die Flächeninhaltsberechnungen aller weiteren geometrischen Objekte wird auf Rechteckflächen zurückgeführt: zunächst Parallelogramme und Dreiecke. Dann werden ggfs. die Flächeninhalte von unregelmäßigen Vierecken und Fünfecken auf die Flächeninhalte von Dreiecken zurückgeführt. Der Flächeninhalt von Kreisen wird entweder mit Hilfe von Rechtecken ermittelt oder mit Hilfe von Dreiecken (Archimedes, Abschnitt 10). In der Oberstufe werden dann Riemannsummen, also Summen von Rechteckflächen, im Rahmen der Integralrechnung verwendet, um Flächeninhalte unter Funktionen zu bestimmen.

Ein weiteres Beispiel ist das Lösen von Gleichungen. Sollen Schülerinnen und Schüler eine Gleichung der folgenden Form lösen

$$\frac{5x}{3x+7} + \frac{2}{x+3} = 1,$$

dann müssen sie durch Umformungen diese Gleichung auf eine der beiden folgenden Grundformen zurückführen,

$$a \cdot x = b \text{ oder } a \cdot x^2 + b \cdot x + c = 0,$$

um dann die Lösung der Ausgangsgleichung zu erhalten. Treten im Lösungsprozess Brüche auf, so werden für damit verbundene Probleme die früher erarbeiteten Regeln der Bruchrechnung verwendet.

Dieses systematische Nutzen der bereits erarbeiteten Ergebnisse der Mathematik stellt eine der zentralen Stärken der Mathematik dar, ist aber auch eine der großen Hürden für den Lernprozess: wenn Schülerinnen und Schüler ein Verfahren nicht verstanden haben, nicht routiniert anwenden können oder einfach nach einiger Zeit vergessen haben, können häufig neue Lernschritte nicht realisiert werden. Dem Vergessen kann man mit sinnvollen Wiederholungen begegnen, den anderen beiden Problemen eher nicht: Schülerinnen und Schüler, die einfache Gleichungen nicht lösen können, werden später Bruchgleichungen erst recht nicht lösen können. Für eine gute Vorbereitung auf ein MINT-Studium sind solche Übungen für einen Teil der Schülerinnen und Schüler jedoch sehr wichtig. Diese Herausforderung für den Mathematikunterricht kann vermutlich nur durch Differenzierungsmaßnahmen begegnet werden.

2.2.13. Analogien

Analogien können beim Lösen von Problemen genutzt werden, wenn im Lösungsprozess deutlich wird, dass man bereits ein *ähnliches*[17] Problem bearbeitet hat, dass somit ähnliche Vorgehensweisen im aktuellen Problem ermöglicht.[18]

> *Analogie durchzieht unser ganzes Denken, unsere Alltagssprache, unsere trivialen Schlüsse ebenso wie künstlerische Ausdrucksweisen und höchste wissenschaftliche Leistungen. Analogie wird auf sehr verschiedenem Niveau gebraucht. Man verwendet oft vage, mehrdeutige, unvollständig geklärte Analogien, aber Analogie kann auch die hohe Stufe mathematischer Genauigkeit erreichen. Alle Arten von Analogien können bei der Entdeckung einer Lösung eine Rolle spielen, und so sollten wir keine davon vernachlässigen.* (Pólya, 2010, S. 52 f.)

Bruder und Collet (2011, S. 83) weisen auf ein Problem in Hinblick auf die Nutzung von Analogien in der Schule hin: Analogien können offensichtlich nur genutzt werden, wenn bereits entsprechende andere Problemlöseerfahrungen vorliegen, wenn also ein Fundus mit Vorgehensweisen für unterschiedliche Probleme existiert. In der Universitätsmathematik soll im Studium durch die Bearbeitung von Übungsaufgaben solch ein Fundus aufgebaut werden. In der Schule werden Schülerinnen und Schüler im Vergleich dazu nur wenige Probleme selbständig lösen müssen und daher nur selten in die Situation kommen, auf ein Problem zu stoßen, dass einem bereits gelösten Problem ähnlich ist. Diese heuristische Strategie wird in der Schule also eher dann zum Zuge kommen, wenn Lehrerinnen und Lehrer neue Inhalte erläutern und dabei Herangehensweisen verwenden, die bereits an anderer Stelle eingesetzt wurden. Treten solche Analogien auf, ist es also immer gut, dies zu thematisieren und dabei das Konzept „Analogie verwenden" deutlich zu machen. Die Chancen hierfür sind naturgemäß in den oberen Jahrgängen größer.

In der Oberstufenmathematik ist es beispielsweise mögliche das Skalarprodukt von Vektoren einzuführen, indem man bestimmte Eigenschaften des Skalarproduktes gefordert werden (die Physik benötigt gerade diese Eigenschaften für die Berechnung der physikalischen Arbeit): Dann ist $\vec{a} \cdot \vec{b} \in \mathbb{R}$ durch folgende Eigenschaften definiert:

- Falls $\vec{a} \| \vec{b}$ und $\vec{a}, \vec{b}$ gleich orientiert sind gilt: $\vec{a} \cdot \vec{b} = |\vec{a}| \cdot |\vec{b}|$. Bei entgegengesetzt orientieren Vektoren ist das Ergebnis negativ.

- Falls $\vec{a} \perp \vec{b}$ gilt: $\vec{a} \cdot \vec{b} = 0$.

- $\vec{a} \cdot \vec{b} = \vec{b} \cdot \vec{a}$

- $r \cdot (\vec{a} \cdot \vec{b}) = (r \cdot \vec{a}) \cdot \vec{b} = \vec{a} \cdot (r \cdot \vec{b})$

---

[17]„Analogie für ‚Entsprechung, Ähnlichkeit, Gleichheit von Verhältnissen'", Digitales Wörterbuch der deutschen Sprache

[18]Außer beii Pólya (1966a, 1966b, 1973) tritt das Nutzen von Analogien bei Tietze (1978), Tietze et al. (1997), Tietze et al. (2000) als heuristische Strategie auf sowie bei Bruder und Collet (2011), Schreiber (2011) und Schwarz (2018).

- Distributivgesetz $\vec{a} \cdot (\vec{b} + \vec{c}) = \vec{a} \cdot \vec{b} + \vec{a} \cdot \vec{c}$

Mit diesen Axiomen kann man die Rechenregeln für das Skalarprodukt im Koordinatensystem sowie die Eigenschaft $\vec{a} \cdot \vec{b} = |\vec{a}| \cdot |\vec{b}| \cdot \cos(\angle(\vec{a}, \vec{b}))$ herleiten. Dazu verwendet man elementargeometrische Argumente am rechtwinkligen Dreieck und die Zerlegung $\vec{b} = \vec{b}_\perp + \vec{b}_\parallel$ mit $\vec{b}_\parallel \parallel \vec{a}$ und $\vec{b}_\perp \perp \vec{a}$.

Für die Klärung des Kreuzproduktes kann man vollständig analog vorgehen. Behandelt man die beiden Rechenmethoden in aufeinanderfolgenden Doppelstunden, können Schülerinnen und Schüler unter Anleitung diese Analogien nutzen, um die analogen Rechenregeln des Kreuzproduktes selbst zu entwickeln[19]

Bieten sich im Unterricht Vorgehensweisen an, die das Nutzen von Analogien ermöglichen, so sollte man diese Vorgehensweisen einsetzen und den Schülerinnen und Schülern die verwendeten Analogien deutlich machen.

2.2.14. Superposition

Diese Methode beschreibt Pólya (1966a, S. 151 ff.) ausführlich, wobei er die Kernidee folgendermaßen formuliert: „Wir kombinieren spezielle Fälle, um den allgemeinen Fall zu erhalten" (Pólya, 1966a, S. 155). In dieser sehr allgemeinen Formulierung ist das Superpositionsprinzip das Pendant zu dem Zerlegen eines Problems in Teilprobleme: hat man zu den Teilproblemen Teillösungen, so müssen diese noch zu einer Gesamtlösung kombiniert werden.[20]

In der Mathematik und der Physik wird das Superpositionsprinzip in einer spezielleren Weise verwendet als dies Pólyas Formulierung nahelegt[21]: Superposition meint hier, dass spezielle Lösungen von Gleichungen oder Differentialgleichungen durch Linearkombinationen (also durch Multiplikation der Komponenten mit einer Zahl und durch Addition) zu weiteren Lösungen führen. Dies ist der Kern der linearen Algebra mit der Beschreibung von mathematischen Objekten durch Linearkombinationen von Basisvektoren! Löst man irgendein Problem für die Basisvektoren eines Vektorraumes und wird die Lösungseigenschaft durch Linearkombination (also Superposition) nicht zerstört, hat man das Problem für den ganzen Vektorraum gezeigt.

Beispiel: Die Polynome $x \mapsto 1, x \mapsto x, x \mapsto x^2, x \mapsto x^3, \ldots$ sind differenzierbar. Die Summe zweier differenzierbarer Funktionen und das Vielfache einer differenzierbaren Funktion sind differenzierbar. Daher folgt mit dem Superpositionsprinzip, dass alle Polynome differenzierbar sind.

---

[19]Dies wurde im Unterricht mehrfach erfolgreich umgesetzt, sowohl in Leistungskursen als auch in Grundkursen.

[20]In der Literatur tritt die Superposition außer bei Pólya (1966a, 1966b, 1973) auch bei Schreiber (2011) und Schwarz (2018) auf.

[21]Die Beispiele, die Pólya zur Erläuterung des Superpositionsprinzips anführt, treffen auch auf die speziellere Definition zu, so dass nicht ganz klar ist, ob Pólya diese allgemeine Sichtweise wirklich meint. Es ist jedoch sicherlich notwendig, Lösungen auch anders als durch Linearkombination zusammenzusetzen.

Beispiel: In einem linearen Gleichungssystem kann man die Superposition zweier Gleichungen bilden und erhält wieder eine gültige Gleichung. Dies ist die Grundlage des Additionsverfahrens zum Lösen von Gleichungssystemen.

Beispiel: Zahlenmauern in der Grundschule können linear kombiniert werden und ergeben neue Zahlenmauern (siehe Abschnitt 5.3).

Wird diese Strategie im engeren Sinne verstanden, also auf Basis von Linearkombinationen definiert, ist sie eher als Beweisstrategie anzusehen, da sie ohne formale Sprache nicht sinnvoll einsetzbar ist. Im weiteren Sinne, wie es der oben von Pòlya formulierten Sichtweise entspricht, ist dies eine allgemeine heuristische Strategie. Da das Denkkonzept, Gesamtlösungen aus Teillösungen zusammenzusetzen, ein wichtiges Konzept auch außerhalb der Mathematik ist, wird die Strategie an dieser Stelle angeführt. Auch wenn die Strategie in formalsprachlichen Zusammenhängen in der Schule auftritt, kann der allgemeine Gedanke dann gut an außermathematischen Situationen erläutert werden.

2.2.15. Algorithmen

Die Bedeutung algorithmischen Vorgehens in der Mathematik ist unbestritten und für die Schulmathematik bereits von Engel (1977) ausführlich beschrieben worden. Engel beschreibt die Bedeutung Algorithmen folgendermaßen:[22]

> *Die Haupttätigkeit des Menschen ist das systematische Lösen von Problemen. Ein Problem wird in zwei Schritten erledigt. Zuerst konstruiert man eine genau definierte Folge von Anweisungen zur Lösung des Problems. Dies ist eine interessante und geistreiche Tätigkeit. Dann kommt die Ausführung der Anweisungen. In der Regel ist dies eine zeitraubende, langweilige Arbeit, die man einem Rechner überlässt. Eine Folge von Anweisungen zur Lösung eines Problems nennt man einen Algorithmus. Der Begriff des Algorithmus überlappt sich stark mit den Begriffen Rezept, Prozedur, Prozess, Methode, Rechenverfahren.* (Engel, 1977, S. 6)[23]

In der Schule treten Algorithmen vielfältig auf. Die schriftlichen Verfahren zum Addieren, Subtrahieren, Multiplizieren und Dividieren sind die ersten Algorithmen, die Schülerinnen und Schüler in der Grundschule kennen lernen und beherrschen sollen (Abschnitt 5.2). Standardisierte Verfahren zum Lösen von linearen Gleichungssystemen treten in der Mittelstufe auf und sind in der Regel Variationen des Gaußschen Eliminationsverfahrens. Ein Unterricht über Primzahlen und Teiler wird gegebenenfalls den Euklidischen Algorithmus zum Berechnen des größten gemeinsamen Teilers thematisieren. In der Oberstufe wird möglicherweise das Newtonverfahren behandelt, das auch Engel (1977) ausführlich diskutiert. Wie von Engel betont, kann man

---

[22]Algorithmen treten in der Literatur sowohl als heuristische Strategien (Engel, 1977), als auch als fundamentale Ideen (Heymann, 1996; Klika, 2003; Schreiber, 2011; Winter, 2001) auf.

[23]Die Verwendung des Begriffs „Problem" geschieht bei Engel offensichtlich etwas anders als die oben vorgestellte Definiti0n nach Dörner (1976).

auch viele andere Rechenverfahren und Rezepte als Algorithmen auffassen: ist in einem Schulbuch eine Beispiellösung für einen bestimmten Aufgabentyp dargestellt, die auf Übungsaufgaben im Wesentlichen dadurch übertragen wird, dass man die gegebenen Zahlen austauscht, so ist damit implizit durch das Beispiel ein Algorithmus angegeben. **Beispiele** hierfür sind die Konstruktionsverfahren von Dreiecken, systematische Kurvendiskussionen, sofern sie sich auf einzelne Funktionenklassen beziehen, Lösungsschemata in der Trigonometrie und viele andere.

Engel unterscheidet in dem angeführten Zitat zwei Aspekte von Algorithmen: ein Algorithmus muss entwickelt werden und ein Algorithmus wird angewendet. Wie bei Simulationen sind Algorithmen selbst nicht die heuristische Strategie, sondern zwei Vorgehensweisen, die mit diesen beiden Aspekten von Algorithmen korrespondieren: wenn Mathematik entwickelt wird oder systematisch gelernt / gelehrt wird, ist es ein zentrales Vorgehen, jeweils eine ganze Problemklasse dadurch zu lösen, dass ein Algorithmus für die Lösung angegeben wird. Mit der fertigen Entwicklung des Gaußschen Eliminationsverfahrens bzw. im Lernprozess mit dem Verstehen des Verfahrens sind praktisch alle linearen Gleichungssysteme aus Sicht des Mathematikers gelöst. Für die Anwendung von Algorithmen ist nicht das schrittweise Abarbeiten des Algorithmus das zentrale Handlungsziel, denn das kann man wie bereits Engel oben sagt, dem Rechner überlassen, sondern das zielgerichtete Hinarbeiten auf eine Darstellung des Problems, in dem ein Algorithmus nutzbar ist. Führt eine Fragestellung auf eine mathematische Darstellung in Form von mehreren Gleichungen, wird ein Lösungsversuch darin bestehen, dieses Gleichungssystem in ein lineares Gleichungssystem so umzuformen, dass das Gaußsche Eliminationsverfahren anwendbar ist. Wie bei allen Strategien kann dies gelingen, wenn die Gleichungen tatsächlich linear sind, oder misslingen, wenn das Gleichungssystem beispielsweise nicht eliminierbare quadratische oder exponentielle Ausdrücke enthält. Im Misslingensfall wird man dann gegebenenfalls andere Algorithmen in Betracht ziehen, wie die Nutzung des Newton-Verfahrens[24].

Kurz dargestellt gibt es im Umgang mit Algorithmen also zwei heuristische Strategien:

- *Wenn möglich formuliere mathematische Erkenntnisse als Algorithmus.*

- *Versuche ein Problem so darzustellen (Repräsentationswechsel), dass ein Algorithmus zur Lösung verwendet werden kann.*

Das Entwickeln (oder Kennenlernen) eines Algorithmus ist kein Selbstzweck, sondern macht klar, dass eine ganze Problemklasse gelöst wird. Das schrittweise Durchrechnen eines Algorithmus ist kein Selbstzweck, sondern eine „zeitraubende langweilige Arbeit, die man dem Rechner überlässt." (Engel, 1977, s.o.). Algorithmen wendet man an, um Probleme zu lösen und nicht um ihrer selbst willen. Trotzdem ist es im Lernprozess in einem gewissen Rahmen sinnvoll, Verfahren wie den Gaußschen Eliminationsalgorithmus oder den Euklidischen Algorithmus händisch zu nutzen:

---

[24]Das Newton-Verfahren für den mehrdimensionalen Fall ist natürlich nicht mehr im Rahmen der Schulmathematik anwendbar, zeigt aber hier, dass das Verfügen über ein vielfältiges Repertoire von Algorithmen wertvoll für das Problemlösen ist.

- Durch das händische Abarbeiten eines Algorithmus kann das Verständnis für den Algorithmus vertieft werden.

- Die Grenzen des Algorithmus können erfahren werden: kann der Algorithmus in gewissen Situationen zu Fehlern führen, wann treten diese auf und wie würde dann eine Fehlermeldung des Rechners aussehen? Wie sollte man auf solche Fehlermeldungen reagieren?

- Können bei der Verwendung des Algorithmus Sonderfälle auftreten (z. B. unterbestimmtes Gleichungssystem) und wie sehen dann die Ergebnisse des Algorithmus aus?

- Wie viel Arbeit spart der Algorithmus wirklich und wie viel Arbeit macht es, einen Rechner mit dem Algorithmus zu befassen?

- Beim Abarbeiten eines Algorithmus werden mathematische Grundfertigkeiten wie Termumformung geübt, die für weitergehendes mathematisches Arbeiten unverzichtbar sind[25].

Es ist kein sinnvolles Lernziel, Algorithmen, die ein Rechner fehlerfrei und schnell anwendet, händisch abarbeiten zu können! Wichtige Lernziele in Hinblick auf Algorithmen sind jedoch: die Leistungsfähigkeit und Grenzen von Algorithmen kennen sowie die Möglichkeiten den Algorithmus mit Hilfe eines Rechners anzuwenden. *Dabei ist ein wesentliches Lernziel, den Rechner sinnvoll einzusetzen!* Wenn Schülerinnen und Schüler bei der Rechnung $7 \cdot 8$ automatisiert zum Taschenrechner greifen anstatt sich klar zu machen, dass sie diese Aufgabe schneller im Kopf bewältigen können, dann haben sie dieses Lernziel nicht erreicht. Für die Aufgabe $765 \cdot 876$ macht der Einsatz des Taschenrechners dagegen Sinn. Analoges gilt für die Frage, ob die Ableitung von $f : x \mapsto 4x^3 + 3x^2$ mit einem Computeralgebrasystem bestimmt werden sollte. Auch hier können komplexere Beispiele angeführt werden, bei denen der Rechnereinsatz sinnvoll ist. Für das Erlernen dieser Unterscheidungsfähigkeit, wann ein Algorithmus an einen Rechner übergeben werden sollte, ist es nicht sinnvoll, den Rechnereinsatz möglichst lange zu vermeiden, vielmehr muss die händische und rechnergestützte Verwendung von Algorithmen parallel geschehen, so dass Schülerinnen und Schüler Nutzen und Aufwand der beiden Ansätze vergleichen können und lernen, sich sinnvoll zu entscheiden. Daneben stellen die beiden oben genannten Strategien (Stelle eine Lösung durch einen Algorithmus dar, Stelle ein Problem so dar, dass man einen Algorithmus nutzen kann) im Zusammenhang mit Algorithmen ein wichtiges Ziel von Mathematikunterricht dar.

---

[25]Dies ist nur für Schülerinnen und Schüler relevant, die später weitergehend mathematisch arbeiten wollen, also im Wesentlichen für spätere MINT-Studierende. Für alle anderen gilt mit Engel: „zeitraubend und langweilig", so dass dadurch eher ein abschreckendes Bild von Mathematik entsteht, das erfolgreichem Lernen von mathematischem Denken dann im Wege steht. Dies beschreibt zwei unterschiedliche Lerngruppen, die im Sinne einer Fallunterscheidung auch unterschiedlich behandelt werden sollten.

Funktionales

Die Betrachtung von Grenzfällen und Spezialfällen, Optimieren, Iterationen, Invarianzen und Approximationen basieren auf funktionalem Denken. Dies bedeutet allerdings nicht, dass der Umgang mit Funktionen im Sinne der Mathematik beherrscht werden muss, um diese Denkweisen zu erlernen. Dies zeigt eindrucksvoll das unten beschriebene Problem „Turm von Hanoi", bei dem nur argumentiert wird. Vielmehr kann der Umgang mit Situationen, in denen die genannten Strategien mit geringem formalen Aufwand genutzt werden, die Entwicklung des funktionalen Denkens sinnvoll fördern.

2.2.16. Betrachte Grenzfälle oder Spezialfälle

Pólya (2010, S. 207 ff.) beschreibt diesen Heurismus auf Basis mehrerer Bespiele. Dieser Heurismus kann verschiedene Funktionen erfüllen:[26]

- Bei Optimierungsfragestellungen kann durch die Betrachtung von Grenzfällen oft einsichtig gemacht werden, dass es überhaupt eine optimale Situation gibt, was für Schülerinnen und Schülern in der Mittelstufe oft noch nicht selbstverständlich ist. Bei der Fragestellung zu Abbildung 2.6 (Zaun am Fluss) kann die Betrachtung von drei Fällen zu dieser Einsicht führen (y parallel zum Fluss):
  - $x_1 = 1$ m, $y_1 = 798$ m, $A_1 = 789$ m^2.
  - $x_2 = 399{,}5$ m, $y_2 = 1$ m, $A_2 = 399{,}5$ m^2.
  - $x_3 = 100$ m, $y_3 = 600$ m, $A_3 = 60000$ m^2.

  Mit fortgeschrittenen Schülerinnen und Schülern kann man auch die Grenzfälle $x_4 = 0$ m oder $y_4 = 0$ m betrachten, dies bereitet jedoch manchmal Schwierigkeiten, weil das Rechteck verschwindet.

- Prüft man eine Behauptung, so können Spezialfälle als Gegenbeispiel dienen.

- Grenzfälle und Spezialfälle sind oft ein guter Ausgangspunkt für systematisches Probieren und damit ein guter Einstig in die Bearbeitung von Problemen.

- Spezialfälle können Lösungen für allgemeine Fragen liefern, wenn sie aufgrund z. B. von Symmetrie verallgemeinert werden können, wie in der Fragestellung zu Abbildung 2.9 (Kreise im Rechteck). In Vektorräumen betrachtet man häufig als Spezialfälle die Basisvektoren, wenn die untersuchte Eigenschaft unter Linearkombination/Superposition erhalten bleibt.

- Zum Teil sind Spezialfälle besonderer Gegenstand der weiteren mathematischen Untersuchung: Primzahlen sind Spezialfälle in der Hinsicht, dass sie nur zwei Teiler haben. Dies ermöglicht die eindeutige Primfaktorzerlegung. Unter den

---

[26]Neben Pólya (1966a, 1966b, 1973) verwenden auch Tietze (1978), Tietze et al. (1997), Tietze et al. (2000) diese Strategie ebenso wie Bruder und Collet (2011) und Schreiber (2011).

Funktionen sind die proportionalen Funktionen[27] die einfachsten Spezialfälle und sollten als solche herausgestellt werden[28].

Spezialfälle sind für Schülerinnen und Schüler zuweilen besonders schwierig zu handhaben, auch wenn sie tatsächlich die einfachsten Fälle sind: Multiplikation mit Eins, Addition von Null, Potenzieren mit Exponent oder Basis Eins, ein Bruch mit Nenner Eins erscheinen etlichen Schülerinnen und Schülern verwirrend, insbesondere natürlich, wenn diese neutralen Elemente weggelassen werden.

Treten im Unterricht Spezialfälle auf, so sollte dies bewusstgemacht werden und auch, welche Konsequenzen dies gegebenenfalls hat. Wann genügt es, den Spezialfall zu betrachten, wann dient dieser lediglich als Beispiel oder Ideengeber? Auch illustrierende Beispiele sind häufig Spezialfälle – ein „beliebiges" Dreieck an der Tafel hat oft nahezu einen rechten Winkel oder zwei gleiche Seiten und Hypotenusen von rechtwinkligen Dreiecken sind überwiegend waagerecht. Hier muss darauf geachtet werden, das Spezielle und das Allgemeine eines Beispiels zu klären und ggfs. Begründungen an Spezialfällen geeignet zu verallgemeinern.

2.2.17. Variieren beim Optimieren

Optimieren heißt in der Mathematik, den in Hinsicht auf ein (funktional abhängiges) Kriterium besten Kandidaten aus einer Menge bestimmen. Dafür muss man das Kriterium für verschiedene Elemente der Menge bestimmen (also die Elemente variieren) und so die Elemente vergleichen. Dies ist für mathematisch geschulte Personen selbstverständlich, für Schülerinnen und Schüler der Mittelstufe jedoch nicht. „Optimal" heißt im Alltag oft nicht, dass man variiert, sondern dass man ad hoc eine Situation als so gut befindet, dass sie eben „optimal" ist. Für Mittelstufenschüler ist darüber hinaus die Frage zu Abbildung 2.6 „Bestimme die Kantenlängen des Rechtecks so, dass der Flächeninhalt maximal wird" oft gänzlich unverständlich, da sie unbewusst unterstellen, dass mit einer bestimmten Materialmenge (Zaun) auch nur ein bestimmtes Ergebnis (Rechtecksfläche) erreicht werden kann.[29]

Schupp (1992) führt neun mögliche Strategien an, wie ein Optimum zu finden ist (Verbessern, Sichern, Finitisieren, Umformulieren, Vereinfachen, Verallgemeinern, Rückführen, Weiterführen, Analogisieren). Diese Strategien stellen entweder direkt

---

[27]Proportionale Funktionen sind aus der Sicht der Universitätsmathematik die linearen Funktionen, während die linearen Funktionen der Schulmathematik in der Universitätsmathematik affin lineare Funktionen sind. Das hier für proportionale Funktionen gesagte trifft also in der Universität auf die linearen Funktionen zu und begründet die lineare Algebra als grundlegende Vorlesung im Mathematikstudium.

[28]Dies heißt gleichzeitig, dass sie nicht besonders gut zur Einführung in das funktionale Denken geeignet sind. Als Spezialfälle können sie eben kein Bild von allgemeinen Funktionsbegriff vermitteln.

[29]Engel (1977, 1987, 1998) nutzt die Strategie „Zum Optimieren muss man Varrieren" beim Extremalprinzip, dass selbst jedoch nicht dieser Strategie entspricht. Bender und Schreiber (1985) nennt „Optimalität" als fundamentale Idee, Schweiger (1992) und Klika (2003) führen „Optimieren" als fundamentale Idee auf. Diese Aspekte beschreiben alle, wie man Optmieren nutzt, nicht, was man tun muss, um zu optimieren. Dieser Aspekt erscheint mathematisch gebildeten Personen offensichtlich selbstverständlich, ist es in der Schule aber nicht.

eine Vorgehensweise dar, wie durch Variation ein Optimum gefunden wird (Verbessern heißt, man wählt einen benachbarten Wert für x, für den $f(x)$ einen im Sinne des Optimierungszieles besseren Wert liefert – man variiert also x und verändert in Richtung auf das Optimum) oder die Strategie beschreibt einen Übergang der vorhandenen Situation in eine, in der durch Variation optimiert werden kann (z. B. Analogisieren).

Im klassischen Mathematikunterricht ist der Aspekt des Variierens beim Optimieren häufig in den Hintergrund getreten: Sucht man das Optimum einer Parabel, so wird die Scheitelpunktform bestimmt und der Scheitelpunkt abgelesen. In der Oberstufe wird die Nullstelle einer Ableitung berechnet. In beiden Fällen ist nicht mehr sichtbar, dass bei der Herleitung dieses Vorgehens „links und rechts" vom Optimum eine „weniger gute" Situation auftritt und so eine spezielle Eigenschaft des Optimums bei Funktionen (Ableitung ist Null) entdeckt wurde, die dann im Standardverfahren zur Berechnung verwendet wird.

Das Variieren einer Größe x und bestimmen einer zweiten Größe $f(x)$ in Abhängigkeit von der ersten Größe ist eine Grundeigenschaft des funktionalen Denkens. Schülerinnen und Schüler können daher das Konzept des Optimierens nur dann selbständig verwenden, wenn das funktionale Denken bereits ausgebildet ist. Andererseits kann die Betrachtung von Optimierungsfragestellungen dazu dienen, das funktionale Denken zu entwickeln, da die Frage nach der besten Situation für Schülerinnen und Schülern eine sinnvolle Fragestellung ist. Ein entsprechender mehrfach erprobter Unterrichtsgang wurde von Stender (2014) vorgestellt und wird in Abschnitt 7 zusammenfassend dargestellt.

Auch in Situationen, die nicht funktional im Rahmen formaler Sprache beschrieben werden, tritt die Idee des Optimierens auf, beispielsweise wenn der Platz in einem Wohnraum unter Verwendung eines bestimmten Mobiliars optimal ausgenutzt werden soll. Die Idee des Variierens in solchen Situationen zu nutzen und nicht mit der erstbesten Lösung zufrieden zu sein, stellt sowohl eine innere Haltung dar, als auch ein wertvolles kognitives Konzept.

2.2.18. Iteration und Rekursion

Iteration (aus dem lateinischen *iterare = wiederholen*) bedeutet im Kontext der Mathematik das wiederholte Anwenden eines Verfahrens, wobei nach jeder Durchführung das Ergebnis als neue Ausgangsgröße des Rechenverfahrens eingesetzt wird. Dies führt zu folgender formalen Darstellung ($n \in \mathbb{N}$):[30]

$$x_0 = a$$
$$x_{n+1} = f(x_n)$$

Dabei ist a der bekannte bzw. festgelegte Startwert, mit dem die Rechnung beginnt und f beschreibt das Rechenverfahren, mit dem der Nachfolger bestimmt wird.

---

[30]Diese Strategie wird von Bender und Schreiber (1985), Schweiger (1992) und Klika (2003) als fundamentale Idee bezeichnet.

Das innerhalb der Mathematik vermutlich bekannteste Iterationsverfahren ist das Newton-Verfahren zur näherungsweise Bestimmung einer Nullstelle einer differenzierbaren Funktion. Dann ist a der erste geschätzte (nicht immer besonders gute) Wert für die Nullstelle der Funktion und f beschreibt einen Rechenschritt des Newtonverfahrens, gibt also an, wie man von einem Näherungswert x_n für die Nullstelle zu einem besseren Näherungswert x_{n+1} kommt.

Iterationen treten jedoch auch in vielen Bereichen der Schulmathematik auf, oft ohne dass dies explizit thematisiert wird. Die schriftliche Division zweier Zahlen (z. B. $7572 : 6$) umfasst drei Schritte:

1. Teile die erste(n) Ziffer(n) des Dividenden a_0 durch den Divisor b (oder die ersten Ziffern von b unter Realisierung einer Überschlagsrechnung). Schreibe die erste Ziffer z_1 des Ergebnisses hin.

2. Multipliziere (d. h. rechne rückwärts) $d_1 = b \cdot z_1$. Schreibe das Ergebnis an die richtige Stelle bzw. ergänze d_1 mit so vielen Nullen, dass der korrekte Stellenwert erreicht wird.

3. Subtrahiere $a_1 = a_0 - d_1$.

4. Nun führe das Verfahren mit a_1 erneut aus. Wiederhole so lange, bis $a_n < b$

Bezogen auf das Zahlenbeispiel heißt dies, wenn man die Aufgabe als Verteilaufgabe interpretiert: verteile 7572 Gummibärchen auf 6 Personen!

1. Teile $7 : 6$ und erhalte als erste Ziffer 1. Diese Eins sind eigentlich 1000: von den 7572 Gummibärchen bekommt zunächst jede Person 1000 Gummibärchen.

2. Multipliziere $6 \cdot 1 = 6$. Wieder sind dies eigentlich die 6000 Gummibärchen, die im ersten Schritt verteilt wurden.

3. Subtrahiere $7572 - 6000 = 1572$. 1572 Gummibärchen wurden noch nicht verteilt.

4. Verteile die restlichen 1572 Gummibärchen nach demselben Schema so lange, bis weniger als 6 Gummibärchen übrigbleiben (in diesem Beispiel gelingt die Division ohne Rest).

Im Standardkalkül wird der iterative Charakter dieses Algorithmus weniger deutlich, weil die Zahl 1572 nicht auftaucht, sondern nur die ersten beiden Ziffern 15 hingeschrieben werden. Dies verkürzt die Schreibarbeit erheblich, jedoch auf Kosten der Einsicht in den Algorithmus selbst. Das hier gesagte gilt natürlich ebenso für die analoge Polynomdivision in der Oberstufe.

Rekursionen basieren auf demselben Konzept wie Iterationen, nur die Denkrichtung ist eine andere: Bei einer Rekursion wird man zunächst denken $x_n = f(x_{n-1})$. Das Denken beginnt nicht bei x_0 sondern versucht zu klären, wie man x_n aus dem Vorgänger gewinnen kann. Ist dies gelungen, weiß man, dass man durch Wiederholung zu immer kleineren n kommt und muss nun (zum Schluss der Überlegung) noch klarmachen, was beim Wert x_0 geschieht. Die Ikone für dieses Vorgehen ist

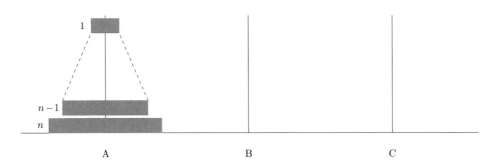

Abbildung 2.10.: Turm von Hanoi

der Turm von Hanoi: Zum Spiel gehören drei Stapelplätze A, B, C. n Scheiben unterschiedlichen Durchmessers sind der Größe nach sortiert aufeinander auf Platz A gestapelt. Die Scheiben sollen auf Platz C um gestapelt werden, wobei in jedem Schritt nur die oberste Scheibe eines Stapels bewegt werden darf und immer nur eine kleinere Scheibe auf einer größeren zu liegen kommen soll. Die Stapelplätze werden meist durch eine Stange repräsentiert, so dass die Scheiben ein Loch in der Mitte haben müssen. Für den Mathematiker stellt sich die Frage: Gelingt das Umstapeln immer?

Die Abbildung 2.10 und der Kontext der Rekursion liefern schon die Antwort darauf, wie die Argumentation dafür lautet, dass das Umstapeln immer gelingt: Es wird vorausgesetzt, dass man schon weiß, wie man $n - 1$ Scheiben umstapelt. Dann kann man dieses Verfahren nutzen, um die oberen $n - 1$ Scheiben von A nach B umzustapeln. Nun bewegt man die untere Scheibe von A nach C und kann dann die $n - 1$ Scheiben von B nach C umstapeln. Dies ist offensichtlich ein typisches Rekursionsargument: man löst das Problem für n Scheiben, indem man es auf das Problem für $n - 1$ Scheiben zurückführt, für das eine bekannte Lösung unterstellt wird. Der Vollständigkeit halber muss man noch klarstellen, dass ja bekannt ist, wie man eine einzelne Scheibe ($n = 1$) von A nach C bewegt, dies entspricht oben dem x_0.

Iteration und Rekursion haben also eine gemeinsame Grundidee, nämlich, dass man einen Startwert angibt und ein Verfahren, wie man von irgendeinem Schritt zum nächsten kommt. Unterschiedlich ist jedoch die Denkrichtung: bei der Iteration beginnt man beim Start und realisiert darauf aufbauend, einen Schritt nach dem anderen. Bei der Rekursion beginnt man am Ende und tut so, als wenn $n - 1$ Schritte schon getan sind. Dies enthält einen Selbstbezug, daher die Bezeichnung „Rekursion", denn um tatsächlich zum Ergebnis zu kommen (beim Turm von Hanoi würde das bedeuten, tatsächlich alle einzelnen Züge anzugeben) muss man die Regel immer wieder rückbezüglich anwenden, solange, bis man zum Startwert gelangt.

Die Rekursive Denkrichtung verwendet dabei offensichtlich Superzeichen, die bei der Iterativen Denkrichtung nicht auftreten: In Abbildung 2.10 werden die oberen $n - 1$ Scheiben als eine Einheit gedacht, die umgelegt wird. Dieser Prozess umfasst $2^{n-1} - 1$ Einzelschritte, stellt also ein Prozesssuperzeichen dar. Das ist für Rekursionen typisch: man denkt die ersten $n-1$ Schritte als eine Einheit, die bereits erledigt wurden, und betrachtet dann nur noch den n-ten Schritt. Aus der Informatik ist bekannt, dass alle rekursiven Verfahren prinzipiell auch iterativ realisiert werden können und anders herum, die tatsächliche Umwandlung einer Rekursion in eine Iteration ist jedoch häufig sehr schwierig.

Zum Vergleich der beiden Ansätze wird hier noch die Fakultät betrachtet. Die Definition der Fakultät lautet

$$n! = 1 \cdot 2 \cdot 3 \cdot 4 \cdots (n-1) \cdot n$$

oder in Form einer Rekursion/Iteration:

$$1! = 1 \text{ und } (n+1)! = (n+1) \cdot n!$$

Es wird 5! berechnet. Iterativ heißt das:

$$1! = 1 \text{ dann } 2! = 2 \cdot 1! = 2 \text{ dann } 3! = 3 \cdot 2! = 6 \text{ dann } 4! = 4 \cdot 3! = 24 \text{ dann } 5! = 5 \cdot 4! = 120$$

Das rekursive Vorgehen führt zu folgender Betrachtung:

$$5! = 5 \cdot 4! = 5 \cdot 4 \cdot 3! = 5 \cdot 4 \cdot 3 \cdot 2! = 5 \cdot 4 \cdot 3 \cdot 2 \cdot 1! = 5 \cdot 4 \cdot 3 \cdot 2 = 5 \cdot 4 \cdot 6 = 5 \cdot 24 = 120$$

Es ist bei der Rekursion zu erkennen, dass zunächst in $n-1$ Schritten entfaltet werden muss, was überhaupt gerechnet werden soll. Danach sind die Rechnungen identisch mit denen der Iteration. Auch dies ist typisch für den Vergleich zwischen Rekursion und Iteration: die rekursive Beschreibung des Verfahrens ist oft kürzer und eleganter als die iterative. Das Abarbeiten des Verfahrens ist dann aber oft langwieriger.

2.2.19. Invarianzprinzip

Engel (1987) stellte diese Strategie anhand von Aufgaben aus der Internationalen Mathematikolympiade vor. In allen Aufgaben werden Folgen in Hinblick auf unterschiedliche Fragestellungen hin untersucht und Engel zeigt, wie das Suchen nach Invarianzen in diesen Folgen die Problemlösung ermöglichen. Als Fragestellungen treten unter anderem die Frage nach expliziten Darstellungen für die berechneten Folgenglieder auf aber auch die Frage nach Fixpunkten der Folgen oder Grenzzyklen. Als Invarianzen treten dabei Produkte, Summen oder Quotienten von Folgengliedern sowie einfache Funktionen dieser Größen auf. Die Bedeutung dieser Strategie geht jedoch weit über das Lösen einzelner Probleme hinaus, vielmehr ist das Herausarbeiten von Invarianzen in der Mathematik eine wichtige Leitlinie für die Strukturierung in der Mathematik. In der Schule ist beispielsweise die Winkelsumme im Dreieck (bzw. allgemeiner am n-Eck) so eine Invarianz oder das Verhältnis des Flächeninhaltes eines Kreises zu seinem Umfang unabhängig vom Kreisradius.[31]

---

[31]Das von Engel (1987) formulierte Invarianzprinzip wird aufgegriffen von Bruder und Collet (2011) und Schwarz (2018). Als fundamentale Idee wird Invarianz genannt bei Bender und Schreiber (1985) und Schreiber (2011).

Die Redeweise von Translationsinvarianz bei Ornamenten, die ja eine Symmetrieeigenschaft beschreibt, zeigt eine Beziehung des Invarianzprinzips zur Symmetrie auf. Man kann den Standpunkt einnehmen, dass Invarianzen im hier beschriebenen Sinne besondere Formen von Symmetrien im Zusammenhang mit funktionalen Abhängigkeiten sind.

Eine wichtige Anwendung des Invarianzprinzips ist das Permanenzprinzip, dass beispielsweise benutzt wird, um Potenzen mit Exponenten kleiner als zwei zu definieren. Dies gelingt nicht direkt, da eine Potenz als wiederholte Multiplikation definiert wird und man für diese Definition mindestens zwei Faktoren benötigt.

$$a^2 \underset{:\,a}{\overset{-1}{\curvearrowright}} a^3 \underset{:\,a}{\overset{-1}{\curvearrowright}} a^4 \underset{:\,a}{\overset{-1}{\curvearrowright}} a^5 \underset{:\,a}{\overset{-1}{\curvearrowright}} a^6 \quad \cdots$$

Abbildung 2.11.: Permanenzprinzip

Die in Abbildung 2.11 dargestellte Folge von Potenzen zeigt als Invariante für eine beliebige Basis $a \in \mathbb{R}$, dass bei der Verringerung des Exponenten um eins die Potenz durch a geteilt werden muss. Erweitert man diese Folge nach links, so dass die Invarianz in *Permanenz* fortgeführt wird, dann ergeben sich nacheinander die folgenden sinnvollen Definitionen:

$$a^1 = a, \; a^0 = 1, \; a^{-1} = \frac{1}{a}, \; a^{-2} = \frac{1}{a^2}, \ldots$$

Das Beibehalten zentraler Eigenschaften bei der Erweiterung des Gegenstandsraumes ist in der Mathematik ein durchgängiges Vorgehen. So werden bei den Zahlenbereichserweiterungen jeweils die Verknüpfungen im neuen Zahlenbereich weitgehend so gewählt, dass die Rechenregeln aus dem zugrunde liegenden Zahlenbereich weiter gültig sind.

Der Fokus auf Invarianten und die Nutzung im Permanenzprinzip sind nicht auf die Mathematik beschränkt. In der Physik ist die Erhaltungsgröße „Energie" eine zentrale Größe quer durch die verschiedenen Gebiete der Physik von der Mechanik bis zur Wärmelehre. Die Entdeckung beziehungsweise Entwicklung dieser Größe als Invariante zwischen verschiedenen physikalischen Teilgebiete war ein wesentlicher Meilenstein für die Entwicklung der Physik.

2.2.20. Approximieren

Bereits in der Grundschule werden Näherungslösungen wichtig. So treten alle Überschlagsrechnungen als Anwendungen dieser Strategie auf, um Größenordnungen abzuschätzten und grobe Kontrollrechnungen durchzuführen. Die Division mit Rest führt, bei Vernachlässigung des Restes, zu einer Näherungslösung für ein rationales Ergebnis im Raum der natürlichen Zahlen.[32]

---

[32]Diese Strategie wird in der Litaratur vonSchreiber (2011) genannt. Bei Bender und Schreiber (1985), Klika (2003) und Schreiber (2011) findet sich „Approximieren" in der Liste fundamentaler Ideen.

In der Sekundarstufe werden gerundete Werte für rationale oder reelle Zahlen verwendet, beispielsweise, wenn ein Bruch in eine Dezimalzahl umgewandelt wird und die Division nach einer (für ein Anwendungsbeispiel sinnvollen) Anzahl von Nachkommastellen abgebrochen wird oder $\pi \approx 3,1415926$ verwendet wird. Taschenrechnererebnisse stellen sehr oft approximative Lösungen dar.

Häufig wird mit Hilfe von iterativen Verfahren approximiert, beispielsweise beim Heron-Verfahren, beim Newton-Verfahren oder beim Verfahren von Archimedes zur näherungsweisen Bestimmung von π.

In der numerischen Mathematik ist die Suche nach approximativen Lösungen beispielsweise von Differentialgleichungen eine Standardsituation. Dabei wird oft vorher ein Sachverhalt diskretisiert. In der reinen Mathematik sind dann Fälle von Interesse, in denen nachgewiesen werden kann, dass eine beliebig gute Näherung gefunden werden kann, was dann durch Grenzwertbildung realisiert wird, wie beispielsweise beim Riemann-Integral. Die Grenzwertbildung ist also ein besonders hochwertiges Verfahren einer Approximation.

In vielen realitätsbezogenen Anwendungen der Mathematik sind nur wenige Dezimalstellen eines Ergebnisses sinnvoll, bei allen mathematischen Ergebnissen eines Modellierungsprozesses muss also beim Übergang in die reale Lösung eine sinnvoll Genauigkeit gewählt, also angemessen approximiert werden.

2.2.21. Arbeitsorganisation

Die Strategien „Rückwärts und Vorwärts" und „Dran bleiben und Umentscheiden" werden hier unter der Überschrift „Arbeitsorganisation" zusammengefasst, da es in beiden Strategien darum geht, eine Herangehensweise an das Problem über eine gewisse Zeit zu verfolgen, den Zugang dann aber (vielleicht vorübergehend) ruhen zu lassen, um einen anderen Weg zur Problemlösung zu verfolgen. Es geht also darum, auf einer höheren Organisationsebene zu entscheiden, wie weiter vorgegangen werden soll. Im Einzelnen folgen dann weitere Entscheidungen, bei denen die bereits beschriebenen Strategien eingesetzt werden können.

2.2.22. Rückwärts und Vorwärts

Das klassische Bearbeiten von Routineaufgaben geschieht als Vorwärtsarbeiten: man beginnt mit den gegebenen Größen und arbeitet gegebenenfalls über mehrere Einzelschritte bis zum Erreichen des Ergebnisses. Auch wenn keine Routineaufgabe vorliegt, so dass man nicht von vornherein weiß, welche Abfolge von Arbeitsschritten zu realisieren ist, kann Vorwärtsarbeiten zum Ziel führen. In Fällen, in denen man das Ergebnis kennt, beispielsweise wenn vorgegebene Resultate bestätigt werden sollen, angegebene Eigenschaften bewiesen werden sollen oder eine starke Vermutung über das Ergebnis vorliegt, ist es oft hilfreich, auch vom Ziel her auf die Ausgangssituation hin zu arbeiten. Oft wechselt man mehrfach zwischen Vorwärtsarbeiten und Rückwärtsarbeiten, bis sich beide Wege irgendwo in der Mitte treffen. Bei Beweisaufgaben muss dann noch eine korrekte Darstellung ausgehend von den gegebenen Größen hin zum Ergebnis formuliert werden.[33]

Pólya (2010, S. 199) beschreibt diesen Heurismus anhand des Problems, mit Hilfe zweier Gefäße, die neun bzw. vier Liter fassen, eine Wassermenge von sechs Litern Wasser aus einem großen Reservoir abzumessen. Die vorgestellte Lösung gelingt, indem man von einer Zielsituation aus (sechs Liter im größeren Gefäß) rückwärts jeweils nach Situationen sucht, aus denen man die Nachfolgesituation herstellen kann.

Das in diesem Zusammenhang von Pólya angeführte Pappus-Zitat zeigt, dass es sich hierbei um ein klassisches Vorgehen handelt:

> *In der Analyse gehen wir aus vom Verlangten und nehmen es, als ob es schon zugestanden wäre, wir ziehen Folgerungen daraus und Folgerungen aus den Folgerungen, bis wir einen Punkt erlangt haben, den wir als Ausgangspunkt bei der Synthese verwenden können. [...] Diese Art der Behandlung nennen wir Analyse oder rückläufige Lösung oder rückläufiges Schließen.*
>
> *In der Synthese wird umgekehrt das bereits Bekannte oder als gültig Zugelassene, was wir in der Analyse zuletzt angetroffen haben, als Ausgangspunkt benutzt. Wir leiten daraus ab, was in der Analyse vorherging, und fahren in diesen Ableitungen fort, bis wir schließlich bei dem Verlangten ankommen. Dieses Verfahren nennen wir Synthese oder konstruktive Lösung oder fortschreitendes Schließen.*

Vorwärtsarbeiten und Rückwärtsarbeiten können also auch als Wechselspiel von Synthese und Analyse bezeichnet werden. In der Mathematik gibt es darüber hinaus noch einen weit verbreiteten wichtigen Fall des Rückwärtsarbeitens, nämlich die Verwendung von Variablen in klassischen Textaufgaben:

Eine Mutter ist fünfmal so alt wie ihre Tochter. In 21 Jahren ist die Mutter nur noch doppelt so alt wie die Tochter. Wie alt sind beide heute?

Das typische Vorgehen beginnt damit, Variablen m, t einzuführen, die das Alter von Mutter und Tochter darstellen und dann die Gleichungen $m = 5t$ und $m + 21 = 2(t + 21)$ zu formulieren. Beim Formulieren der Gleichungen mit Variablen tut man so, als wüsste man worüber man redet, also als wenn die gesuchten Größen m und t schon bekannt wären. Erst diese Denkweise ermöglicht es, die im Text gemachten Aussagen in Gleichungen zu übersetzen. Dann wird weiter mit diesen Größen gerechnet, als wären sie bekannte Zahlen, bis die Lösung $m = 35$ Jahre und $t = 7$ Jahre entsteht. In diesem Sinne ist das Rechnen mit Variablen im Rahmen von Gleichungen, mit denen reale Größen bestimmt werden sollen, immer eine Form von Rückwärtsarbeiten.

Wenn man nur eine Abfolge von Arbeitsschritten betrachtet, kann man in der Regel kaum entscheiden, ob es sich um Vorwärtsarbeiten oder Rückwärtsarbeiten handelt: die Einzelschritte können in beiden Arbeitsrichtungen auftreten. Daher

---

[33]Dies Strategie tritt bei fast allen Autoren auf, die Listen heuristischer Strategien veröffentlicht haben.

werden diese in der Literatur regelhaft unterschiedenen Strategien hier zu einer Strategie zusammengefasst: die strategische Handlungenscheidung ist die Entscheidung über die Arbeitsrichtung (vorwärts oder rückwärts), die im Laufe der Lösung eines Problems mehrfach getroffen werden kann. Die Einzelschritte des eigentlichen Vorwärtsarbeitens oder Rückwärtsarbeitens haben dann keinen strategischen Charakter mehr.

2.2.23. Dran bleiben und Umentscheiden

Wenn man an einem Problem arbeitet und nicht zur Lösung kommt, ist es wichtig hartnäckig zu sein und nicht aufzugeben. Wenn man einen Weg verfolgt, muss man ihn soweit gehen wie möglich, damit man zum Ziel kommt. Es ist eine zentrale Eigenschaft eines Mathematikers oder einer Mathematikerin, „tiefe Löcher zu bohren," also gegebenenfalls auch sehr lange an einem Problem zu arbeiten. Andrew Wiles arbeitete an dem letzten großen Baustein des Beweises des letzten Satzes von Fermat über sieben Jahre.

Wenn man an einem Problem arbeitet und nicht zur Lösung kommt, ist es wichtig sich nicht zu stur in einen Weg zu verbeißen. Wenn man sich festgefahren hat, muss man aussteigen und einen anderen Ansatz wählen.

Diese beiden Maximen des Problemlösens widersprechen einander offensichtlich und sind trotzdem beide richtig: man muss hartnäckig dranbleiben, damit man nicht kurz vor dem Ziel aufgibt – aber wenn man nicht weiter kommt, muss man einen anderen Weg gehen. Es gibt kein Rezept dafür, an welchem Punkt im Problemlöseprozess man sich umentscheiden soll, dafür hilft nur Erfahrung und selbst die oftmals nicht, was man an den vielen ungelösten Problemen in der Mathematik erkennen kann.

In der Schule treten diese Steuerungsstrategien nur auf, wenn Schülerinnen und Schüler über einen längeren Zeitraum an einem Problem arbeiten. Dies kann gut im Rahmen von Modellierungstagen realisiert werden, also mehrtägigen Projekttagen, an denen Schülerinnen und Schüler einzelne komplexe Modellierungsprobleme bearbeiten (Stender, 2016a). Die Arbeit kann nur unter Anleitung gelingen und die Betreuungspersonen müssen dann wissen, bei welchen Lösungsansätzen Schülerinnen und Schüler zum Durchhalten ermutigt werden sollten und wann man vom weiteren Verfolgen von Irrwegen abraten muss.

2.3. Zusammenfassung

Die hier gezeigten Beispiele zeigen, dass heuristische Strategien in Hinblick auf Mathematik unter verschiedenen Aspekten betrachtet werden können. Aus wissenschaftstheoretischer Perspektive kann man im Sinne von Abbildung 1.1 mit heuristischen Strategien einen wesentlichen Teil der mathematischen Methoden beschreiben. Dies wurde schon in dem englischen Untertitel „A new Aspect of Mathematical Method" von Pólyas bekanntester Arbeit (Pólya, 2010) deutlich. Als mathematische Methoden sind damit heuristische Strategien unverzichtbarer Anteil des Faches Mathematik und müssen in jeder Lehre, die Mathematik zum Inhalt hat, vermittelt werden.

Der deutsche Titel von Pólya (2010) „Schule des Denkens" weist auf einen anderen Aspekt der heuristischen Strategien hin, nämlich dass die Auseinandersetzung mit heuristischen Strategien Teil einer umfassenden Denkschulung ist. Die hier dargestellten heuristischen Strategien sind nicht nur innerhalb der Mathematik wirkungsvolle Denkstrategien sondern auch in vielen anderen Domänen wichtig. Dies wird bereits an vielen außermathematischen Beispielen deutlich, die Pólya (2010) zu den heuristischen Strategien beschreibt. Aber auch Dörner (1976) beschreibt heuristische Strategien aus kognitionspsychologischer Perspektive, die nicht auf Mathematik fokussiert.

Darüber hinaus sind die heuristischen Strategien auch ein guter Ansatz, um mathematische Denkprozesse zu beschreiben: welche einzelnen Schritte realisiert man bei der Bearbeitung eines mathematischen Problems? Wie kommt man auf einzelne Ideen? Welche typischen Denkstrukturen sind in den verschiedenen mathematischen Objekten kondensiert? Die Analyse der mathematischen Denkprozesse ist hilfreich für das Verständnis der entsprechenden Lernprozesse und kann Hinweise darauf geben, welche Denk-/Lernschritte besonders schwierig sind und wo dementsprechend die Lehre adaptive Unterstützung für die Überwindung dieser spezifischen Hürden finden muss.

Ein weiterer Aspekt der heuristischen Strategien kam in den Beispielen zur Optimierung der Rechtecksflächen zur Geltung: hier wurden alternativ zu den Lösungswegen mit der rechnerischen Bestimmung von Scheitelpunkten jeweils eine argumentative Lösung mit Symmetrieargumenten vorgestellt. Heuristische Strategien stellen ein reichhaltiges Repertoire für mathematisches **Argumentieren** dar. Dies wird in Abschnitt 4.3.2 noch ausführlicher dargestellt.

Da die heuristischen Strategien mathematisches Denken beschreiben und zum mathematischen Argumentieren dienen, sind sie auch ein gutes Vokabular zum **Erklären** mathematischer Sachverhalte. Hierbei geht es ja gerade darum, die richtige mathematische Denkweise sichtbar und nachvollziehbar zu machen und für die sinnvollen Lösungswege überzeugende Argumenten zu finden. Als Erklärungsvokabular stellen die heuristischen Strategien also einen wichtigen Teil der mathematischen Sprache dar, der insbesondere in der Lehre wichtig ist. Die große Überschneidung der beschriebenen heuristischen Strategien mit in der Literatur vorhandenen Aufzählungen fundamentaler Ideen zeigt, dass diese Strategien einen großen Teil des Wesenskerns der Mathematik darstellen.

Heißt dies nun, neben zu den bisherigen Inhalten sollen jetzt zusätzlich heuristische Strategien unterrichtet werden? Die Antwort ist nein! Es war schon immer das wichtigste Ziel von Mathematikunterricht, mathematisches Denken zu entwickeln! Dies kann immer nur gelingen durch die Auseinandersetzung mit mathematischen Fachinhalten[34], jedoch ist es sehr förderlich, wenn die Denkprozesse selbst auch sichtbar gemacht werden. Wenn Symmetrie genutzt wird, um eine Rechnung zu realisieren oder ein Verfahren zu entwickeln, sollte das bewusst gemacht werden.

---

[34]Dies sagt das gern zitierte Sprichwort: „Es gibt kein Stricken ohne Wolle."

Dafür müssen zunächst die Lehrpersonen in den mathematischen Gegenständen die implizit innewohnenden mathematischen Gedankengänge, also die heuristischen Strategien, explizit erkennen und diese dann im Unterricht jeweils an der richtigen Stelle herausstellen. Eine Möglichkeit dies zu tun, ist immer wieder Rückblick auf die befassten mathematischen Inhalte zu nehmen und im Nachhinein heuristische Strategien bewusst zu machen. Sind einzelne Strategien einer Lerngruppe dann geläufig, können diese auch schon während der Erarbeitung neuer Inhalte als Impulsgeber genutzt werden. Die heuristischen Strategien sind also kein zusätzlicher Lerninhalt, sondern für die Schülerinnen und Schüler ebenso wie für Lehrerinnen und Lehrer ein Reflexions- und Strukturierungsinstrument, das einen wesentlichen Aspekt der Mathematik verdeutlicht. Daneben wird Mathematik als Denkschule auch für diejenigen sinnhaft, die selbst an innermathematischen Fragestellungen weniger interessiert sind.

3. Beweisstrategien

3.1. Explizit gelehrte Strategien

Als Beweisstrategien werden hier diejenigen heuristischen Strategien bezeichnet, für deren Anwendung in der Mathematik das Verwenden der formalen Sprache weitgehend unverzichtbar ist. Diese Beweisstrategien spielen in der Mathematik eine zentrale Rolle und gehören zum Standardrepertoire des Fachs. Sie werden in der Regel im Mathematikstudium explizit thematisiert.

In der Schule spielen diese Strategien im Wesentlichen in der Oberstufe und teilweise in den höheren Jahrgängen der Mittelstufe eine Rolle. Sie treten bei der Herleitung von Algorithmen oder Aussagen auf oder dienen als Grundlage für Argumente oder Erklärungen. Für Schülerinnen und Schüler, die in ein Studium in eines der MINT-Fächer eintreten, ist Kenntnis der Beweisstrategien und die Fähigkeit sie nutzen können, eine zentrale Voraussetzung für ein erfolgreiches Studium. Außerhalb dieser Studiengänge wird die formale Sprache der Mathematik wenig im Rahmen von Problemlöseprozessen verwendet und daher finden diese Strategien dann wenig Anwendungen.

Lehrpersonen müssen die Beweisstrategien beherrschen und sich ihrer jeweiligen Anwendung bewusst sein, um sie reflektiert im Unterricht in geeigneten Lerngruppen zu nutzen und zu thematisieren. Im folgenden werden einige in der Literatur auftretende Beweisstrategien ausgeführt, in der wichtige Vorgehensweisen im Mathematikstudium aus Sicht von Fachmathematikern beschrieben werden (Amann & Escher, 2010; Engel, 1998; Estep, 2005; Forster, 2016; Glosauer, 2017; Grieser, 2013; Houston & Girgensohn, 2012; Schaback & Wendland, 2005; Schweiger, 1992; Stoer, 2005).

3.1.1. Direkter Beweis

Für einen direkten Beweis geht man von einer bereits bekannten bzw. bewiesenen Aussage oder einer bzw. mehreren angenommenen Voraussetzungen aus und folgert mit Hilfe eine Abfolge von einzelnen logisch korrekten Schlüssen eine neue zu zeigende Aussage. Der direkte Beweis ist also ein Beispiel für Vorwärtsarbeiten.

Beispiel 1: Die Summe von fünf aufeinanderfolgenden natürlichen Zahlen ist immer durch fünf teilbar. Für den Beweis muss diese Aussage zunächst in eine Schlussfolgerung mit einer Voraussetzung umformuliert werden[1]:

---

[1]Dieser Repräsentationswechsel zwischen einer normalsprachlichen gegebenen Fragestellung in eine formalsprachliche Version ist im Mathematikstudium bei sehr vielen Übungsaufgaben regelhaft der erste Schritt, um eine Aufgabe zu bearbeiten. Bei anderen Aufgaben, die formalsprachlich

© Der/die Autor(en), exklusiv lizenziert durch
Springer-Verlag GmbH, DE, ein Teil von Springer Nature 2021
P. Stender, *Heuristische Strategien in der Schulmathematik*,
https://doi.org/10.1007/978-3-662-64079-1_3

„n ist eine natürliche Zahl" dann folgt: „$n + (n+1) + (n+2) + (n+3) + (n+4)$ ist durch fünf teilbar".

Beweis:

$$n + (n+1) + (n+2) + (n+3) + (n+4) = 5n + 10 = 5(n+2)$$

Die Summe ist also ein Vielfaches von fünf und damit durch fünf teilbar.

Beispiel 2: Herleitung des Sinussatzes aus der Definition des Sinus am rechtwinkligen Dreieck.

Zunächst werden Bezeichnungen geklärt, dabei werden die in der Schule verbreiteten Standardbezeichnungen im Dreieck verwendet: An der Ecke A hat das Dreieck den Winkel α und der Ecke A gegenüber liegt die Kante a. Entsprechend B, β, b und C, γ, c. Da zwei bei der Herleitung verschiedene Dreiecke auftreten, wird für die Größen im rechtwinkligen Dreieck ein Index r verwendet.

Voraussetzung: Am rechtwinkligen Dreieck (Hypothenuse c_r, $\gamma_r = 90°$) gilt per Definition:

$$\sin(\alpha_r) = \frac{a_r}{c_r}$$

Behauptung: Dann gilt in jedem spitzwinkligen Dreieck

$$\frac{\sin(\alpha)}{a} = \frac{\sin(\beta)}{b} = \frac{\sin(\gamma)}{c}$$

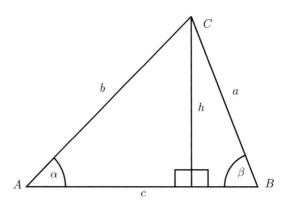

Abbildung 3.1.: Herleitung des Sinussatzes

Die Definition des Sinus am rechtwinkligen Dreieck liefert mit den Bezeichnungen aus Abbildung 3.1:

$$\sin(\alpha) = \frac{h}{b} \text{ und } \sin(\beta) = \frac{h}{a}$$

---

formuliert sind, ist es für das Lösen der Aufgabe oft zentral, eine normalsprachliche Formulierung der Aufgabe zu erzeugen. Diese Repräsentationswechsel zwischen Formalsprache und Normalsprache stellen eine der Hürden für viele Studierenden zu Beginn des Studiums dar.

Auflösen beider Gleichungen nach h und Gleichsetzen liefert:

$$\sin(\alpha) \cdot b = h = \sin(\beta) \cdot a$$

Die Division durch a und b liefert dann den Sinussatz:

$$\frac{\sin(\alpha)}{a} = \frac{\sin(\beta)}{b}$$

Den fehlenden Teil des Sinussatzes mit c erhält man, indem man den Beweis mit zyklisch vertauschten Bezeichnungen in gleicher Weise wiederholt.

3.1.2. Beweis durch Kontraposition

Der Beweis durch Kontraposition beruht auf der Tatsache, dass die Aussage

$$A \Rightarrow B$$

für beliebige Aussagen A und B logisch gleichwertig zu der Aussage

$$\neg B \Rightarrow \neg A$$

ist. Anstatt den direkten Beweis $A \Rightarrow B$ zu führen, kann man genau so gut die Kontraposition $\neg B \Rightarrow \neg A$ zeigen. Beweise sind häufig einfacher, wenn man aus einer komplexeren Aussage eine einfachere folgert, als wenn man aus der einfacheren Aussage die komplexere entwickeln muss. Da die Negation die Komplexität nicht verändert, kann man mit Hilfe der Kontraposition die komplexere Aussage als Ausgangspunkt wählen. Der Beweis selbst geschieht dann wie beim direkten Beweis.

Beispiel: Behauptung: wenn n^2 gerade ist, dann ist n auch gerade.

Kontraposition: Wenn n ungerade ist, dann ist n^2 auch ungerade.

Beweis:

Sei $n \in \mathbb{N}$ ungerade, also gibt es $k \in \mathbb{N}$ mit $n = 2k+1$. Dann folgt:

$$n^2 = (2k+1)^2 = 4k^2 + 4k + 1 = 2(2k^2 + 2k) + 1$$

Damit ist n^2 ebenfalls ungerade.

3.1.3. Beweis durch Widerspruch: indirekter Beweis

Der indirekte Beweis beruht auf der Grundannahme der binären formalen Logik, dass entweder die Aussage C wahr ist, oder die Aussage $\neg C$[2] wahr ist: es gibt *keine dritte Möglichkeit* (Satz vom ausgeschlossenen Dritten) die wahr sein könnte mit C falsch und $\neg C$ falsch. Soll also eine Aussage C der Form $A \Rightarrow B$ gezeigt werden, kann man genau so gut beweisen, dass $\neg C$ falsch ist. Dies wird durchgeführt, indem angenommen wird, dass A wahr ist und gleichzeitig $\neg B$ wahr ist (was nicht sein kann, wenn B aus A logisch folgt). Diese Annahme wird dann durch logische

---

[2] $\neg C$ ist die Negation der Aussage C d.h. „nicht C"

Schlussfolgerungen zu einem logischen Widerspruch geführt, womit dann bewiesen ist, dass $\neg C$ falsch ist.

Ein wichtiges Beispiel für einen indirekten Beweis ist der Beweis der Aussage, dass $\sqrt{2}$ sich nicht durch einen Bruch darstellen lässt, also in $\mathbb{R} \setminus \mathbb{Q}$ liegt.

Die Negation dieser Aussage lautet: es gibt einen vollständig gekürzten Bruch (also Zähler und Nenner sind teilerfremd), der quadriert die Zahl zwei ergibt. Formal[3]:

$$\exists p, q \in \mathbb{N} : \left(\frac{p}{q}\right)^2 = 2, \ p, q \text{ teilerfremd}$$

Diese Aussage wird durch die nächsten Überlegungen zum Widerspruch geführt, ist also falsch. Der Widerspruch gelingt dadurch, dass man einen gemeinsamen Teiler von p und q findet. Man muss hier also zusätzlich die Idee verwenden, dass es zu jedem Bruch einen vollständig gekürzten Bruch gibt, der dieselbe rationale Zahl darstellt.

$$\left(\frac{p}{q}\right)^2 = 2 \Rightarrow p^2 = 2q^2$$

Damit enthält p^2 einen Faktor zwei, das heißt aber, bereits p muss den Faktor zwei enthalten (dieser Schluss gilt für jede Primzahl, nicht nur für den Faktor 2). Es gibt also eine natürliche Zahl r mit $p = 2r$. Dies substituiert man:

$$p^2 = 2q^2 \Rightarrow (2r)^2 = 2q^2 \Rightarrow 4r^2 = 2q^2 \Rightarrow 2r^2 = q^2$$

Damit enthält q^2 einen Faktor zwei, das heißt aber, bereits q muss den Faktor zwei enthalten. Somit enthalten sowohl p als auch q den Faktor zwei, sind also nicht teilerfremd. Damit ist die Aussage, dass es einen teilerfremden Bruch gibt, dessen Quadrat zwei ergibt falsch. Die Wurzel aus zwei ist also nicht als Bruch darstellbar und damit keine rationale Zahl.

Beispiel 2: Satz von Euklid: es gibt unendlich viele Primzahlen!

Beweis: Angenommen es gibt nur endlich viele Primzahlen $p_1, p_2, \ldots p_n$. Dann ist die kleinste natürliche Zahl, die durch alle diese Primzahlen geteilt werden kann, das Produkt dieser Primzahlen m. m ist offensichtlich größer als alle diese Primzahlen. Die Zahl $m + 1$ und die Zahl m haben als größten gemeinsamen Teiler die Eins, da der größte gemeinsame Teiler zweier Zahlen identisch zum größten gemeinsamen Teiler der Differenz der Zahlen ist. $m + 1$ ist also entweder eine Primzahl oder enthält einen Primfaktor, der nicht in der Liste $p_1, p_2, \ldots p_n$ enthalten ist. Das ist ein Widerspruch zur Annahme. Es gibt also unendlich viele Primzahlen.

---

[3] Für die Existenzaussage wird hier der Existenzquantor „∃" verwendet.

3.1.4. Vollständige Induktion

Mit Hilfe der vollständigen Induktion kann bewiesen werden, dass eine Aussage für alle natürlichen Zahlen gilt. So beispielsweise die Summenformel für die ersten n natürlichen Zahlen:

$$\sum_{i=1}^{n} i = 1+2+3+4+\ldots+n = \frac{n(n+1)}{2}$$

Die Beweisidee besteht aus zwei Schritten:

- Induktionsanfang: Man kann die Aussage für eine bestimmt natürliche Zahl nachweisen (in der Regel für $n = 1$). Eine andere verwendete Bezeichnungen ist „Induktionsverankerung".

- Induktionsschluss: Man kann zeigen, dass aus der Gültigkeit der Aussage für eine *beliebige* natürliche Zahl n die Gültigkeit für den *Nachfolger* $n+1$ folgt.

Als Metapher für die vollständige Induktion wird häufig der Dominoeffekt verwendet: Dominosteine werden so aufgestellt, dass jeder umfallende Dominostein seinen Nachfolger umwirft (Induktionsschluss). Wirft man den ersten Stein um (Induktionsanfang), so fallen alle Dominosteine um. Ein umgefallener Dominostein steht dabei für die nachgewiesene Aussage für eine bestimmte natürliche Zahl. Beim Dominoeffekt handelt es sich offensichtlich um einen iterativen Prozess, so dass die vollständige Induktion eine Realisierung der heuristischen Strategie Iteration/Rekursion ist. Dementsprechend gibt es auch zwei Möglichkeiten, Beweise durch vollständige Induktion aufzuschreiben, einen die Denkweise eher von vorn nach hinten vorgeht, also iterativ, einen bei dem von hinten nach vorn gedacht wird, also rekursiv. Im folgenden Beispiel werden beide Versionen vorgestellt.

Beispiel: Behauptung: Für die Summe der ersten n Kubikzahlen gilt die Formel:

$$\sum_{i=1}^{n} i^3 = 1+8+27+64+\ldots+n^3 = \frac{n^2(n+1)^2}{4}$$

Beweis:

Der Induktionsanfang ist sowohl für die rekursive als auch die iterative Denkrichtung gleich:

$$\sum_{i=1}^{1} i^3 = 1 = \frac{1^2(1+1)^2}{4}$$

Iterative Denkrichtung:

$$\sum_{i=1}^{n} i^3 = \frac{n^2(n+1)^2}{4}$$

(Induktionsvoraussetzung)

$$\Rightarrow \sum_{i=1}^{n} i^3 + (n+1)^3 = \frac{n^2(n+1)^2}{4} + (n+1)^3$$

$$\Rightarrow \sum_{i=1}^{n+1} i^3 = \frac{n^2(n+1)^2}{4} + \frac{4(n+1)^3}{4}$$

$$= \frac{n^2(n+1)^2 + 4(n+1)^3}{4}$$

$$= \frac{(n+1)^2\left(n^2 + 4(n+1)\right)}{4}$$

$$= \frac{(n+1)^2\left(n^2 + 4n + 4\right)}{4}$$

$$= \frac{(n+1)^2(n+2)^2}{4}$$

Die letzte Zeile entspricht der behaupteten Formel, wenn man sie für die Zahl $n+1$ hinschreibt, damit ist der Beweis gelungen.

Rekursive Denkrichtung:

$$\sum_{i=1}^{n+1} i^3 = \sum_{i=1}^{n} i^3 + (n+1)^3$$

$$= \frac{n^2(n+1)^2}{4} + (n+1)^3$$

(Induktionsvoraussetzung)

$$= \frac{n^2(n+1)^2}{4} + \frac{4(n+1)^3}{4}$$

$$= \frac{n^2(n+1)^2 + 4(n+1)^3}{4}$$

$$= \frac{(n+1)^2\left(n^2 + 4(n+1)\right)}{4}$$

$$= \frac{(n+1)^2\left(n^2 + 4n + 4\right)}{4}$$

$$= \frac{(n+1)^2(n+2)^2}{4}$$

Vergleicht man die beiden Darstellungen wird deutlich, dass die Rechenschritte identisch sind, nur das Aufschreiben des Beweises ist unterschiedlich. Da man in der rekursiven Denkrichtung auf der linken Seite mit dem Zielausdruck für $n+1$ beginnt, schreibt man von Anfang an eine Gleichungskette hin. Die Induktionsvoraussetzung wird dann in die Gleichung eingesetzt. Bei der iterativen Denkrichtung beginnt man mit dem Ausdruck für n (also der Induktionsvoraussetzung) und erhält zunächst äquivalente Ausdrücke. Beide Darstellungen sind mathematisch korrekt und manchmal vorteilhaft.

3.1.5. Vollständige Fallunterscheidung

Die vollständige Fallunterscheidung ist eine Realisierung der heuristischen Strategie „Zerlege dein Problem in Teilprobleme". Bei der vollständigen Fallunterscheidung werden die Teilprobleme als Fälle bezeichnet und durch formale Sprache beschrieben. Durch Überprüfung der einzelnen formalsprachlichen Fallbeschreibungen kann sicher gestellt werden, dass kein Teilproblem übersehen wurde. Typische Fallunterscheidungen sind:

- $x = 0$, $x \neq 0$

- $x > 0$, $x \leq 0$

- $x \in \mathbb{Q}$, $x \in \mathbb{R} \setminus \mathbb{Q}$

- $x \leq 2$, $2 < x < 4$, $4 \leq x$

Für die verschiedenen Fälle einer vollständigen Fallunterscheidung wird also eine Variable in unterschiedlichen Mengen betrachtet, wobei sicher gestellt wird, dass die Vereinigung dieser Mengen die gesamte untersuchte Menge (an Zahlen) darstellt. Die Mengen sollten disjunkt sein, da andernfalls Fälle doppelt untersucht werden, was nicht effizient wäre.

In der Schule ist die bekannteste Fallunterscheidung das Teilen einer Gleichung durch eine Variabel x, wobei man $x = 0$ und $x \neq 0$ unterschiedlich behandeln muss, da nicht durch Null geteilt werden darf.

Ein weiteres Teilgebiet in der Schule, bei dem Fallunterscheidungen relevant sind, sind Gleichungen, bei denen die Betragsfunktionen für Terme auftreten. Dann müssen die Fälle unterschieden werden, in denen der Term negativ wird (also die Betragsfunktion das Vorzeichen ändert) oder positiv wird (also die Betragsfunktion einfach weggelassen werden kann).

3.1.6. Schubfachprinzip

Das Schubfachprinzip ist ein systematisches Zählverfahren, mit dem Existenzaussagen auf endlichen Mengen bewiesen werden. Die Grundidee lautet: hat man n Schubladen, auf die man m Objekte verteilt, so kann man sicher sein, dass in einer Schublade zwei Objekte liegen, wenn $m > n$, es also mehr Objekte als Schubladen gibt. Ist $m < n$, so existiert mindestens eine leere Schublade.

Erweiterte Version des Schubfachprinzips: Gibt es $a \cdot n + 1$ Objekte und n Schubladen, gibt es mindestens eine Schublade mit $a + 1$ Objekten.

Beispiele:
Ein Mensch hat sicher weniger als eine Million Haare. Einer Schublade werden alle Menschen mit der gleichen Anzahl Haaren zugeordnet. In Deutschland leben über 80 Millionen Menschen. Es gibt also in Deutschland mindestens zwei Menschen mit der genau gleichen Anzahl von Haaren.

Besuchen 25 Schüler eine Klasse, so gibt es einen Monat in dem mindestens drei Schüler dieser Klasse Geburtstag haben (12 Monate entsprechen 12 Schubladen, 25 Kinder werden auf die 12 Monate „verteilt").

Von einem Schachbrett werden die beiden schwarzen Felder an den gegenüberliegenden Ecken entfernt. Nun wird das Brett mit Dominosteinen belegt, so dass jeder Dominostein genau zwei Felder abdeckt. Ist dies möglich? Nein: Jeder Dominostein deckt ein weißes und ein schwarzes Feld ab. Am Ende bleiben zwei weiße Felder übrig.

Unter sechs (verschiedenen) natürlichen Zahlen gibt es immer zwei, deren Differenz durch fünf teilbar ist. Beweis: Es gibt sechs Objekte (die Zahlen). Wir betrachten fünf Schubladen, für die fünf verschiedenen Reste, die beim Teilen einer Zahl durch fünf auftreten können. Eine Schublade enthält zwei Zahlen und deren Differenz ist durch fünf teilbar.

Eine diagonalisierbare 3×3 Matrix hat genau zwei verschiedene Eigenwerte. Dann ist ein Eigenwert doppelt. Die Matrix muss wegen der Diagonalisierbarkeit drei Eigenwerte haben (3 Objekte). Da nur zwei verschiedene Eigenwerte existieren (2 Schubladen) ist einer doppelt.

Die letzten Beispiele zeigen, wie dieses Prinzip in innermathematischen Fragestellungen wirksam wird.

3.1.7. Extremalprinzip

Engel (1998) beschreibt das Extremalprinzip in folgender Weise[4]:

> *Wir versuchen die Existenz eines Objekts mit bestimmten Eigenschaften zu beweisen. Das Extremalprinzip sagt uns, ein Objekt zu wählen, das eine geeignete Funktion maximiert oder minimiert. Für das gefundene Objekt wird dann gezeigt, dass es die gewünschte Eigenschaft hat, indem gezeigt wird, dass kleine Störungen (Variationen) die Funktion größer oder kleiner werden lässt.*

Das Extremalprinzip verwendet offensichtlich die oben beschriebene heuristische Strategie „Zum Optimieren muss man variieren." Hinzu kommen hier zwei Eigenschaften: einerseits wird aus Engels weiteren Ausführungen deutlich, dass die Extremalbedinung hier im Rahmen formaler mathematischer Sprache betrachtet wird. Zweitens tritt das Konzept hinzu, die Frage nach der Existenz eines Objektes zu übersetzen in die Frage nach der Existenz des Extremwertes einer Funktion bzw. die bekannte Existenz eines extremen Elements zu nutzen.

---

[4]Der Originaltext ist in Englischer Sprache und wurde hier selbst übersetzt.

In der weiteren Beschreibung weißt Engel (1998) explizit darauf hin, dass endliche Mengen reeller oder natürliche Zahlen ein minimales/maximales Element haben, dass alle nichtleeren Teilmengen der natürlichen Zahlen ein minimales Element haben sowie darauf, dass unendliche Teilmengen der reellen Zahlen nicht notwendig ein minimales/maximales Element haben. Das Nutzen dieser Aussagen gehört also offensichtlich aus Sicht Engels auch zur Verwendung des Extremalprinzips, auch wenn dies auf Grundlage der ersten Definition nicht offensichtlich ist. Pauschal kann das Extremalprinzip daher als folgende Handlungsanleitung formuliert werden: „Nutze Minima und Maxima."

Grieser (2013) formuliert das Extremalprinzip sehr allgemein: „Wo etwas extremal wird, entstehen besondere Strukturen." Diese Besonderheiten zu nutzen, kann beim Lösen von Problemen helfen.

Beispiel 1: Entlang eines Kreises seien 1000 Zahlen angeordnet. Jede ist der Mittelwert ihrer beiden Nachbarn. Zeige, dass alle Zahlen gleich sind. (Grieser, 2013)

Der Beweis gelingt mit dem Extremalprinzip:

Unter den 1000 Zahlen muss es eine kleinste (Extremalprinzip!) geben, nennen wir sie x. Da diese gleich dem Mittelwert ihrer Nachbarn ist, müssen diese gleich x sein, denn sonst wäre ein Nachbar größer als x und einer kleiner als x, im Widerspruch[5] zur Minimalität von x. Also sind beide Nachbarn gleich x und damit ebenfalls minimal. Mit demselben Argument sind die Nachbarn beider Nachbarn ebenfalls gleich x, dann deren Nachbarn usw.. Da man so nach und nach[6] jede der Zahlen erreicht, folgt, dass alle Zahlen gleich x sind.

Beispiel 2: In der Ebene liegen n Punkte derart, dass jedes Dreieck mit diesen Punkten als Eckpunkten einen Flächeninhalt kleiner als eins hat. Zeige, dass alle n Punkte in einem Dreieck mit Flächeninhalt kleiner als vier liegen (Engel, 1998).

Abbildung 3.2.: Extremalprinzip: Dreiecke

Beweis: Unter den endlich vielen Dreiecke wird dasjenige mit *maximalen Flächeninhalt* ausgewählt, dieser ist nach Voraussetzung kleiner als eins. Um dieses Dreieck D_1 herum wird ein zweites Dreieck D_2 konstruiert, indem zu jeder jeder Kante von D_1 die Parallele durch die gegenüberliegende Ecke gezeichnet wird (Abb.: 3.2). Dieses Dreieck hat offensichtlich einen Flächeninhalt kleiner als vier. Außerhalb von D_2 kann keiner der n Punkte liegen (Beweis durch Widerspruch): Läge ein Punkt in Abbildung 3.2 unterhalb der durch A verlaufenden Kante, gäbe es ein Dreieck,

---

[5]Hier gelingt offensichtlich eine der Schlussfolgerungen durch einen Beweis durch Widerspruch.
[6]Dies ist ein iteratives Argument.

das entgegen der Voraussetzung einen größeren Flächeninhalt hätte, als D_1. Der Schluss kann analog mit den beiden anderen Ecken von D_1 durchgeführt werden.

Beispiel 3: Im oben realisierten Beweis der Irrationalität von $\sqrt{2}$ wurde vorausgesetzt, dass ein vollständig gekürzter Bruch verwendet wird. Dies ist unter allen Brüchen, die eine bestimmte rationale Zahl darstellen, eine extreme Wahl, Zähler und Nenner sind minimal.

3.1.8. Cantors Diagonalargumente

Cantor hat die Grundlagen für die Mengenlehre gelegt und damit für die Art und Weise, wie heute die Gegenstände der Mathematik in der formalen Sprache beschrieben werden. Zugespitzt lässt sich sagen, dass in der Mathematik alles „Menge" ist. Dabei beruht der Mengenbegriff zunächst auf sehr anschaulichen Vorstellungen von endlich vielen bekannten Objekten, die zu einer Menge gruppiert werden. Die wichtigste grundlegende Menge in der Mathematik ist dann aber zunächst die Menge der natürlichen Zahlen $\mathbb{N}$, wobei sofort das Problem auftritt, das hier nicht endlich viele sondern unendlich viele Objekte zu einer Menge zusammengefasst werden, was grundlegend neue Fragen aufwirft. In der Auseinandersetzung mit diesen Fragen hat Cantor zwei Argumentationsformen entwickelt, die heute zum Standard in der Mathematik gehören.

Für endliche Mengen kann man angeben, wie viele Elemente sie enthalten – die Kardinalität, Mächtigkeit oder der Betrag einer Menge. Um dies zu tun, muss man nur zählen können. Bei unendlichen Mengen ist die Frage „Wie groß ist die Menge?" komplexer. Um diese zu klären wird ein Mathematiker (und so ist Cantor vorgegangen) Verfahren von endlichen Mengen sinnvoll auf unendliche Mengen übertragen (Permanenzprinzip, Seite 46). Wie kann man endliche Mengen hinsichtlich ihrer Größe vergleichen?

Eine Möglichkeit zwei endliche Mengen A und B hinsichtlich ihrer Mächtigkeit zu vergleichen ist zu prüfen, ob A Unter- oder Obermenge von B ist. Eine (echte) Obermenge enthält mehr Elemente als die (echte) Untermenge. Auf diese Weise ließe sich für Mengen eine Vergleichsmöglichkeit in Hinblick auf die Größe der Menge definieren. Dieser Vergleich hat jedoch eine erhebliche Schwäche: $A = \{a, b, c\}$ und $B = \{b, c, d, e\}$ sind auf diese Weise nicht vergleichbar. Keine Menge ist Unter- oder Obermenge der anderen. Bei unendlichen Mengen lässt sich so die Mächtigkeit nicht immer vergleichen.

Die zweite Möglichkeit zwei Mengen hinsichtlich ihrer Mächtigkeit zu vergleichen ist zu prüfen, ob es eine bijektive Abbildung[7] zwischen den Mengen gibt. Wenn ja, sind die Mengen gleich mächtig. Der Vorteil ist, dass dadurch ganz unterschiedliche Mengen hinsichtlich ihrer Mächtigkeit verglichen werden können.

---

[7]Eine bijektive Abbildung heißt, dass es zu jedem Element einer Menge genau ein Element der zweiten Menge gibt. Beispiel: Die Menge der Menschen in einem Raum wird verglichen, mit der Menge der Stühle in dem Raum. Eine bijektive Abbildung wird dadurch realisiert, dass jeder Mensch sich auf einen Stuhl setzt und kein Stuhl frei bleibt. Bleibt ein Stuhl frei, ist die Menge der Stühle größer. bleibt ein Mensch stehen, ist die Menge der Menschen größer.

Cantor hat die zweite Möglichkeit zum Vergleich von Mengen gewählt und definiert, dass zwei Mengen gleich mächtig sind, wenn es eine bijektive Abbildung zwischen ihnen gibt. Diese für endliche Mengen naheliegende Definition wurde dann auch für unendliche Mengen übertragen. Für das Finden solcher Abbildungen verwendete Cantor unter anderem zwei Diagonalargumente, die heute Standardverfahren für passende Zählprozesse in der Mathematik sind. Überraschenderweise hat dieses Vorgehen zur Folge, dass die oben genannte erste Möglichkeit Mengen zu vergleichen für unendliche Mengen keinen Bestand hat: eine echte Obermenge kann genauso mächtig sein, wie die Untermenge. Die Permanenz der zweiten Möglichkeit macht die Permanenz der ersten Möglichkeit unmöglich.

Erstes Diagonalargument

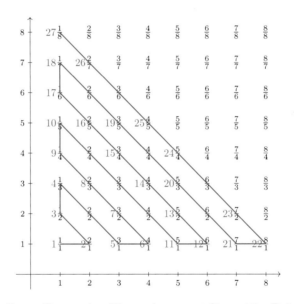

Abbildung 3.3.: Erstes Cantorsches Diagonalargument für positive Brüche

Mit dem ersten Diagonalargument konstruiert Cantor eine bijektive Abbildung zwischen den natürlichen Zahlen $\mathbb{N}$ (in Abbildung 3.3 blau) und den rationalen Zahlen $\mathbb{Q}$. Dabei werden die Elemente von $\mathbb{Q}$ als Brüche dargestellt. Ein Bruch besteht aus Zähler und Nenner, also aus zwei ganzen Zahlen (im Nenner ohne die Null). Diese Zahlenpaare werden für die Konstruktion der Abbildung als Punkte im kartesischen Koordinatensystems dargestellt. Mit Hilfe des ersten Diagonalarguments wird nun eine systematische Nummerierung aller dieser Punkte realisiert, also jedem Punkt wird eine natürliche Zahl zugeordnet. Da eine rationale Zahl durch verschiedene Brüche dargestellt werden kann, muss beim wiederholten auftreten einer rationalen Zahl der Punkt beim Nummerieren übersprungen werden. Dieses Verfahren erfasst alle positiven rationalen Zahlen, damit ist eine bijektive Abbildung auf $\mathbb{N} \to \mathbb{Q}^+$ definiert. Sollen auch die negativen rationalen Zahlen erfasst werden verwendet man für diese nur die geraden Zahlen zum Zählen und für die positiven rationalen Zahlen die ungeraden Zahlen.

Dieses Diagonalverfahren kann vielfältig auch in anderen Situationen angewendet werden, immer dann, wenn eine „zweidimensionale" diskrete Menge systematisch erfasst werden soll. In der Analysis können so beispielsweise konvergente unendliche Doppelreihen untersucht werden.

Zweites Diagonalargument

1      $0, s_{1,1} s_{1,2} s_{1,3} s_{1,4} s_{1,5} s_{1,6} s_{1,7} s_{1,8} s_{1,9} \cdots$

2      $0, s_{2,1} s_{2,2} s_{2,3} s_{2,4} s_{2,5} s_{2,6} s_{2,7} s_{2,8} s_{2,9} \cdots$

3      $0, s_{3,1} s_{3,2} s_{3,3} s_{3,4} s_{3,5} s_{3,6} s_{3,7} s_{3,8} s_{3,9} \cdots$

4      $0, s_{4,1} s_{4,2} s_{4,3} s_{4,4} s_{4,5} s_{4,6} s_{4,7} s_{4,8} s_{4,9} \cdots$

5      $0, s_{5,1} s_{5,2} s_{5,3} s_{5,4} s_{5,5} s_{5,6} s_{5,7} s_{5,8} s_{5,9} \cdots$

6      $0, s_{6,1} s_{6,2} s_{6,3} s_{6,4} s_{6,5} s_{6,6} s_{6,7} s_{6,8} s_{6,9} \cdots$

7      $0, s_{7,1} s_{7,2} s_{7,3} s_{7,4} s_{7,5} s_{7,6} s_{7,7} s_{7,8} s_{7,9} \cdots$

8      $0, s_{8,1} s_{8,2} s_{8,3} s_{8,4} s_{8,5} s_{8,6} s_{8,7} s_{8,8} s_{8,9} \cdots$

9      $0, s_{9,1} s_{9,2} s_{9,3} s_{9,4} s_{9,5} s_{9,6} s_{9,7} s_{9,8} s_{9,9} \cdots$

Abbildung 3.4.: Zweites Cantorsches Diagonalargument

Das zweite Diagonalverfahren nutzt eine analoge Darstellung für einen Widerspruchsbeweis. Gezeigt wird hier, dass es keine bijektive Abbildung zwischen den natürlichen Zahlen $\mathbb{N}$ und den reellen Zahlen gibt $\mathbb{R}$. Die Annahme, es gäbe so eine Abbildung, wird durch das zweite Diagonalargument zum Widerspruch geführt.

Abbildung 3.4 zeigt den Versuch, eine Abbildung $\mathbb{N} \to [0, 1]$ zu konstruieren: Jeder natürlichen Zahl (links von oben nach unten durchnummeriert) wird eine reelle Zahl im Intervall $[0, 1]$: zugeordnet, wobei die reelle Zahl als Dezimalzahl[8] dargestellt wird. $s_{1,2}$ ist dabei die zweite Nachkommastelle der ersten reellen Zahl in der durchnummerierten Liste.

Das Argument zeigt, dass diese Liste unvollständig sein muss: es wird eine reelle Dezimalzahl konstruiert, die nicht in der Liste auftritt. Man wählt die Ziffer $t_1 \neq s_{1,1}$, $t_2 \neq s_{2,2}$, $t_3 \neq s_{3,3}$ und bildet aus diesen Ziffern die Dezimalzahl $0, t_1 t_2 t_3 \ldots$. Die so konstruierte Zahl unterscheidet sich von jeder Zahl in der Liste in mindestens einer Ziffer (der Ziffer auf der Diagonalen), tritt also in der Liste nicht auf. Die reellen Zahlen sind im Gegensatz zu den rationalen Zahlen mächtiger als die natürlichen

---

[8]Eine Darstellung mit Dualzahlen ist eigentlich noch schöner, da dann die konstruierte Zahl mit den Ziffern t_i eindeutig ist.

Zahlen. Daher bezeichnet man die natürlichen Zahlen und die rationalen Zahlen als abzählbar unendlich und die reellen Zahlen als überabzählbar unendlich.

3.1.9. Linearisierung

Das Linearisieren von funktionalen Zusammenhängen wird in der Mathematik vielfach angewendet. Für in der Schule geläufige Funktionen, also differenzierbare Abbildungen $\mathbb{R}{\rightarrow}\mathbb{R}$, kann die Grundlage dieser Strategie sehr gut anschaulich gemacht werden: man stellt den Graph einer differenzierbaren Funktion mit Hilfe eines Computer dar. Dann vergrößert man die Darstellung immer weiter und behält dabei einen einzelnen Punkt des Graphen im Blick[9]. Bei hinreichender Vergrößerung erscheint der Graph als Gerade. Dies zeigt, wie man jede differenzierbare Funktion lokal durch eine Gerade approximieren kann. Die Linearisierung ist also ein Beispiel für eine Approximation in der formalen Sprache der Funktionen. Formal:

$$f: \begin{array}{l} \mathbb{R} \rightarrow \mathbb{R} \\ x \mapsto f(x) \end{array} \quad f': \begin{array}{l} \mathbb{R} \rightarrow \mathbb{R} \\ x \mapsto f'(x) \end{array} \quad l: \begin{array}{l} \mathbb{R} \rightarrow \mathbb{R} \\ x \mapsto f(a) + (x-a)f'(a) \end{array}$$

Die differenzierbare Funktion f mit der Ableitung f' wird an der Stelle a durch die Funktion l linear approximiert. l beschreibt die Tangente an f durch den Punkt $(a, f(a))$

In der Mathematik ist es eine verbreitete Problemlösestrategie, ein nichtlineares Problem zunächst zu linearisieren und dann zunächst dieses lineare Problem zu lösen. Das lineare Problem ist häufig deutlich einfacher als das nichtlineare Problem. Die Lösung des linearen Problems wird dann zum Ausgangspunkt der Lösung des nichtlinearen Problems.

Ein Beispiel für dieses Vorgehen ist das Newton-Verfahren: in jedem Iterationsschritt wird im Newtonverfahren die Nullstelle einer Tangente bestimmt und ist dann Ausgangspunkt des nächsten Näherungsschrittes. Das einfachste Näherungsverfahren für das numerische Lösen von Differntialgleichungen (explizites Eulerverfahren) basiert auf Linearisierung. Die Taylorentwicklung einer Funktion beginnt mit einer Linearisierung; die oben angegebene Funktion l ist die Taylorreihe erster Ordnung. Bei Funktionen mehrerer Veränderlicher ist die Ableitung, also die Linearisierung, eine lineare Funktion, dargestellt durch eine Matrix. Die lineare Algebra stellt also unter anderem die Mathematik dar, die bei der Linearisierung komplexerer Funktionen benötigt wird. Die Tatsache, dass die lineare Algebra vielfach den Einstieg in die Universitätsmathematik darstellt, zeigt, welchen hohen Stellenwert diese Strategie in der Mathematik hat.

3.1.10. Nutze die Inverse

Viele Sachverhalte in der Mathematik werden mit Funktionen beschrieben und die Funktionen, für die es eine Inverse gibt, haben eine besondere Bedeutung. Ist f eine Funktion $D{\rightarrow}W$, dann existiert die inverse Funktionen, wenn f bijektiv ist.

---

[9]Elschenbroich: http://funktionenlupe.de/

Das bedeutet zum Beispiel, wie im vorherigen Abschnitt dargestellt, dass D und W gleich mächtig sind. Damit sind invertierbare Funktionen eine wichtige Grundlage für den Vergleich unterschiedlicher Mengen[10].

Das Konzept der Inversen tritt bereits in der Grundschule auf: die Subtraktion wird eingeführt als inverse Operation zur Addition, die Division als inverse Operation zur Multiplikation. In der Mittelstufe wird diese fortgesetzt, wenn Wurzelziehen als inverse Operation zum Quadrieren und Logarithmieren als Inverse zur Exponentialfunktion eingeführt werden. Sprachlich kann dies in der Schule einfacher formuliert werden („rückwärts rechnen"), die grundlegende Denkstruktur ist dabei jedoch in gleicher Weise wirksam. Beim Lösen von Gleichungen werden Inverse verwendet: Tritt ein störender Faktor drei auf, wird die Gleichung durch drei geteilt. Tritt ein Quadrat auf, wird die Wurzel gezogen, bei einem exponentiellen Ausdruck wird logarithmiert. Auch ohne explizites Konzept inverser Funktionen müssen die Schülerinnen und Schüler von Anfang an die Paarbildung „Operation ↔ inverse Operation" sicher verstanden haben, wenn Gleichungen gelöst werden sollen.

3.2. Standardtricks

Bei der Realisierung von Beweisen verfügt die Mathematik über ein großes Repertoire von Standardansätzen, die von Lernenden oft zunächst als „Tricks" wahrgenommen werden. Diese werden bei der Darstellung von Beweisen angegeben, aber selten als systematisches Vorgehen thematisiert. Die folgende Aufzählung basiert teilweise auf Beispielen aus der Schulmathematik, aber auch auf Beobachtungen der Lehre in der Analysis und linearen Algebra und kann nur einen kleinen Ausschnitt aus dem Repertoire der Mathematik darstellen.

Substituiere geschickt

Substituieren heißt, in einem mathematischen Ausdrucken einen komplexen Teilausdruck mit einer eigenen Bezeichnung zu versehen und dann im Folgenden die Bezeichnung zu verwenden statt des Teilausdrucks. Dadurch wird der mathematische Ausdruck einfacher oder übersichtlicher. Dieses Vorgehen ist offensichtlich eine Superzeichenbildung.

Beispiel 1: Biquadratische Gleichung
Die Gleichung

$$a \cdot x^4 + b \cdot x^2 + c = 0$$

wird durch die Substitution $z = x^2$

$$a \cdot z^2 + b \cdot z + c = 0$$

die einfach gelöst werden kann. Dann wird Resubstituiert und die Lösungen für x bestimmt, wenn z (in der Schule) eine positive reelle Zahl ist.

---

[10]Diese Strategie wurde hier aufgenommen aufgrund des Vortrages „Inversion als fundamentale Idee der Mathematik und ihrer Didaktik" von Prof. Heitzer, RWTH Aachen.

Beispiel 2: Integration durch Substitution

$$\int 2x \cos(x^2) \mathrm{d}x$$

Substituere $z = x^2$ mit $\mathrm{d}x = \frac{\mathrm{d}z}{2x}$

$$\int 2x \cos(z) \frac{\mathrm{d}z}{2x} = \int \cos(z) \mathrm{d}z = \sin(z) = \sin(x^2)$$

Beispiel 3: Integration durch Substitution

$$\int_0^1 \sqrt{1 - x^2} \mathrm{d}x$$

Substituere $x = \sin(z)$ mit $\mathrm{d}x = \cos(z)\mathrm{d}z$

$$\int_0^{\frac{\pi}{2}} \sqrt{1 - \sin(z)^2} \cos(z)\mathrm{d}z = \int_0^{\frac{\pi}{2}} \cos^2(z)\mathrm{d}z$$

Dies kann man dann mit partieller Integration lösen. Dieses Beispiel zeigt hier, dass bei einer Substitution auf den ersten Blick nicht immer ein komplexer Ausdruck durch einen einfacheren ersetzt wird.

Beispiel 4: Beweis aus der linearen Algebra Seien x, y, e, a, b Elemente einer Gruppe mit dem Einselement e und $b \circ a = e = a \circ b$ (a und b sind zueinander inverse Elemente). Behauptung (Linkskürzen eines Ausdrucks ist immer möglich):

$$a \circ x = a \circ y \Rightarrow x = y$$

Beweis mit Substitution $b \circ a = e$

$$x = e \circ x = (b \circ a) \circ x = b \circ (a \circ x) = b \circ (a \circ y) = (b \circ a) \circ y = e \circ y = y$$

Addiere geschickt Nullen

In der Schule tritt „Addiere geschickt Nullen" beispielsweise bei der quadratischen Ergänzung auf:

$$x^2 + px + q = x^2 + px + 0 + q = x^2 + px + \left(\frac{p}{2}\right)^2 - \left(\frac{p}{2}\right)^2 + q = \left(x + \left(\frac{p}{2}\right)^2\right)^2 - \left(\frac{p}{2}\right)^2 + q$$

Ein weiteres Beispiel aus der Schulmathematik ist der Beweis der Produktregel der Differenzialrechnung mit $f(x) = u(x) \cdot v(x)$ (u, v, f differenzierbar):

$$
\begin{aligned}
f'(x) &= \lim_{\Delta x \to 0} \frac{u(x) \cdot v(x) - u(x + \Delta x) \cdot v(x + \Delta x)}{\Delta x} \\
&= \lim_{\Delta x \to 0} \frac{u(x) \cdot v(x) + 0 - u(x + \Delta x) \cdot v(x + \Delta x)}{\Delta x} \\
&= \lim_{\Delta x \to 0} \frac{u(x) \cdot v(x) - u(x) \cdot v(x + \Delta x) + u(x) \cdot v(x + \Delta x) - u(x + \Delta x) \cdot v(x + \Delta x)}{\Delta x} \\
&= \lim_{\Delta x \to 0} \frac{u(x) \cdot (v(x) - v(x + \Delta x)) + (u(x) - u(x + \Delta x)) \cdot v(x + \Delta x)}{\Delta x} \\
&= \lim_{\Delta x \to 0} \frac{u(x) \cdot (v(x) - v(x + \Delta x))}{\Delta x} + \lim_{\Delta x \to 0} \frac{(u(x) - u(x + \Delta x)) \cdot v(x + \Delta x)}{\Delta x} \\
&= u(x) \cdot \lim_{\Delta x \to 0} \frac{v(x) - v(x + \Delta x)}{\Delta x} + v(x) \cdot \lim_{\Delta x \to 0} \frac{u(x) - u(x + \Delta x)}{\Delta x} \\
&= u(x) \cdot v'(x) + v(x) \cdot u'(x)
\end{aligned}
$$

Bei der **Teleskopsumme** wird dieser Trick mehrfach verwendet. Berechnet werden soll:

$$
\sum_{k=0}^{n} q^k
$$

Einfacher ist jedoch der Ausdruck

$$
\begin{aligned}
(1 - q) \cdot \sum_{k=0}^{n} q^k &= \sum_{k=0}^{n} \left(q^k - q^{k+1} \right) \\
&= (q^0 - q^1) + (q^1 - q^2) + (q^2 - q^3) + \ldots (q^n - q^{n+1}) \\
&= q^0 + (-q^1 + q^1) + (-q^2 + q^2) + (-q^3 + \ldots q^n) - q^{n+1} \\
&= 1 - q^{n+1} \\
\Rightarrow \sum_{k=0}^{n} q^k &= \frac{1 - q^{n+1}}{1 - q}
\end{aligned}
$$

Dass hier mit „Nullen einfügen" gearbeitet wurde, bemerkt man, wenn man die Herleitung von unten nach oben ließt, was bei der Entwicklung der Herleitung durch Rückwärtsarbeiten auftritt.

Multiplikativ lautet dieser Trick „Multipliziere geschickt mit Eins" und ist gleichbedeutend mit dem geschickten Erweitern von Brüchen, tritt aber ebenfalls in der Differenzialrechnung auf mit $f(x) = u(v(x))$ (u, v, f differenzierbar):

$$f'(x) = \lim_{\Delta x \to 0} \frac{u(v(x)) - u(v(x + \Delta x))}{\Delta x}$$

$$= \lim_{\Delta x \to 0} \frac{u(v(x)) - u(v(x + \Delta x))}{\Delta x} \cdot 1$$

$$= \lim_{\Delta x \to 0} \frac{u(v(x)) - u(v(x + \Delta x))}{\Delta x} \cdot \frac{v(x + \Delta x) - v(x)}{v(x + \Delta x) - v(x)}$$

$$= \lim_{\Delta x \to 0} \frac{u(v(x)) - u(v(x + \Delta x))}{v(x + \Delta x) - v(x)} \cdot \frac{v(x + \Delta x) - v(x)}{\Delta x}$$

Substitutieren: $z = v(x)$ und $\Delta z = v(x + \Delta x) - v(x)$ d. h. $v(x + \Delta x) = v(x) + \Delta z = z + \Delta z$ führt zu.

$$= \lim_{\Delta x \to 0} \frac{u(z) - u(z + \Delta z)}{\Delta z} \cdot \frac{v(x + \Delta x) - v(x)}{\Delta x}$$

$$= u'(z) \cdot v'(x)$$

$$= u'(v(x)) \cdot v'(x)$$

In allgemeinerer Form lautet dieser Trick „Füge geschickt neutrale Elemente ein" und wurde in dem letzten Beispiel zum Substituieren im ersten Schritt verwendet durch $x = e \circ x$.

Mit dieser allgemeinen Formulierung des Tricks ist beispielsweise auch die Einheitsmatrix ein entsprechendes neutrales Element, die z. B. in die Eigenwertgleichung eingefügt wird:

$$A \cdot v = \lambda v \ \lambda \in \mathbb{R}, \ v \in \mathbb{R}^n, \ A \in R^{n \times n}$$

Durch Einfügen der Einheitsmatrix auf der rechten Seiten kann die Beziehung der Eigenwertgleichung zum charakteristischen Polynom hergestellt werden ($v \neq 0$):

$$A \cdot v = \lambda v \Leftrightarrow A \cdot v = \lambda E v \Leftrightarrow A \cdot v - \lambda E \cdot v = 0 \Leftrightarrow (A - \lambda E) \cdot v = 0 \Leftrightarrow \det(A - \lambda E) = 0$$

Wähle eine gute Notation

Grieser (2013) nutzt diesen Trick mehrfach, der in Bezug auf die heuristischen Strategien die Wahl einer geschickten Repräsentation innerhalb der Formalsprache ist. Ebenso wie im Allgemeinen eine geschickte Repräsentation der Situation diese oft so strukturiert und darstellt, dass eine einfachere Lösung ermöglicht wird, hilft eine gute Notation bei der Strukturierung von formalen Darstellungen.

Eine wichtige Möglichkeit guter Notionen ist die Verwendung sinnvoller Indizes für Variablennamen. So wurden oben in dem 2. Cantorschen Diagonalargument die Ziffern der beteiligten reellen Zahlen mit Hilfe doppelte Indizes dargestellt und dann

$t_i \neq s_{ii}$ definiert. Durch die Verwendung der Indizes können die Diagonalelemente formal eindeutig verwendet und das Argument in Formalsprache ausgedrückt werden.

Indizes sind in den Darstellungen in der Mathematik weit verbreitet, z. B. bei Folgen und Reihen, für die Komponenten von Vektoren und Matrizen oder die Koeffizienten von Polynomen. Am Beispiel von Polynomen können durch den Vergleich der Darstellung in Schule und Universität die Vorteile und Nachteile der Indexdarstellung deutlich gemacht werden. Zunächst eine typische Darstellung eines allgemeinen Polynoms dritten Grades in der Schule, wie sie beispielsweise als Ausgangspunkt einer Kurvenkonstruktion aufgeschrieben wird:

$$f(x) = a \cdot x^3 + b \cdot x^2 + c \cdot x + d$$

In der Universität wird für die Koeffizienten eher nur ein Buchstabe mit passenden Indizes verwendet:

$$f(x) = a_3 \cdot x^3 + a_2 \cdot x^2 + a_1 \cdot x^1 + a_0 \cdot x^0 = \sum_{i=0}^{3} a_i \cdot x^i$$

Die untere Darstellung erlaubt einerseits die kompaktere Darstellung des Polynoms mit Hilfe des Summenzeichens, was oft zu einer besseren Übersicht führt und gleichzeitig die Verallgemeinerung auf Polynome eines höheren Grades elegant ermöglicht. Gleichzeitig wird deutlich, dass der Ausdruck $x = x^1$ und das absolute Glied x^0 in der Systematik des Polynoms stehen und keine Sonderfälle sind: in der Schuldarstellung „steht vor dem d kein x" und „das x hat keinen Exponenten".

Der Vorteil der Schuldarstellung liegt darin, dass sie etwas einfacher ist: es müssen weniger Zeichen verarbeitet werden und das Konzept der Indizes muss beim Lesen des Ausdrucks nicht aufgefaltet werden. Da eine Serie von indizierten Variablen im Kern eine Abbildung der Indexmenge in den mathematischen Raum ist, in der die Variablen leben (z.B. Funktionen $f_i, i \in \mathbb{N}$), muss für die Verwendung von indizierten Variablen immer in einem gewissen Rahmen funktionales Denken mit verwendet werden. Dies ist im Schulkontext oft ein Problem.

In Matrizen oder beim Cantorschen Diagonalargument treten Doppelindizes auf, ein Konzept, dass zu Multiindizes, also Variablennamen mit mehreren Indizes, erweitert wird. Dadurch können z. B. mehrdimensionale Taylorreihen formuliert werden, ohne den Überblick zu verlieren: in diesem Beispiel ist ohne eine dem Problem angepasste sinnvolle Notation der Sachverhalt praktisch nicht mehr nachvollziehbar darstellbar.

Auch in der Schule können geschickte Notationen helfen: wenn in einem Viereck mit Hilfe der Trigonometrie Kanten berechnet werden sollen, müssen oft Diagonalen verwendet werden und dadurch entstehen neue Winkel, für die Bezeichnungen eingeführt werden müssen. Hier bieten sich ebenfalls Indizes an, wie in Abbildung 3.5 dargestellt. Auch bei Variablen ohne Indizes ist es in der Schule günstig „sprechende" Variablennamen zu verwenden: in Abschnitt 2.2.22 wurde in einer Textaufgabe als Variblenname für die Tochter t und für die Mutter m verwendet und nicht x, y, wie es in Standardsituation oft geschieht. Dies reduziert den kognitiven Aufwand des Kodierens und Dekodierens der Bedeutung der Variablen beim Formulieren der Terme

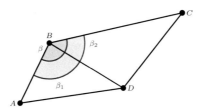

Abbildung 3.5.: Winkelnotation

und Interpretieren der Ergebnisse. Analoges gilt z. B. für andere Standard-Variablen: Strecke s, Zeit t, Geschwindigkeit v, Prozentgröße p. Sinnvolle Bezeichnungen sollten auch bei Funktionen in Sachkontexten verwendet werden: eine Kostenfunktion in Abhängigkeit von der Strecke heißt $K(s)$.

Im innermathematischen Bereich werden basierend auf Konvention solche „sprechenden" Variablennamen auch in der Schule verwendet: n ist eine natürliche Zahl, x eine gesuchte (reelle) Zahl, f ist eine Funktion g eine Gerade und α ein Winkel. Da diese Bezeichnungen auf Konvention beruhen und nicht „für sich" sprechen, helfen sie nur nach einer längeren Verwendung dieser Konvention – also zunächst nur der Lehrperson und nicht den Schülerinnen und Schülern. Dies sollte in der Lehre berücksichtigt werden.

Vom Schwierigen zum Einfachen

„Arbeite beim Umformen von Gleichungen oder Äquivalenzen vom Schwierigen zum Einfachen" (Latschev & van Santen, 2016). Dieser Ansatz wurde bereits bei der Beschreibung der Kontraposition verwendet. Ein klassisches Beispiel ist, dass das Ausmultiplizieren eines Terms deutlich einfacher ist, als das Faktorisieren eines Ausdrucks. Betrachtet man die oben dargestellten Beispiele zur vollständigen Induktion, so wird in den letzten Umformungsschritten faktorisiert: da das Ziel der Umformungen bei der vollständigen Induktion immer bekannt ist, wurden diese Umformungsschritte durch Rückwärtsarbeiten gefunden, was eine Anwendung des Tricks „vom Schwierigen zum Einfachen" ist.

Ringschluss

Zum Beweisen der Äquivalenz mehrerer Aussagen ist es günstig einen Implikationszirkel (Ringschluss) zu zeigen.

Da solche Beweise kaum in der Schule auftreten, ist dieser Trick wohl eher in der Universität relevant. Die Bedeutung wird deutlich, wenn man die Anzahl der zu zeigenden Implikationen bestimmt:

Hat man n Aussagen, muss man beim Ringschluss auch n Implikationen zeigen. Werden alle Äqivalenzen einzeln bewiesen, muss man für je zwei Aussagen zwei Implikationen zeigen. Eine n-elementige Menge hat $\frac{n(n-1)}{2}$ zweielementige

Untermengen, man müsste also $n \cdot (n-1)$ Implikationen beweisen, von denen die Implikationen für den Ringschluss eine Teilmenge sind. Bereits für $n = 3$ muss man nur noch drei statt sechs Implikationen beweisen.

Rechnen mit komplexen Zahlen

Für komplexe Zahlen sind zwei Darstellungen geläufig, die bezogen auf die Gaußsche Zahlenebene die Verwendung von kartesischen Koordinaten oder Polarkoordinaten bedeutet:

$$z = a + b \cdot i \text{ bzw. } z = r \cdot e^{i\varphi} \text{ mit } a = r \cdot \cos(\varphi), b = r \cdot \sin(\varphi)$$

Wenn man die Wahl hat, sollte man komplexe Zahlen in der Polarkoordinatendarstellung multiplizieren, während man die Addition in kartesischen Koordinaten realisiert (Wahl einer geschickten Repräsentation).

Seien $z_1 = a_1 + b_1 \cdot i = r_1 \cdot e^{i\varphi_1}$ und $z_2 = a_2 + b_2 \cdot i = r_2 \cdot e^{i\varphi_2}$ dann gilt:

$$z_1 + z_2 = (a_1 + a_2) + (b_1 + b_2) \cdot i \text{ bzw. } z_1 \cdot z_2 = r_1 \cdot r_2 \cdot e^{i(\varphi_1 + \varphi_2)}$$

aber

$$z_1 \cdot z_2 = (a_1 \cdot a_2 - b_2 \cdot b_1) - (b_1 \cdot a_2 + b_2 \cdot a_1) \cdot i$$

$$\text{bzw.}$$

$$z_1 + z_2 = r_1 \cdot \cos(\varphi_1) + r_2 \cdot \cos(\varphi_2) + i \cdot (r_1 \cdot \sin(\varphi_1) + r_2 \cdot \sin(\varphi_2))$$

Berechnung von Determinante

Bei der Berechnung der Determinante einer $n \times n$-Matrix nach der Leibniz-Formel treten $n!$ Summanden auf, wobei jeder Summand ein Produkt von n Einträgen der Matrix ist. Der Rechenaufwand steigt mit wachsendem n also unakzeptabel stark an.

Liegt die Matrix jedoch in Dreiecksgestalt vor (also in einer sehr symmetrischen Repräsentation), dann müssen nur noch die Diagonalelemente miteinander multipliziert werden. Es muss also nur ein einziges Produkt mit n Faktoren ausgerechnet werden.

Das Umformen einer Matrix mit elementaren Zeilen- oder Spaltenumformungen, also den Umformungen, die beim Gauß-Algorithmus verwendet werden, verändert den Wert der Determinante nicht. Dabei wächst der Rechenaufwand nur quadratisch mit n. Vor dem Berechnen einer Determinante ist es also sinnvoll, die Matrix in Dreiecksgestalt zu überführen.

Bemerkung zu den Standardtricks

Diese Liste von Standardtricks kann beliebig erweitert werden. Die letzten beiden Beispiele zeigen, wie speziell diese Tricks sein können, während die Wahl einer guten Notation oder das Vorgehen vom Schwierigen zum Einfachen sehr allgemeine Konzepte sind, die man auch als Strategien bezeichnen könnte.

Für Schülerinnen und Schüler, die später in das Studium eines MINT-Faches eintreten möchten, ist es sehr vorteilhaft, möglichst viele dieser Tricks in der Schule erlebt zu haben. Die Bedeutung solcher Tricks erschließt sich dabei aber erst, wenn man sie mehrfach erlebt und sich des Tricks selbst bewusst wird. Dann können sie in anderen Situationen als Analogie verwendet werden. Hierfür ist ein vielfältiger Umgang mit Kalkülen im Mathematikunterricht unverzichtbar.

Schülerinnen und Schüler, die im Beruf keine Mathematik verwenden, benötigen diese Menge an Kalkülwissen und Beweistricks nicht, wenn es um Mathematik als Denkschulung geht. Für diese Lerngruppe besteht eher die Gefahr, dass der intensive Umgang mit Kalkülen rezepthaft bleibt und einer Denkschulung im Wege steht.

4. Kompetenzen und Strategien

Die Zielsetzungen der Arbeit in Bildungsprozessen wird seit etwa zwanzig Jahren mit dem Kompetenzbegriff formuliert. Die Bildungspläne der Kultusministerkonferenz (KMK, 2004, 2005a, 2005b, 2012) stellen den Kompetenzbegriff ins Zentrum der Zielbeschreibung von Bildungsprozessen, wobei der im Rahmen des Pisa-Prozesses (OECD, 2003, 2013) entwickelte Kompetenzbegriff für die Bildungspläne im Fach Mathematik verwendet wird. Dabei hat sich der verwendete Kompetenzbegriff sowohl in den Bildungsplänen als auch im Pisa-Framework im Laufe der Zeit weiter entwickelt, so dass die aktuelle Sichtweise sich von den frühen Konzepten sichtbar unterscheidet. Hier wird der Kompetenzbegriff geklärt, sowie einige Konsequenzen aus dem Kompetenzkonzept für das Lernen und Lehren gezogen. Ferner wird dargestellt, welche Beziehung die Heuristischen Strategien, wie sie in Abschnitt 2 beschrieben wurden, zu den Kompetenzen haben.

4.1. Zum Kompetenzbegriff

4.1.1. Definitionen

In der Mathematikdidaktik wird überwiegend die Definition des Kompetenzbegriffs von Weinert (2001) verwendet:

> *Dabei versteht man unter Kompetenzen die bei Individuen verfügbaren oder durch sie erlernbaren kognitiven Fähigkeiten und Fertigkeiten, um bestimmte Probleme zu lösen, sowie die damit verbundenen motivationalen, volitionalen und sozialen Bereitschaften und Fähigkeiten, um die Problemlösungen in variablen Situationen erfolgreich und verantwortungsvoll nutzen zu können.*

Es geht bei Kompetenzen also um Handlungsfähigkeit in Bezug auf *Probleme*. Dabei muss die Handlungsfähigkeit gemeinsam mit der Haltung auftreten, das jeweilige Problem auch wirklich lösen zu wollen. Schon der Bezug auf Probleme ist ein starkes Indiz dafür, dass Kompetenzen eine wichtige Beziehung zu heuristischen Strategien haben müssen, da diese ja als Handlungsstrategien zum Lösen von Problemen definiert sind. Aber zunächst wird noch grundlegender analysiert, warum der Kompetenzbegriff für das Lernen in der Schule so wichtig ist. Dafür ist es hilfreich, die kanonische Definition des Begriffs „Lernen" zu betrachten:

> *Eine etwas präzisere, obgleich nicht vollkommen zufriedenstellende Definition des Lernens lautet wie folgt: Lernen umfasst alle Verhaltensänderungen, die aufgrund von Erfahrungen zustande kommen. Solche*

© Der/die Autor(en), exklusiv lizenziert durch
Springer-Verlag GmbH, DE, ein Teil von Springer Nature 2021
P. Stender, *Heuristische Strategien in der Schulmathematik*,
https://doi.org/10.1007/978-3-662-64079-1_4

Änderungen schließen nicht nur die Aneignung neuer Informationen ein, sondern auch die Veränderungen des Verhaltens, deren Ursachen unbekannt sind. Andererseits sind in dieser Definition Veränderungen ausgeschlossen, die aufgrund von Reifevorgängen (genetisch vorbestimmten Änderungen), künstlichen chemischen Änderungen, wie z. B. Konsequenzen der Einnahme von Drogen, oder vorübergehenden Veränderungen, z. B. durch Ermüdung, entstehen. [...] Da das Lernen definiert wird als Verhaltensveränderungen, die aufgrund von Erfahrungen zustande kommen, befasst sich die Psychologie des Lernens mit Verhaltensbeobachtungen und Verhaltensänderungen. (Lefrancois et al., 1986)

Die Lernpsychologie betont beim Lernen also Veränderungen des Verhaltens d. h. von Handlungen, bezogen auf die Situation vor und nach dem Lernprozess. Selbstverständlich spielen die Lerngegenstände auch eine wichtige Rolle, aber wenn es darum geht, ob ein Individuum etwas gelernt hat, muss man die Handlungen des Individuums betrachten, die mit eben diesen Lerngegenständen durchgeführt werden können. Die Disposition, bestimmte Handlungen durchführen zu können, nennt man nach der oben genannten Definition *Kompetenz*. Kompetenzen sind also per Definition die Zielzustände von Lernprozessen.

4.1.2. Lehren

Lehren ist die Einflussnahme auf Individuen mit dem Ziel, dass diese etwas lernen. Dies kann auf Grundlage der Definition des Lernens wie in Abbildung 4.1 visualisiert werden.

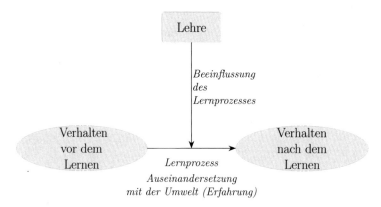

Abbildung 4.1.: Visualisierung des Lehrens

Die Perspektive der Neurobiologie weißt dabei darauf hin, dass Lernprozesse im Individuum stattfinden, und damit dem unmittelbaren Zugriff von Lehrenden entzogen ist:

Während das Kind lernt seine Umwelt aktiv zu gestalten, verändert die Interaktion mit seiner Umwelt die neuronale Architektur seines Gehirns. Die neuronalen Schaltkreise werden über die Umwelterfahrungen sukzessive reorganisiert, um damit das Verhalten des Individuums optimal an seine jeweilige Lebenswelt anzupassen. (Braun, 2012)

Damit müssen für eine erfolgreiche Lehre drei Aspekte notwendig beachtet werden:

1. Es muss Klarheit über den Ausgangspunkt der Lehre, also das „Verhalten vor dem Lernen" bestehen. Für die Lehrpersonen bedeutet dies eine gute Diagnostik[1] der bereits vorhandenen Kompetenzen der Lernenden.

2. Der erwünschte Endzustand, also die erworbene Kompetenz nach einem erfolgreichen Lernprozess, muss klar beschrieben sein. Es muss also für alle Lerngegenstände geklärt sein, welche Handlungen mit diesen Inhalten nach dem Lernprozess selbständig durchgeführt werden sollen. Ist dies der Fall, ist die kompetenzorientierte Beschreibung der Lerngegenstände gelungen.

3. Die Lehrperson muss eine begründete(!) Vorstellung davon haben, wie die Lernenden das gewünschte Verhalten entwickeln können. Dies ist anspruchsvoll, da das Lernen aus neurologischer Sicht ja ausschließlich im Gehirn stattfindet, ein Ort, den die Lehrperson nicht direkt erreichen kann[2].

Lehren kann also offensichtlich nur diagnosebasiert und bei klarer Zielsetzung gelingen und wenn die Lehrperson weiß, durch welche Impulse die Lernenden die gewünschte Handlungsfähigkeit entwickeln können. Es ist sicherlich ein Fehlschluss, wenn man meint, dass genau dieselben Impulse, die bei der Lehrperson selbst im eigenen Lernprozess erfolgreich waren, auch bei anderen Lernenden dieselbe positive Wirkung entfalten. Gerade Mathematiklehrerinnen und Mathematiklehrer[3] haben in der Schule Mathematik meist recht leicht gelernt, sonst wäre kaum eine Entscheidung für ein Mathematikstudium gefallen. In Bezug auf die gesamte Schülerschaft eines Jahrgangs stellen spätere Mathematiklehrerinnen und Mathematiklehrer jedoch nur eine kleine und sehr selektive Stichprobe dar. Mathematiklehrende sollten also davon ausgehen, dass die Mehrzahl der Lernenden in Schule (oder Universität) andere Impulse und Anregungen benötigt, als für sie selbst in entsprechenden Lernprozessen hilfreich waren.

---

[1] Zur Diagnostik liegt umfangreiche Literatur vor, die hier nicht weiter betrachtet wird, da hier auf die Bedeutung der heuristischen Strategien fokussiert wird.

[2] Ein Vergleich mit der Definition des Begriffs „Problem" von Dörner zeigt deutlich, dass Lehren in den meisten Fällen für die Lehrperson ein Problem ist: wie der Übergang von der Verhaltensweise vor dem Lernprozess zum erwünschten Verhalten realisiert werden soll, ist angesichts der in der Regel heterogenen Lerngruppen keineswegs klar.

[3] Dasselbe gilt für Lehrpersonen an der Universität: der Input in der Vorlesung und die Übungsaufgaben sind geeignet, eine kleine Gruppe von Studierenden zu erfolgreichen Mathematikern/Mathematikerinnen zu entwickeln. Dies sind diejenigen, die eine hohe Ähnlichkeit der kognitiven Struktur mit den agierenden Lehrpersonen haben. Diese Lehre wird also gut sein in Hinblick auf den künftigen wissenschaftlichen Nachwuchs. Für andere Lerngruppen (Lehramt, andere Fachwissenschaften) sind vermutlich andere Lehrkonzepte erforderlich.

Da die Ziele von Lernprozessen Handlungskompetenzen sind, muss Lehre auf Handlungen fokussieren. In Lernprozessen müssen also die Handlungen der Lernenden eine zentrale Rolle einnehmen. Da der Kompetenzbegriff gerade solche Handlungen thematisiert, in denen Probleme gelöste werden, müssen in der Lehre Situationen geschaffen werden, in denen die Lernenden Probleme lösen. Problemlöseprozesse bedeuten dabei definitionsgemäß immer, dass die Lernenden zunächst nicht wissen, was sie tun sollen. Ist in solchen Prozessen keine Lehrperson anwesend, gelingt die Problemlösung entweder glücklicherweise oder eben nicht. Ist der Problemlöseprozess nicht erfolgreich, so ist auch der Lernprozess nicht erfolgreich. Geschieht dies wiederholt, sind die Lernenden frustriert und wenden sich von dem Fach ab[4]. Dabei hilft es nicht, den Lernenden die Lösung vorzuführen, sie sollen ja die Fähigkeit erwerben, diese selbst zu finden (also heuristische Strategien entwickeln). Die Aufgabe der Lehrperson besteht also darin, in Problemlöseprozessen derart zu intervenieren, dass die Barriere, die bei Problemen definitionsgemäß auftritt, überwunden wird, ohne die Lösung selbst „zu verraten". Hinweise dazu, wie dies realisiert werden kann, werden in Abschnitt 15.2 ausgeführt. Ein zentraler Aspekt von Lehre muss also *Problemlöseprozesse unter Betreuung* sein. Dabei muss sich die Lehrperson für die Planung von Lehre immer der Tatsache bewusst sein, dass ein Problem ist, was *für die Lernenden* ein Problem ist und dies gegebenenfalls durch Diagnostik ermitteln. In der Schule ist dabei zu beachten, dass tatsächlich *Probleme* bearbeitet werden müssen und nicht *Routineaufgaben*: auch wenn Routinen entwickelt werden müssen, sollte dies nicht mit Aufgabenkolonnen geschehen, die eigentlich bis auf die verwendeten Zahlen immer gleich sind, sondern beispielsweise progressive Aufgabensammlungen, bei denen durch Variation der Situation immer wieder das selbständige Denken der Lernenden gefordert wird[5]. Ein Beispiel für die Schule steht als Download bereit[6].

4.2. Kompetenzmodelle in der Mathematikdidaktik

Für die Mathematik wurde ein Kompetenzmodell von Niss (1999) vorgestellt. Niss strukturiert die mathematischen Kompetenzen mit Hilfe der folgenden acht Kategorien (Die komplette folgende Aufzählung als Zitat):

1. **Thinking mathematically** (mastering mathematical modes of thought) such as

---

[4]In der Schule bedeutet dies, dass die Schülerinnen und Schüler eine negative emotionale Einstellung gegenüber Mathematik entwickeln und dann im Folgenden versuchen, die Prüfungen eher mit kurzfristig wirksame Rezepten zu überstehen. In der Universität wechseln die Studierenden dann das Fach. In beiden Fällen sind die Lernenden für die Mathematik verloren.

[5]In der Universität sollte in Hinblick auf *Problemlöseprozesse unter Betreuung* geprüft werden, inwieweit der klassische Übungsbetrieb oder innovative Unterstützungsformate einen geeigneten Lernort darstellen. Gegebenenfalls sollte hier ein angepasstes Format entwickelt werden. Dies geschieht bereits in vielfältigen Projekten, in denen Studierende die Hausaufgaben, die für sie oft Probleme darstellen, bearbeiten, wobei erfahren Personen Hilfestellung gewähren.

[6]https://www.peterstender.de/Gleichungen.pdf

- *posing questions* that are characteristic of mathematics, and knowing the kinds of answers (not necessarily the answers themselves or how to obtain them) that mathematics may offer;
- understanding and handling the *scope* and *limitations* of a given concept.
- *extending* the scope of a *concept* by *abstracting* some of its properties; *generalising results* to larger classes of objects;
- *distinguishing* between different *kinds of mathematical statements* (including conditioned assertions ('if-then'), quantifier laden statements, assumptions, definitions, theorems, conjectures, cases).

2. **Posing and solving mathematical problems** such as
- *identifying*, *posing*, and *specifying* different kinds of mathematical problems – pure or applied; open-ended or closed;
- *solving* different kinds of mathematical problems (pure or applied, open-ended or closed), whether posed by others or by oneself, and, if appropriate, in different ways.

3. **Modelling mathematically** (i.e. analysing and building models) such as
- *analysing* foundations and properties of *existing models*, including assessing their range and validity
- *decoding* existing models, i.e. translating and interpreting model elements in terms of the 'reality' modelled
- *performing active modelling* in a given context
  - structuring the field
  - mathematising
  - working with(in) the model, including solving the problems it gives rise to
  - validating the model, internally and externally
  - analysing and criticising the model, in itself and vis-à-vis possible alternatives
  - communicating about the model and its results
  - monitoring and controlling the entire modelling process.

4. **Reasoning mathematically** such as
- *following* and *assessing chains of arguments*, put forward by others
- *knowing* what a mathematical *proof is* (not), ands how it differs from other kinds of mathematical reasoning, e.g. heuristics
- *uncovering* the *basic ideas* in a given line of argument (especially a proof), including distinguishing main lines from details, ideas from technicalities;
- *devising* formal and informal mathematical *arguments*, and *transforming* heuristic arguments to valid proofs, i.e. proving statements.

The other group of competencies are to do with the ability to deal with and manage mathematical language and tools:

5. **Representing mathematical entities** (objects and situations) such as

   - *understanding* and *utilising* (decoding, interpreting, distinguishing between) different sorts of representations of mathematical objects, phenomena and situations;
   - understanding and utilising the *relations between different representations* of the same entity, including knowing about their relative strengths and limitations;
   - *choosing* and *switching* between representations.

6. **Handling mathematical symbols and formalisms** such as

   - *decoding* and *interpreting symbolic and formal* mathematical *language*, and understanding *its relations to natural language*;
   - understanding the *nature* and *rules* of *formal mathematical systems* (both syntax and semantics);
   - *translating* from *natural language* to *formal/symbolic language*
   - *handling* and manipulating statements and *expressions* containing *symbols* and *formulae*.

7. **Communicating in, with, and about mathematics** such as

   - *understanding others'* written, visual or oral 'texts', in a variety of linguistic registers, about matters having a mathematical content;
   - *expressing oneself,* at different levels of theoretical and technical precision, in oral, visual or written form, about such matters.

8. **Making use of aids and tools** (IT included)

   - *knowing* the *existence* and *properties* of various tools and aids for mathematical activity, and their range and limitations;
   - being able to *reflectively use* such aids and tools.

Dies entspricht der folgenden Liste von Schlagworten[7]:

1. Mathematisch denken

2. Mathematische Probleme lösen

3. Mathematisch modellieren

4. Mathematisch argumentieren

---

[7]In der deutschen Sprache gibt es für die folgende Liste zwei Möglichkeiten der Rechtschreibung: „denken" kann als Verb oder als Substantiv aufgefasst werden. Da Kompetenzen Handlungen beschreiben sollen, wurde die Verbform, d.h. die Kleinschreibung gewählt.

5. Mathematische Darstellungen verwenden

6. Sympolisch und formal operieren

7. Mathematisch kommunizieren

8. Mathematische Hilfsmittel verwenden

Die Kompetenzen zwei bis sieben wurden im Pisa-Framework (OECD, 2003) in ähnlicher Weise verwendet und finden sich ebenso in den Bildungsplänen (KMK, 2004, 2005a, 2005b, 2012). Im Pisa-Framework (OECD, 2013) wurde gegenüber dem Framework von 2003 die achte Kompetenz „Mathematische Hilfsmittel verwenden" hinzugefügt.

Die von Niss (1999) formulierten Kompetenzen stellen sehr allgemeine Formulierungen dar, welche *Typen von Handlungen* mit mathematischen Inhalten am Ende eines erfolgreichen Lernprozesses realisiert werden sollen. Dabei ist eine Kompetenz im Sinne von Weinert (2001) erst dann vollständig formuliert, wenn der Handlung auch ein Gegenstand hinzugefügt wird, mit dem die Handlung realisiert wird. Dies wird am hier am Beispiel des „Satz des Pythagoras" illustriert[8].

Eine Schülerin/ein Schüler kann mit dem Satz des Pythagoras

- ... begründen, warum ein Punkt im Koordinatensystem außerhalb eines Kreises liegt (Mathematisch argumentieren).

- ... die Höhe einer Pyramide berechnen (Mathematische Probleme lösen).

- ... die Fragestellung untersuchen, wie man Hubschrauber optimal platzieren kann[9] (Mathematisch modellieren).

- ... eine geometrische Darstellung des Satzes des Pythagoras zu dessen Erläuterung nutzen (Mathematische Darstellungen verwenden).

- ... die Hypotenuselänge eines rechtwinkligen Dreiecks berechnen, wenn die Kathetenlängen gegeben sind (Symbolisch und formal operieren).

- ... jemandem erklären, wie man die Höhe einer Pyramide berechnet, wenn Kanten bekannt sind (Mathematisch kommunizieren).

Ein gelungener kompetenzorientierter Lehrplan enthält Sätze dieser Art, wobei allein für den Satz des Pythagoras erheblich mehr Sätze, als hier angeführt, formuliert werden müssten. Dabei tritt dann noch eine dritte Dimension auf, nämlich das Anforderungsniveau der einzelnen Kompetenzen. So ist das Berechnen einer Hypotenuse bei gegebenen Katheten sehr viel einfacher als die Anwendung des Satzes des

---

[8]In der Universität sollte man entsprechende Aussagen mit anderen Inhalten formulieren, um Klarheit über die Ziele des Lernprozesses zu erlangen: Jordansche Normalform, Eigenwert, Satz über implizit definierte Funktionen, etc..

[9]Diese Formulierung bezieht sich auf eine Modellierungsproblem von Ortlieb (2009). In dieser Fragestellung werden Abstände im Koordinatensystem mit Hilfe des Satzes des Pythagors berechnet und ein möglichst kleiner durchschnittlicher Abstand gesucht.

Pythagoras in dem hier genannten Modellierungskontext. Dementsprechend müssen in kompetenzorientierten Lehrplänen drei Dimensionen berücksichtigt werden, wie dies auch in den Bildungsstandards zum Abitur (KMK, 2012) beschrieben wird.

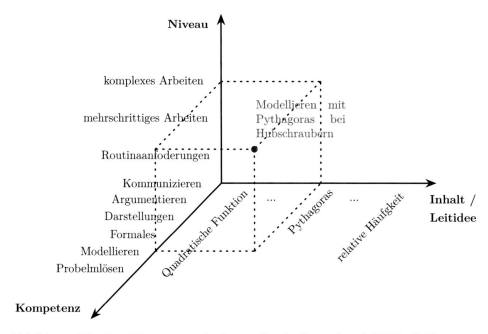

Abbildung 4.2.: Drei Dimensionen der Lernzielbeschreibung (vergl. KMK, 2012)

Die Darstellung in drei Dimensionen, wie in Bild 4.2, findet sich in den Bildungsplänen der KMK vor 2012 nicht. Hier hat eine Entwicklung in der fachdidaktischen Sichtweise auf die Kompetenzen stattgefunden. Diese Entwicklung zeigt sich auch daran, dass der Begriff „inhaltsbezogene Kompetenzen" nicht mehr verwendet wird. Der Blick auf die oben gezeigten Darstellungen z. B. in Hinblick auf die Kompetenzen zum Satz des Pyhtagoras zeigt ja, dass für eine Kompetenz immer Inhalt und Handlung zusammenkommen müssen. Dies war in den Beschreibungen der „inhaltsbezogenen Kompetenzen" nicht der Fall: hier wurden nur Inhalte beschrieben, dementsprechend handelt es sich nicht um Kompetenzen[10]. Die Fachinhalte werden jetzt mit Hilfe der fünf Leitideen gegliedert (Algorithmus und Zahl, Messen, Raum und Form, Funktionaler Zusammenhang, Daten und Zufall), eine Einteilung, die auf Heymann (1996) zurück geht.

Bereits in den siebziger Jahren gab es Ansätze, Lernziele handlungsorientiert zu formulieren. Damals wurden operationalisierte Lernziele auf drei Ebenen (Feinziele, Grobziele, Richtziele) entwickelt, wobei jedoch in der Praxis lange Listen von

---

[10]Der Begriff „inhaltsbezogene Kompetenzen" ist eine fehlerhafte Verwendung des Kompetenzbegriffs aus der Frühphase der Entwicklung dieses Begriffs. Damals war noch nicht vollständig geklärt, wie die Fachinhalte sich zu den Kompetenzen verhalten und dieser fehlerhafte Begriff war ein Ansatz, um die Bedeutung der Inhalte für die Kompetenzformulierung zu erfassen.

Feinzielen dominierten. Diese beschrieben sehr kleinschrittig Lernziele ausschließlich zum symbolischen Operieren wie „Der Schüler[11] kann einen Bruch mit einer vorgegebenen Zahl erweitern", „Der Schüler kann zu zwei Brüchen den gemeinsamen Nenner finden", „Der Schüler kann zwei gleichnamige Brüche addieren", etc.. Dieser Ansatz zur Lernzielformulierung wurde nach einigen Jahren aufgegeben, was im Lichte der Kompetenzdebatte verständlich ist: es wurde jeweils nur ein kleiner Ausschnitt der zur erwerbenden Kompetenzen, nämlich einzelne Aspekte des formalen Operierens, erfasst. Die Kleinschrittigkeit der Zielformulierungen brachte dabei auch entsprechende Unterrichtskonzepte hervor, wie das „Programmierte Lernen", das entsprechende kleinschrittige Lernprogramme zu einzelnen formalen Operationen enthielt. Diese kleinschrittige, auf innermathematisches Operieren reduzierte Sichtweise findet sich zuweilen in sogenannten „Checklisten" wieder, in den Schülerinnen und Schüler in individualisierten Lernumgebungen ihre Lernergebnisse selbst kontrollieren sollen. Ebenso wie bei den operationalisierten Lernzielen wird hier nur eine kleine Kompetenzfacette erfasst!

Für eine umfassende kompetenzorientierte Beschreibung von Lernzielen sind, wie oben erwähnt, zu jedem Lerninhalt Formulierungen zu entwickeln, die die angestrebten Handlungsweisen beschreiben. Solche Listen würden für Klarheit darüber sorgen, was wirklich im Unterricht angestrebt werden muss und ebenso, was in Prüfungen abgeprüft werden soll. In Abgrenzung zu den operationalisierten Lernzielen muss dabei aber beachtet werden, dass einerseits alle Kompetenzen nach Niss (1999) berücksichtigt werden und man nicht derart ins Detail geht, dass wesentliche Zusammenhänge verloren gehen. Trotzdem ist eine nicht geringe Herausforderung, mit so einer Liste alle Ziele von Lehre in der Mathematik sinnvoll abzudecken.

4.3. Heuristische Strategien und Kompetenzen

4.3.1. Mathematisch denken

Niss (1999) erläutert die Kompetenz „Mathematisch denken" anhand einiger Beispiele. Dazu gehört das Stellen richtiger Fragen und das richtige Einschätzen der Reichweite mathematischer Aussagen. Typische Vorgehensweisen in der Mathematik, wie das generelle Bemühen, Gültigkeitsbereich einer Aussage möglichst allgemein und damit abstrakt zu fassen, gehören ebenfalls dazu. Ferner nennt Niss die Fähigkeit, unterschiedliche Typen von mathematischen Aussagen unterscheiden und adäquat nutzen zu können, wie beispielsweise Sätze und Definitionen. Eine klärende Definition des Konzepts „Mathematisch denken" tritt bei Niss (1999) jedoch nicht auf. Daher wird hier die folgende Definition vorgeschlagen:

> *Unter „Mathematisch denken" sollen all die Denkvorgänge verstanden werden, die sich entweder auf*
>
> • *typische mathematische Gegenstände beziehen, oder*

---

[11]Damals wurde nur die männliche Form in den Zeilen verwendet.

- *typisch mathematische Methoden verwenden.*

Diese Definition geht davon aus, dass jeder sachgerechte Umgang mit mathematischen Gegenständen mathematisches Denken involviert. Dazu kommt jedoch die Überzeugung, dass mathematisches Denken auch außerhalb der Mathematik oft sinnvoll und hilfreich ist, also in Situationen, in denen nicht mit mathematischen Gegenständen operiert wird. Im Sinne von Abbildung 1.1 werden dann typische mathematische Methoden angewendet. Bereits Pólya (2010) führte ja mehrfach außermathematische Beispiele für die Anwendung typisch mathematischer Denkstrategien an. Insbesondere Denkprozesse, bei denen die von ihm beschriebenen heuristischen Strategien zum Einsatz kommen, zählen also im Sinne Pólyas zu mathematischem Denken. Die heuristischen Strategien sind damit ein wesentlicher Teil der Kompetenz „mathematisch Denken".

In Bezug auf die Pisa-Konzeptionen und die Bildungspläne hat die Kompetenz „mathematisch Denken" eine Sonderrolle, da sie in diesen Konzepten nicht explizit auftritt. Dies ist vermutlich dadurch zu erklären, dass bei der Anwendung *jeder* mathematischen Kompetenz (Kommunizieren und argumentieren, Darstellungen verwenden und mathematisch operieren, Probleme lösen und Modellieren) mathematisches denken involviert ist. „Mathematisch Denken" ist somit eine Art *Kompetenzkern*, der jeder mathematischen Kompetenz letztlich innewohnt. Alle weiteren Kompetenzbeschreibungen führen dann aus, wie mathematisches Denken sichtbar und wirksam wird: Denkprozesse selbst sind ja nicht unmittelbar beobachtbar sondern zeigen sich in Äußerungen und Handlungen der Menschen: Argumentieren, Kommunizieren, Darstelllungen verwenden z. B. in Form von Zeichnungen, formal operieren, Probleme lösen oder Modellieren.

Da die heuristischen Strategien wiederum ein wesentlicher Teil des mathematischen Denkens sind, ist zu erwarten, dass oben beschriebenen heuristischen Strategien in allen mathematischen Kompetenzen verwendet werden. Dies wird in den folgenden Abschnitten an Beispielen ausgeführt.

4.3.2. Kommunizieren und argumentieren

(Niss, 1999) ordnet das Kommunizieren unterhalb der folgenden Zwischenüberschrift ein: „The other group of competencies are to do with the ability to deal with and manage mathematical language and tools". Damit betont Niss, dass das Kommunizieren intensiv mit mathematischer Sprache zu tun hat, während er dies für das „Argumentieren" nicht derart ausweist. In den Bildungsstandards KMK (2012) wird zum Argumentieren folgendermaßen formuliert:

> *Zu dieser Kompetenz gehören sowohl das Entwickeln eigenständiger, situationsangemessener mathematischer Argumentationen und Vermutungen als auch das Verstehen und Bewerten gegebener mathematischer Aussagen. Das Spektrum reicht dabei von einfachen Plausibilitätsargumenten über inhaltlich-anschauliche Begründungen bis zu formalen Beweisen. Typische Formulierungen, die auf die Kompetenz des Argu-*

mentierens hinweisen, sind beispielsweise „Begründen Sie!", „Widerlegen Sie!", „Gibt es?" oder „Gilt das immer?". (KMK, 2012)

Der sprachliche Gehalt von Argumentationen rückt in den Bildungsstandards also deutlich in den Vordergrund, während Niss (1999) in seinen Beispielen eher die Tiefenstruktur mathematischer Argumente betont (was ist *typisch* an dem Argument? Was ist eigentlich ein Beweis? Wie macht man aus einem nicht-formalen Argument ein formales?). Während es beim Argumentieren darum geht, *warum* ein mathematischer Sachverhalt gilt, steht beim Kommunizieren im Fokus, den Sachverhalt selbst zu *verstehen* oder zu *erklären*, wie das folgende Zitat aus den Bildungsstandards zeigt:

> *Zu dieser Kompetenz gehören sowohl das Entnehmen von Informationen aus schriftlichen Texten, mündlichen Äußerungen oder sonstigen Quellen als auch das Darlegen von Überlegungen und Resultaten unter Verwendung einer angemessenen Fachsprache. Das Spektrum reicht von der direkten Informationsentnahme aus Texten des Alltagsgebrauchs bzw. vom Aufschreiben einfacher Lösungswege bis hin zum sinnentnehmenden Erfassen fachsprachlicher Texte bzw. zur strukturierten Darlegung oder Präsentation eigener Überlegungen. Sprachliche Anforderungen spielen bei dieser Kompetenz eine besondere Rolle. (KMK, 2012)*

Hier wird der Sichtweise der Bildungsstandards gefolgt, sowohl beim Kommunizieren als auch beim Argumentieren die sprachlichen Aspekte deutlich zu berücksichtigen. Daher werden die beiden Kompetenzen hier in einem Abschnitt zusammen behandelt. Im Folgenden werden einige typische Beispiele für mathematische Argumentationen und Kommunikationen, die im Unterrichtsgeschehen oft auch als Erklärungen auftreten, angeführt. Dabei werden die auftretenden heuristischen Strategien kursiv hervorgehoben.

Optimierung des Materialverbrauchs bei Konservendosen Konservendosen sind in sehr guter Näherung mathematische Zylinder (abgesehen von den Verbindungsstellen und versteifenden Profilen). Da Konservendosen in sehr großem Umfang produziert werden, ist es sinnvoll, bei vorgegebenen Materialverbrauch nach den konkreten Maßen des Zylinders zu fragen, bei dem der größte Rauminhalt erreicht wird. In mathematischer Sprache lautet diese Fragestellung (*Repräsentationswechsel*): welche Maße (Radius und Höhe) muss ein Zylinder mit vorgegebener Oberfläche haben, damit das Volumen des Zylinders maximal wird? Nun ist es zunächst jedoch nicht selbstverständlich, dass sich bei vorgegebener Oberfläche das Volumen verändert, wenn man die konkreten Maße des Zylinders variiert und ebenso nicht, dass es ein maximales Volumen gibt. Für diesen Sachverhalt kann man argumentieren, indem man *Spezialfälle/Grenzfälle* betrachtet: Bei vorgegebener Oberfläche kann man einen Zylinder mit verschiedenen Kombinationen von Höhen und Radien realisieren. Bei sehr großem Radius verwendet man viel Material für den kreisförmigen Deckel/Boden und es bleibt wenig Material für die Seitenwände, man kann also nur eine geringe Höhe realisieren (die Konservendose sieht dann eher so aus, als wolle man eine Pizza hinein tun – *lebensweltliche Repräsentation*). Für den *Grenzfall* der Höhe Null passt gar nichts mehr in die Konservendose, das Volumen ist also Null. Der zweite Spezialfall ist eine Dose, die sehr hoch ist (es passen also ganze Spaghetti hinein) aber dafür einen sehr kleinen Deckel/Boden hat. Für den *Grenzfall* des Radius Null passt ebenfalls gar nichts mehr in die Konservendose. Sowohl ausgehend von Null Radius mit wachsendem Radius und fallender Höhe als auch ausgehend von Null Höhe mit wachsender Höhe und fallendem Radius wächst offensichtlich das Volumen der Dose. „Irgendwo in der Mitte" müssen sich diese beiden Trends treffen (*funktionales Denken*) und es wird ein Maximum geben.

Analoge Argumentationen realisiert man für viele Optimierungsfragestellungen, wie hier bereits auf Seite 40 dargestellt wurde.

In dem Beispiel „Zaun am Fluss" zeigt die Abbildung 2.7 eine Argumentation mit Hilfe von *Symmetrie*, die eine Rechnung überflüssig macht: durch Einfügen der *Symmetrieachse* in das Problem wird die Aufgabe auf die möglicherweise schon *bekannte* Frage *zurückgeführt*, welches Rechteck mit vorgegebenem Umfang den größten Flächeninhalt hat. Die Antwort auf diese Frage „das Quadrat" ist wiederum mit einem *Symmetrieargument* begründbar: wenn bei vorgegebenem Umfang eines Rechtecks das Quadrat betrachtet wird, so ist dies eine sehr *symmetrische* Situation: „stört" man die *Symmetrie* der Situation, indem man Seite a kleiner und Seite b größer macht, so kann der Flächeninhalt nur kleiner werden, denn die *symmetrische* Störung (a größer, b kleiner) muss das gleiche bewirken. Mit dem *analogen* Argument wie bei den Konservendosen ist im Spezialfall „maximale Kantenlänge a" oder „maximale Kantenlänge b" der Flächeninhalt des Rechtecks gleich Null. Von der symmetrischen Situation „Quadrat" ausgehend muss der Flächeninhalt also kleiner werden, die *symmetrische* Situation ist also die Situation maximalen Flächeninhalts.

Die wichtigste *Repräsentation* der **Multiplikation von zwei Zahlen** ist die *Repräsentation* als Flächeninhalt eines Rechtecks. Im Grunde wird diese Vorstellung schon in der Grundschule angelegt, das Konzept wird durch die übliche Repräsentation mit runden Chips jedoch nicht konsequent verwendet.

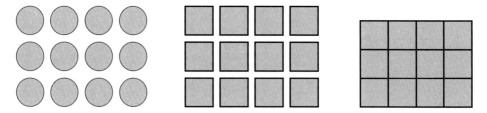

Abbildung 4.3.: Multiplikation als Rechteckfläche

Die Verwendung von quadratischen Objekten (am besten Kubikzentimeterwürfel, diese lassen sich gut greifen oder an Kanten gut ausrichten (Abschnitt 5.1.3) und darüber hinaus wirkungsvoll für weitere Lehrzwecke einsetzen) statt Chips, würde den *Repräsentationswechsel* zwischen Flächeninhalt und Multiplikation von Anfang an anlegen.

Mit dieser Darstellung folgt das Kommutativgesetz der Multiplikation sofort, da die beiden Kanten des Rechtecks gleich behandelt werden, also zueinander *symmetrisch* sind: $3 \cdot 4 = 4 \cdot 3$. Eine gute *Repräsentation* macht hier die *Symmetrie* der Faktoren bei der Multiplikation sichtbar und stellt damit wesentliche Argument für das Kommutativgesetz dar. Darüber hinaus können mit dieser *Repräsentation* weitere Rechenregeln begründet werden, z. B. das Distributivgesetz, die Multiplikation von Brüchen, die binomische Formel oder das Riemannintegral (*Neues auf Bekanntes zurückführen*). Damit dies gelingt, muss der *Repräsentationswechsel* zwischen der Multiplikation und der Rechteckfläche jedoch bereits vertraut sein. Bei diesen Argumenten ist noch eine *zweite Repräsentation* von Zahlen notwendig: die Faktoren werden durch die Kanten des jeweiligen Rechtecks repräsentiert, also durch eine *Längenrepräsentation*, die *analog* ist zur *Repräsentation von Zahlen auf dem Zahlenstrahl*. Auch diese Repräsentation muss also vertraut sein, um die Argumente zu verstehen.

Die **schriftlichen Rechenverfahren** sind alle *iterativer* Natur: eine kleine Anzahl von Arbeitsschritten wird in gleicher Weise mehrfach wiederholt. Diese Abfolge von Arbeitsschritten stellt dabei ein *Prozesssuperzeichen* dar. Für das Verständnis der schriftlichen Rechenverfahren ist es also sowohl notwendig, die *Prozesssuperzeichen* zu verstehen, als auch den *iterativen* Charakter des Verfahrens. Hier werden diese und weitere Aspekte am Beispiel der schriftliche Division analysiert.

$$
\begin{array}{l}
Z_T\ T\ H\ Z\ E \qquad\quad Z\ E \qquad\quad T \\
6\ 7\ 3\ 5\ 9 \ \div \ 2\ 1 \ = \ 3 \\
\underline{^-6\ 3} \\
\qquad\quad 2\ 3\ 5\ 9
\end{array}
$$

Abbildung 4.4.: Schriftliche Division

Die Abbildung 4.4 zeigt die drei zentralen Arbeitsschritte der schriftlichen Division:

1. Verwende nur die ersten Stellen (gerade so viele, dass die aus diesen Ziffern besehende Zahl größer als der Divisor ist, hier also 67) und teile diese durch den Divisor (21). Ignoriere den Rest. Notiere das Ergebnis (hier: 3)

2. Multipliziere das Ergebnis mit dem Divisor und schreibe es unter den Dividenden (hier: 63).

3. Subtrahiere, um den Rest zu bestimmen.

Diese drei Arbeitsschritte (Dividiere, Multipliziere, Subtrahiere) bilden einen Arbeitsdurchgang der schriftlichen Division und damit ein *Prozesssuperzeichen*. Im nächsten Schritt wird dasselbe *Prozesssuperzeichen* auf den Rest angewendet, also *iteriert*.

Im Vergleich zur üblichen Darstellung der schriftlichen Division wurde hier eine Änderung vorgenommen: im üblichen Verfahren würde man bei der Subtraktion nur die ersten beiden Stellen (die Ziffern 23) hinschreiben. Die hier verwendete Darstellung hat Vorteile aber auch einen Nachteil:

Ein Vorteil besteht darin, dass das *Prozesssuperzeichen* deutlicher betont wird. Wenn der Rest vollständig bestimmt ist, wird dieser demselben Verfahren unterworfen wie der ursprüngliche Dividend. Dies kann auch in der Grundschule sprachlich gut abgebildet werden (d. h. in einer anderen *Repräsentation*): 67359 Gummibärchen sollen auf 21 Personen verteilt werden. Jede Person erhält zunächst 3000 Gummibärchen. Es bleiben 2359 Gummibärchen übrig, die im nächsten Schritt (nach demselben Verfahren) verteilt werden[12]. Der zweite Vorteil besteht darin, dass der Rest als Ganzes sichtbar und eine inhaltliche Bedeutung hat. Verwendet man nur die Ziffern 23 ist nicht erkennbar, wofür diese stehen.

Der Nachteil besteht darin, dass stärker auf das Stellenwertsystem geachtet werden muss: in Abbildung 4.4 steht über der Ziffer 3 der Stellenwert „Tausend", der durch Überschlagsrechnung mit Hilfe der Stellenwerte bestimmt wurde: „Z_T geteilt durch Z ergibt T". Schreibt man den ganzen Rest bei der Subtraktion ab, entsteht eine von der Ursprungsaufgabe komplett entkoppelte neue Aufgabe (was ja der Vorteil ist), bei der der Stellenwert des Quotienten der Division dementsprechend komplett neu bestimmt werden muss. Im Gegensatz zum Standardverfahren entsteht nicht automatisch der nächst Stellenwert (hier Hunderter). Würde statt der Ziffer 7 im Rest die Ziffer 0 stehen, müsste man hinter der Ziffer 3 im Quotienten eine Ziffer Null hinschreiben. Solche Nullen entstehen beim Aufschreiben des gesamten Restes nur durch Abschätzen des Stellenwertes[13]. Dies kann für Schülerinnen und Schüler ein Problem sein, wenn sie übersehen, dass eine Null in der Ziffernfolge notiert werden muss.

Sobald Schülerinnen und Schüler Dezimalzahlen kennen, wird das Verfahren in identischer Weise nach dem Komma fortgesetzt – dies ist eine Anwendung des *Permanenzprinzips*. Dabei treten dann neue Effekte auf, beispielsweise bei der Division einer natürlichen Zahl durch sieben: es entsteht oft ein Rest, der im Nachkommabereich durch Nullen ergänzt wird, um den nächsten Divisionsschritt durchzuführen. Bei der Division durch Sieben sind die Reste 0, 1, 2, 3, 4, 5 oder 6 möglich. Ist der Rest Null, so ist die Division beendet, die natürliche Zahl ist durch Sieben teilbar. In den anderen Fällen wird weiter gerechnet (*iteriert*). Da immer dieselbe Ziffer Null ergänzt wird, wird sich der Prozess irgendwann wiederholen: es gibt nur sechs verschiedene Reste, nach spätestens sieben Iterationen tritt ein Rest erneut auf (das ist das Schubfachprinzip aus Abschnitt 3.1.6), die Dezimalzahl ist also periodisch. Bei der Division durch Sieben entsteht also entweder eine natürliche Zahl oder eine periodische Dezimalzahl mit maximaler Periodenlänge Sechs.

---

[12]Bei der Einführung der schriftlichen Division in der Grundschule werden sinnvollerweise etwas kleinere Zahlen gewählt.

[13]Die in der Oberstufe unterrichtete Polynomdivision wird vollkommen *analog* realisiert. Bei der Polynomdivision ist es in jedem Fall besser, den gesamten Rest hinzuschreiben, wie es hier realisiert wurde: die Potenzen von x entsprechen den Stellenwerten der Dezimalzahlen und werden bei der Polynomdivision ohnehin immer mitgeführt.

Diesen Sachverhalt kann man *verallgemeinern*: wird eine natürlich Zahl n durch eine andere natürliche Zahl k geteilt, entsteht entweder eine endliche Dezimahlzahl oder eine periodische Dezimalzahl mit maximaler Periodenlänge $k-1$. Da Brüche als solche Divisionsaufgaben interpretiert werden können (*Repräsentationswechsel*), gibt es zu jedem Bruch eine endliche oder eine periodische Dezimalzahl.

Die vorliegenden Beispiele zeigen, wie bereits bei einfachen mathematischen Sachverhalten die heuristischen Strategien im Rahmen von Argumentationen und Erklärungen (also Kommunikationshandlungen) auftreten. Weitere Beispiele werden später im Rahmen der Analyse von Lerninhalten der Schule auftreten bzw. wurden schon bei der Beschreibung der Strategien verwendet. Heuristische Strategien können also als wesentlicher Bestandteil des Vokabulars zum mathematischen Argumentieren und Kommunizieren angesehen werden. Lehrpersonen sollten dies bewusst verwenden und das Vokabular systematisch im Unterricht aufbauen.

4.3.3. Symbolisch und formal Operieren und mathematische Darstellungen verwenden

Schon vor der Formulierung von Lehrplänen im Rahmen der Kompetenzorientierung wurden die zu behandelnden symbolischen und formalen Inhalte in den Lehrplänen detailliert ausgeführt. Ebenso wurden wichtige Darstellungsformen explizit genannt, wie das Arbeiten in Koordinatensystemen oder mit Tabellenwerken[14]. Diese beiden Kompetenzen enthalten also wesentlichen Teile des traditionellen Mathematikcurriculums und werden daher hier zusammen behandelt.

In den Bildungsstandards zum Abitur wird die Kompetenz „symbolisch und formal Operieren" folgendermaßen beschrieben:

> *Diese Kompetenz beinhaltet in erster Linie das Ausführen von Opera-*
> *tionen mit mathematischen Objekten wie Zahlen, Größen, Variablen,*
> *Termen, Gleichungen und Funktionen sowie Vektoren und geometri-*
> *schen Objekten. Das Spektrum reicht hier von einfachen und überschau-*
> *baren Routineverfahren bis hin zu komplexen Verfahren einschließlich*
> *deren reflektierender Bewertung. Diese Kompetenz beinhaltet auch Fak-*
> *tenwissen und grundlegendes Regelwissen für ein zielgerichtetes und*
> *effizientes Bearbeiten von mathematischen Aufgabenstellungen, auch*
> *mit eingeführten Hilfsmitteln und digitalen Mathematikwerkzeugen.*
> *(KMK, 2012)*

Die Nähe dieser Beschreibung zu einer Liste von mathematischen Fachinhalten ist offensichtlich, der zentrale Unterschied ist, dass der Fokus auf die Operationen mit den Fachinhalten gerichtet wird[15]. Waren Lehrpläne nicht in Form von operationalisierten Lernzielen formuliert, waren die Operationen teilweise nur implizit in den Inhaltslisten enthalten. Ähnliches gilt für die Kompetenz „mathematische Darstellungen verwenden" in den Bildungsstandards:

---

[14]Das Arbeit mit Logarithmentafeln oder Tabellen zu den trigonometrischen Funktionen gehörten vor Einführung des Taschenrechners zum Standardcurriculum der Mittelstufe.

[15]Die Aspekte „Faktenwissen" und „Regelwissen" müssen dafür noch operationalisiert werden

> *Diese Kompetenz umfasst das Auswählen geeigneter Darstellungsformen, das Erzeugen mathematischer Darstellungen und das Umgehen mit gegebenen Darstellungen. Hierzu zählen Diagramme, Graphen und Tabellen ebenso wie Formeln. Das Spektrum reicht von Standarddarstellungen – wie Wertetabellen – bis zu eigenen Darstellungen, die dem Strukturieren und Dokumentieren individueller Überlegungen dienen und die Argumentation und das Problemlösen unterstützen. (KMK, 2012)*

Die Analogie dieser Kompetenz zur heuristischen Strategie „Wähle eine geschickte Repräsentation" ist offensichtlich. Dabei kann die Wahl einer guten Repräsentation/Darstellung wiederum durch andere heuristische Strategien gesteuert werden:

- Wähle eine Repräsentation, in der die *Symmetrien* der Situation möglichst gut deutlich werden, als Beispiel kann Abbildung 4.3 dienen.

- Wähle eine Repräsentation, in der die Invarianzen besonders deutlich werden, wie in Abbildung 2.11.

- Wähle eine Repräsentation mit günstigen *Superzeichen* (Beispiel: Abbildung 2.10).

- Wähle eine Darstellung, die die Verwendung eines *Algorithmus* ermöglicht. Dies bedeutet beispielsweise die standardisierte Darstellung eines linearen Gleichungssystems oder einer quadratischen Gleichung.

- Wähle eine Darstellung, die die *Analogie* zu einem anderen Problem deutlich macht (siehe Abschnitt 2.2.13).

- Wähle eine Repräsentation, bei der man Bekanntes gut nutzen kann, z. B. durch das geeignete Umformen von Gleichungen, so dass *bekannte Lösungsverfahren* genutzt werden können.

- Wähle eine Repräsentation, die die *Aufteilung in Teilprobleme* gut ermöglicht. Die in Abbildung 4.4 gewählte Darstellung der schriftliche Division, in der die Division in *Prozesssuperzeichen* zerlegt wird, die dann *iteriert* werden, ist ein Beispiel hierfür.

Die Wahl einer guten Repräsentation in diesem Sinne erfordert stets die Wahrnehmung der zugrunde liegenden Muster oder Strukturen, die sich als Symmetrie, Superzeichen, Analogie etc. erkannt und genutzt werden müssen.

Während die Verwendung von heuristischen Strategien in der Kompetenz „Darstellungen verwenden" sehr Nahe liegt, ist diese beim „formalen Operieren" nicht so offensichtlich: die heuristischen Strategien sind ja normalsprachlich formuliert, während das „formale Operieren" im formalsprachlichen Bereich geschieht.

Die Wirksamkeit von heuristischen Strategien beim formalen Operieren wird ausführlicher in Abschnitt 8 deutlich gemacht, daher werden hier nur drei Beispiele genannt:

Wie oben beschrieben, bestehen die schriftlichen Rechenverfahren aus *Prozesssuperzeichen*, die *iteriert* werden. Bei allen vier Grundrechenarten tritt dies *analog* auf. Hier wird deutlich, dass schon in der Grundschule heuristischen Strategien eine große Rolle spielen (Abschnitt 5).

Eine Möglichkeit, den Ausdruck $9x^2 + 12x + 4$ zu vereinfachen ist es, die Binomische Formel rückwärts anzuwenden. Dazu muss einerseits $a = 3x$ als *Superzeichen* gebildet werden sowie $b = 2$, um dann zu erkennen, dass der mittlere Ausdruck die *Symmetrieeigenschaft* der binomischen Formel erfüllt: $12x = 2 \cdot a \cdot b$ mit $a = 3x$ und $b = 2$.

In der Universitätsmathematik spielt Bilden und Auffalten von Superzeichen eine sehr große Rolle bei den formalen Operationen in Beweisen, insbesondere in der linearen Algebra (Stender, 2021b). Beispielhaft hierfür stehen die Darstellungen eines linearen Gleichungssystems (Seite 23).

4.3.4. Modellieren und mathematische Probleme lösen

Das „Modellieren" und das „Lösen mathematischer Probleme" gehört zu den anspruchsvollsten Anforderungen im Mathematikunterricht in der Schule, mit teilweise sich überschneidenden Herausforderungen für die Lehre. Daher werden diese beiden Kompetenzen hier zusammen behandelt.

Die genaue begriffliche Klärung dieser beiden Kompetenzen wird in der Literatur unterschiedlich realisiert, daher wird sich hier wieder auf die Bildungsstandards zum Abitur[16] bezogen.

Problemlösen:

> *Diese Kompetenz beinhaltet, ausgehend vom Erkennen und Formulieren mathematischer Probleme, das Auswählen geeigneter Lösungsstrategien sowie das Finden und das Ausführen geeigneter Lösungswege. Das Spektrum reicht von der Anwendung bekannter bis zur Konstruktion komplexer und neuartiger Strategien. Heuristische Prinzipien, wie z. B. „Skizze anfertigen", „systematisch probieren", „zerlegen und ergänzen", „Symmetrien verwenden", „Extremalprinzip", „Invarianten finden" sowie „vorwärts und rückwärts arbeiten", werden gezielt ausgewählt und angewendet. (KMK, 2012)*

Dass heuristische Strategien beim Problemlösen eingesetzt werden ist offensichtlich, da sie ja als Strategien zum Lösen von Problemen definiert wurden. Dementsprechend werden heuristischen Strategien in den Bildungsstandards auch explizit genannt. Zu dieser Kompetenz werden hier daher keine weiteren Beispiele genannt. Von Pólya (2010) werden viele Beispiele beschrieben, die auch für die Schule interessant sind.

Modellieren:

---

[16]Die Bildungsstandards zum Abitur sind die zuletzt fertiggestellten Bildungsstandards. Daher bilden sie innerhalb der Bildungsstandards (KMK, 2004, 2005a, 2005b, 2012) den jüngsten Sachstand der Kompetenzdebatte ab. Einige Aspekte in den älteren Bildungsstandards müssten angepasst werden. Dies ist der Grund, warum hier die Bildungsstandards zum Abitur verwendet werden.

Hier geht es um den Wechsel zwischen Realsituationen und mathematischen Begriffen, Resultaten oder Methoden. Hierzu gehört sowohl das Konstruieren passender mathematischer Modelle als auch das Verstehen oder Bewerten vorgegebener Modelle. Typische Teilschritte des Modellierens sind das Strukturieren und Vereinfachen gegebener Realsituationen, das Übersetzen realer Gegebenheiten in mathematische Modelle, das Interpretieren mathematischer Ergebnisse in Bezug auf Realsituationen und das Überprüfen von Ergebnissen im Hinblick auf Stimmigkeit und Angemessenheit bezogen auf die Realsituation. Das Spektrum reicht von Standardmodellen (z. B. bei linearen Zusammenhängen) bis zu komplexen Modellierungen. (KMK, 2012)

Die Abgrenzung zwischen Modellierungsprozessen und Problemlöseprozessen verläuft entlang zweier Unterschiede:

- Probleme enthalten eine Barriere, die überwunden werden muss, in Abgrenzung zu Routineaufgaben.

- Modellierungsfragestellungen enthalten einen Realitätsbezug, in Abgrenzung zu innermathematischen Fragestellungen.

Diese doppelte Abgrenzung lässt sich in einer Tabelle übersichtlich darstellen (Stender, 2016a):

	Fragestellung mit Realitätsbezug	Fragestellung ohne Realitätsbezug
Fragestellung ohne Handlungsbarriere Aufgabe	Modellierungsaufgabe	innermathematische Aufgabe
Fragestellung mit Handlungsbarriere Problem	Modellierungsproblem	innermathematisches Problem

Tabelle 4.1.: Problemlösen und Modellieren

Wenn die Unterscheidung Aufgabe/Problem nicht relevant ist, wird hier der Ausdruck „Fragestellung" verwendet. Die Tabelle macht deutlich, dass in Form von Modellierungsproblemen die beiden Kompetenzen „Modellieren" und „Probleme lösen" zusammenwirken. Für Schülerinnen und Schüler entsteht dieser Aspekt oft. Dies ist die oben genannte Überschneidung zwischen diesen beiden Kompetenzen, aufgrund der diese beiden Kompetenzen hier zusammen behandelt werden.

Modellierungsprozesse werden in der Literatur mit Hilfe von Modellierungskreisläufen dargestellt: gerade in etwas komplexeren Fällen wird in den ersten Lösungsansätzen für Modellierungsprobleme in der Regel die reale Situation noch nicht ausreichend genau beschrieben. Daher muss die erste Lösung oft verbessert werden, was zu einem *iterativen* Prozess mit immer differenzierteren Modellen

führt. Für die Darstellung dieses iterativen Prozesses werden in der Literatur viele
verschiedene Modellierungskreisläufe (vergl. Stender, 2016a) verwendet. Hier wird
der Modellierungskreislauf nach Kaiser und Stender (2013) dargestellt, da dieser
die verschiedenen Aspekte aus der Beschreibung des Bildungsstandards abdeckt,
aber keine weiteren (hier nicht notwendigen) Aspekte enthält. Das im Modellie-

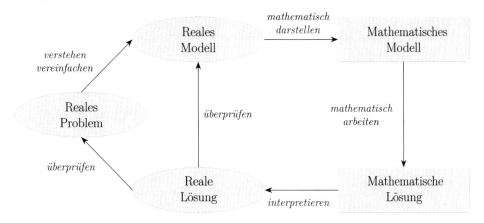

Abbildung 4.5.: Modellierungskreislauf nach Kaiser und Stender (2013)

rungskreislauf auftretende „mathematische Arbeiten" wird in der Definition der
Bildungsstandards zum Abitur (KMK, 2012) , im Gegensatz zu den vorangehenden
Bildungsstandards (KMK, 2004, 2005a, 2005b), nicht mehr als Bestandteil der
Modellierungskompetenz gezählt, da mathematisches Arbeiten bereits durch das
symbolische/formale Operieren und das innermathematische Problemlösen abge-
deckt ist. Beim Modellieren treten offensichtlich zahlreiche Darstellungswechsel
auf: die Übergänge von oft sprachlich präsentierten realen Situationen zu realen
Modellen beinhalten ebenso Darstellungswechsel wie die Übergänge vom realen
Modell zum mathematischen Modell und von der mathematischen Lösung zur realen
Lösung. Die Kompetenz „mathematische Darstellungen verwenden" kommt also
beim Modellieren in natürlicher Weise vielfältig zum Einsatz. Wenn in der Schule
Modellierungsprobleme bearbeitet werden, ist Gruppenarbeit eine besonders geeignete Arbeitsform. Werden Modellierungsprobleme in Gruppenarbeit bearbeitet, so
muss intensiv mathematisch argumentiert und kommuniziert werden. Damit werden
bei der Bearbeitung von Modellierungsproblemen die fünf anderen Kompetenzen
ebenfalls in großem Umfang genutzt. Modellieren ist in diesem Sinne eine umfassende Kompetenz, die die Nutzung der anderen Kompetenzen beinhaltet. Damit
ist „Modellieren" das Pendant zu „mathematisch Denken": jede Kompetenz enthält
mathematisches Denken und jede Kompetenz ist im mathematischen Modellieren
enthalten.

Da beim Modellieren alle Kompetenzen aktiviert werden, werden damit auch
beim Modellieren heuristische Strategien genutzt. Die heuristischen Strategien
treten darüber hinaus aber auch in den spezifischen Modellierungsoperationen auf,

z. B. beim Vereinfachen und Verstehen. Dies wird hier an dem Beispiel „Buslinie" verdeutlicht, ohne dass dieses Beispiel hier vollständig diskutiert wird. Die wurde an anderer Stelle bereits ausgeführt (Stender & Kaiser, 2016; Stender, 2016c, 2018a, 2018b, 2019a).

Bei der Planung einer Buslinie müssen die Bushaltestellen positioniert werden. Hierbei werden unterschiedliche Aspekte zu berücksichtigen sein, unter anderem konkrete lokale Besonderheiten. Aus einer *allgemeineren* Perspektive stellt sich für die Planung jedoch die Frage, welcher Abstand zwischen Bushaltestellen generell sinnvoll ist:

- Einerseits ist für die Fahrgäste ein kurzer Fußweg zur nächsten Bushaltestelle attraktiv, die Bushaltestellen sollten also möglichst nahe beieinander liegen, damit die gesamte Reisezeit der Fahrgäste möglichst gering ist.

- Andererseits führt jede Bushaltestelle zu einer Verzögerung der Fahrt des Busses, die die Bushaltestellen sollten also möglichst weit voneinander entfernt liegen, damit die gesamte Reisezeit der Fahrgäste möglichst gering ist.

Arbeiten Schülerinnen und Schüler oder Studierende an dieser Fragestellung, so werden zunächst (sinnvollerweise) sehr viele mögliche Einflussfaktoren gesammelt und reale Buslinien betrachtet. Reale Buslinien sind komplizierte Kurven in einem Stadtplan, lokale Einflüsse, wie die Standorte von Schulen, Einkaufszentren, S-Bahnstationen etc. bestimmen vielfach die Lage der Haltestellen. Um einen mathematischen Zugang zu finden, ist es notwendig, eine abstraktere Sichtweise einzunehmen: man abstrahiert von den lokalen Gegebenheiten einer konkreten Buslinie und betrachtet eine *verallgemeinerte* Buslinie. Hierbei wird gegenüber der tatsächlichen Buslinie in zweifacher Hinsicht *Symmetrie* hergestellt: die Buslinie wird als gerade Strecke modelliert (*symmetrischer* als Kurve im Stadtplan) und die Abstände zwischen zwei benachbarten Bushaltestellen sind jeweils gleich (*symmetrischer* als unterschiedliche Abstände). Dies wird im Modellierungskreislauf im Schritt „vereinfachen" hin zum realen Modell realisiert. Vereinfachen im Modellierungsprozess gelingt häufig dadurch, dass *Symmetrie* erzeugt wird, da dabei nicht symmetrische Besonderheiten in ersten Durchläufen durch den Modellierungskreislauf als nicht relevant betrachtet werden. Beim Modellieren wird damit *Symmetrie* im Sinne Pólyas nicht nur genutzt sondern erzeugt.

Für die ersten Rechnungen wird nur ein *Teilproblem* betrachtet, nämlich die Fahrt zwischen zwei Bushaltestellen. Die dabei entstehende Lösung wird später mit weiteren Aspekten zur Gesamtlösung zusammengesetzt (Superposition). Dabei wird wiederum die Fahrt zwischen zwei Bushaltestellen in *drei Teile zerlegt*: Anfahrt/Fahrt mit konstanter Geschwindigkeit/Bremsen. Auf diese Weise kann in Abhängigkeit von Parametern (Beschleunigung beim Anfahren und Bremsen, maximale Geschwindigkeit, Abstand der Bushaltestellen) die Fahrtzeit berechnet werden. Danach geht man über zur Betrachtung einer längeren Fahrt über mehrere Bushaltestellen. Bezieht man dann den Fußweg vom Start zur Bushaltestelle und von der Bushaltestelle zum Ziel mit ein (wobei man Mittelwerte verwenden muss, was wiederum eine Symmetrisierung darstellt), so erhält man eine Gesamtreisezeit, die zu minimieren eine sinnvolle Interpretation der Ausgangsfragestellung ist. *Zum Optimieren muss man variieren*, also die Rechnung mit verschiedenen Abständen für die Bushaltestellen wiederholen. Die Lösung muss man in Hinblick auf die Ausgangsfragestellung interpretieren und kann beispielsweise durch Vergleich mit realen Busnetzen validieren, ob die Lösung der Realität entspricht.

Eine ausführlichere Betrachtung des Lösungsweges würde die Verwendung weiterer heuristischer Strategien deutlich machen, ebenso, wie die Betrachtung anderer Modellierungsfragestellungen (Stender, 2017). Heuristische Strategien werden beim Modellieren in großem Umfang verwendet. Oft werden hierbei die heuristischen Strategien ohne die Verwendung formaler Sprache eingesetzt, was die Möglichkeit bietet, mathematisches Denken zu üben, auch wenn die entsprechenden Schülerinnen und Schüler Schwierigkeiten mit der formalen Sprache haben. Modellieren ist also gerade für Schülerinnen und Schüler, die nicht mathematikaffin sind, eine Chance, mathematisches Denken zu erlernen.

4.3.5. Zusammenfassung

Heuristische Strategien treten bei allen sechs Kompetenzen aus den Bildungsstandards auf und stellen einen wesentlichen Teil des mathematischen Denkens dar. Kompetenzorientierter Mathematikunterricht muss also Mathematikunterricht sein, der (nicht nur) die heuristischen Strategien vermittelt – also Denken lehrt. Dabei beschreiben die heuristischen Strategien die Denkoperationen kleinteiliger und damit genauer als die Kompetenzen nach Niss (1999) oder nach den Bildungsstandards. So kann für die Lehre detaillierter geklärt werden, welche Kompetenzen vermittelt werden sollen: Nutze Symmetrie! Zerlege dein Problem! Bilde Superzeichen! Stelle die Situation geschickt dar!

Die heuristischen Strategien sind in den Lerngegenständen bzw. mathematischen Gegenständen in der Regel nicht sichtbar. Damit die Strategien in der Lehre eingesetzt werden können, müssen die Strategien in den Gegenständen vorher rekonstruiert werden: welche Strategien hat ein Mathematiker/eine Mathematikerin beim Entwickeln dieses mathematischen Konzepts vermutlich verwendet? Diese Strategien sollten in der Lehre sichtbar gemacht werden, geben sie doch oft eine Antwort auf die viel gestellte Frage von Schülerinnen und Schülern „Wie kommt man darauf?". Im Folgenden werden einige solcher Rekonstruktionen für wichtige Teile der Schulmathematik hier dargestellt.

Teil II.

Rekonstruktion von Strategien in der Schulmathematik

In diesem Abschnitt werden verschiedenen Themenfelder von der Grundschule bis hin zur Universitätsmathematik herangezogen und die bisher beschriebenen Strategien in den Inhalten rekonstruiert.

Für diese Rekonstruktionen wurden jeweils die mathematischen Inhalte selbst sowie deren Behandlung in unterschiedlichen Schulbüchern betrachtet. Dann wurden die in dem Umgang mit den Inhalten stattfindenden Prozesse untersucht. Diese Prozesse wurden dann darauf hin analysiert, inwieweit die in Abschnitt 2.2 beschriebenen heuristischen Strategien diese Prozesse sinnvoll abbilden.

5. Strategien in der Grundschule

Die in Abschnitt 2.2 beschriebenen heuristischen Strategien können in erheblichem Umfang schon in zentralen Inhalten der Grundschulmathematik rekonstruiert werden. Werden diese Inhalte unterrichtet, sollen Schülerinnen und Schüler gleichzeitig die mit den Strategien verbundenen Denkweisen erlernen und später an anderen Inhalten nutzen. Gelingt dies, so ist Mathematikunterricht bereits in der Grundschule eine Denkschulung und nicht nur die Vermittlung von Basiskalkülen. Dabei ist nicht gemeint, dass die Strategien im Unterricht explizit erklärt werden sollen – mit entsprechend abstrakten Darstellungen sind Schülerinnen und Schüler in Grundschule sicherlich weitgehend überfordert. Lehrerinnen und Lehrer sollten jedoch bewusst mit den Strategien umgehen und sie nutzen, um die unterrichteten Verfahren zu erklären oder auch um typische Probleme im Lernprozess zu identifizieren, um dann darauf angemessen zu reagieren.

Zur Identifizierung von Lernproblemen beschreiben Scherer und Moser Opitz (2010, S. 43) fünf verschiedene Fehlerkategorien die in der Diagnostik der Grundschule relevant sind:

1. „*Schnittstellenfehler* betreffen die fehlerhafte Aufnahme, Wiedergabe und Notation von Symbolen und entstehen bspw. aufgrund von auditiven oder visuellen Wahrnehmungsproblemen". Aus Sicht der heuristischen Strategien sind dies Probleme bei Repräsentationswechseln.

2. „*Verständnisfehler* bei Begriffen beziehen sich auf das fehlerhafte bzw. nicht gelungene Erkennen von Zusammenhängen und Begriffen, wenn z. B. die Vorstellung der verschiedenen Zahlaspekte fehlt oder das dezimale Stellenwertsystem, Bruch- oder Dezimalzahlen nicht verstanden sind." Beim Begriffsverständnis muss man aus Sicht der heuristischen Strategien immer untersuchen, ob das Superzeichen, das den Begriff darstellt, sinnvoll aufgefaltet werden kann. Die unterschiedlichen Vorstellungsebenen betreffen wiederum Repräsentationswechsel.

3. „*Verständnisfehler* bei Operationen". Wie bei der Beschreibung der heuristischen Strategien mehrfach begründet wurde, können mathematische Operationen in großem Umfang mit den heuristischen Strategien beschrieben werden. Wenn in diesem Bereich Verständnisprobleme auftreten, können detaillierte Beschreibungen der mathematisch korrekten Prozesse dabei helfen zu erkennen, an welcher Stelle Schülerinnen und Schüler abweichende Vorgehensweisen zeigen. Hier werden die schriftlichen Rechenverfahren entsprechend analysiert.

4. *Automatisierungsfehler*

© Der/die Autor(en), exklusiv lizenziert durch
Springer-Verlag GmbH, DE, ein Teil von Springer Nature 2021
P. Stender, *Heuristische Strategien in der Schulmathematik*,
https://doi.org/10.1007/978-3-662-64079-1_5

5. *Umsetzungsfehler* entstehen, wenn schon erarbeitete Begriffe und Operationen nicht oder fehlerhaft auf neue, komplexe Situationen übertragen werden können.

Die Bedeutung des Tiefenverständnisses der im Umgang mit den mathematischen Inhalten enthaltenen heuristischen Strategien kann für die Fehlerdiagnostik also sehr hilfreich sein.

Wie in allen Bereichen der Mathematik sind *Superzeichenbildung* und das Nutzen von *Repräsentationswechseln* omnipräsent, wie in den nächsten Abschnitten belegt wird. Daneben treten das Nutzen von *Symmetrien* und *iterative* Vorgehensweisen vielfach auf. Bei den *iterativen* Prozessen spielen *Prozesssuperzeichen* eine zentrale Rolle, die als Grundelemente der verwendeten *Algorithmen* auftreten und damit *Teilprobleme* lösen. Diese *Teillösungen* werden dann durch die *Iteration* zu einer Gesamtlösung zusammengesetzt, was eine Anwendung des *Superpositionsprinzips* darstellt.

Die folgenden Beschreibungen stellen **Beispiele** für das Auftreten von heuristischen Strategien in der Grundschulmathematik dar, keine umfassende Aufstellung. Diese Beispiele sollen deutlich machen, **dass** die heuristischen Strategien in der Grundschule auftreten, sie sollen keine komplette Analyse der Inhalte der Grundschule in dieser Hinsicht darstellen. Jede Lehrerin und jeder Lehrer sollte bei jedem Inhalt darüber nachdenken, welche heuristischen Strategien jeweils zum Tragen kommen, um diese im Unterricht lebendig werden zu lassen.

5.1. Zahlen

Die Ausbildung eines grundlegenden Zahlenverständnisses ist sicherlich eine der Grundvoraussetzungen für einen erfolgreichen Lernprozess in allen Bereichen der Mathematik. In der Grundschule wird dieses Zahlenverständnis sinnvollerweise von den Schülerinnen und Schülern in der Regel intuitiv durch vielfältige Zählprozesse entwickelt. Die Lehrperson sollte jedoch ein Verständnis dafür haben, welche tieferliegenden kognitiven Prozesse dabei ablaufen. Auf Basis dieses Wissens können einerseits geeignete Lernanreize geschaffen werden, andererseits ist, wie oben dargestellt, ein detaillierteres Verständnis nötig, wenn Lernschwierigkeiten auftreten. Die mathematischen Grundlagen der natürlichen Zahlen sind von Padberg und Büchter (2015) ausführlich in engem Bezug zum Mathematikunterricht in der Grundschule dargestellt. Diese Grundlagen werden hier verwendet und die heuristischen Strategien rekonstruiert, die bei der entsprechenden Begriffsentwicklung zum Tragen kommen.

Einige Schülerinnen und Schüler kommen bereits mit einem gut ausgebildeten Zahlenverständnis in die Schule und beherrschen sogar schon teilweise Grundrechenarten. Für diese Schülerinnen und Schüler sind die folgenden Überlegungen weniger gedacht, sie benötigen eher anspruchsvollere Lernanreize. Diejenigen Schülerinnen und Schüler, die noch in der Entwicklung des Zahlenverständnisses stehen bzw. insbesondere für diejenigen, denen diese Entwicklung schwer fällt, benötigen jedoch eine besonders feinfühlige Förderung. Diese Probleme sind bereits vielfach beschrieben worden, z. B. von Fritz et al. (2008, 2009). Hier wird nur der Bezug zum Vokabular der heuristischen Strategien hergestellt. Daraus ergeben sich Beziehungen zwischen den Denkprozessen im Matheamatikunterricht der Grundschule zum Mathematikunterricht der weiterführenden Schulen bis hin zur Universitätsmathematik

5.1.1. Kardinalzahlen

Mit Kardinalzahlen wird angegeben, wie viele Elemente in einer Menge sind. In der Grundschule wird dabei der Ausdruck „Menge" nicht explizit sondern nur implizit verwendet, wenn beispielsweise in einem Bild die Anzahl der Kinder ermittelt werden soll: in mathematischer Sprache handelt es sich um die Menge der Kinder in dem Bild. Um solche Fragen zu bearbeiten, müssen Schülerinnen und Schüler jedoch schon ein Konzept von Kardinalzahlen entwickelt haben. Woraus besteht dieses Konzept oder genauer: wie kann man sinnvoll und korrekt beschreiben, was eine Kardinalzahl **ist**?

Hat man bereits ein Kardinalzahlkonzept entwickelt, so sind die folgenden Aussagen sofort einsichtig:

- Wenn man zwei Mengen mit jeweils sieben Elementen betrachtet (z. B. sieben verschiedene Häuser in der einen Menge und sieben verschiedene Bälle in der anderen Menge), dann ist eine wesentliche Gemeinsamkeit dieser beiden Mengen die Eigenschaft, dass sie sieben Elemente haben.

- Wenn man alle Mengen mit sieben Elementen betrachtet, so ist die einzige Gemeinsamkeit, die diese Mengen miteinander haben, die Eigenschaft, dass gerade sieben Elemente enthalten sind.

- Diese Eigenschaft, die alle siebenelementigen Mengen gemeinsam haben, ist die **konstituierende Eigenschaft der Kardinalzahl sieben**. Dies gilt in zweierlei Hinsicht: alle siebenelementigen Mengen haben diese Eigenschaft und alle anderen Mengen haben sie nicht.

- Vergleichbare Sätze kann man mit allen natürlichen Zahlen bilden.

Nun kann man diese Sätze aber erst formulieren, wenn man bereits die Elemente einer Menge zählen kann und damit das Kardinalzahlkonzept bereits entwickelt hat. Damit gilt für dieses Vorgehen: *Wenn man verstehen will, was eine Kardinalzahl ist, muss man bereits verstanden haben, was eine Kardinalzahl ist.* Das ist offensichtlich zirkulär und kann daher weder für eine sinnvolle mathematisch Definition akzeptabel sein noch für die Organisation eines Lernprozesses.

Alternatives Vorgehen: bevor das Konzept „wie viele" entwickelt werden kann, muss das Konzept „gleich viele" entwickelt werden, um zu verstehen, dass alle Mengen mit gleich vielen Elementen etwas gemeinsam haben. Ob zwei Mengen gleich viele Elemente enthalten, kann entschieden werden, ohne zu zählen: man bildet Paare, indem man jeweils ein Element der einen Menge mit einem Element

der anderen Menge verbindet[1] (Abbildungen 5.1 und 5.2). Findet man zu jedem
Element in der einen Menge einen Partner in der anderen Menge, so sind diese
Mengen gleich groß[2].

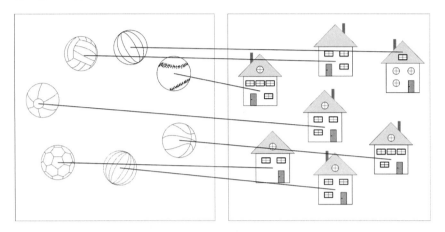

Abbildung 5.1.: Gleich viele Bälle wie Häuser

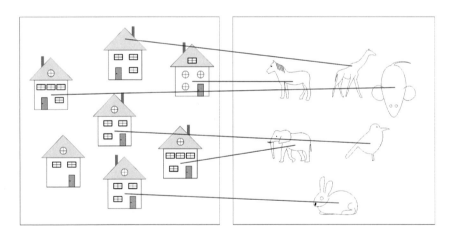

Abbildung 5.2.: Mehr Häuser als Tiere

Sobald das Konzept „gleich viele" vorhanden ist, kann das *Gemeinsame* aller
Mengen mit gleich vielen Objekten als Kardinalzahl aufgefasst werden. Man muss

---

[1]Dieser Prozess kann von Kindern in der Vorschule oder Grundschule enaktiv realisiert werden:
wenn die Mengen Gegenstände umfassen, können die Paare durch legen realisiert werden; wenn die
Mengen durch gezeichnet Objekte dargestellt sind, können Verbindungslinien gezeichnet werden.
(Material zum Download: https://www.peterstender.de/Ordinalzahlen.pdf)

[2]In der Universitätsmathematik entspricht dieses vorgehen der Aussage, dass es zwischen den
Mengen eine bijektive Abbildung gibt. Zwei Mengen sind gleich mächtig, wenn eine bijektive
Abbildung zwischen diesen beiden Mengen existiert. Abschnitt 3.1.8.

also noch alle „gleich großen" Mengen zu einem neuen gedanklichen Objekt zusammenfassen. In der Universitätsmathematik wird dieser Prozess als Bildung von
Äquivalenzklassen mit Hilfe der Äquivalenzrelation „gleich mächtig" bezeichnet[3].
Nun kann man diesen Mengen von gleich mächtigen Mengen noch einen Namen
geben, also beispielsweise das Wort „sieben" oder das Zahlzeichen „7".

Diese Darstellung zeigt, wie komplex die gedankliche Entwicklung eines Zahlbe-
griffs ist. Wie bereits betont durchlaufen viele Kinder diese Begriffsbildung bereits
in der Vorschulzeit intuitiv und man sollte keinesfalls versuchen, in diese unbewuss-
te Äquivalenzklassenbildung durch explizite Erklärungen einzugreifen. Dies wäre
ebenso kontraproduktiv wie die Idee, jemandem beim Erlernen des Radfahrens zu
erklären, wie man das Gleichgewicht hält. Bei den Kindern, bei denen dieser unbe-
wusste Zahlenbildungsprozess nicht so erfolgreich abläuft, ist es für die Lehrperson
zur Diagnostik und zur Entwicklung geeigneter Lernimpulse jedoch wichtig, diesen
Zahlenbildungsprozess in allen Details zu kennen.

In der dargestellten Begriffsentwicklung können drei heuristische Strategien rekonstruiert werden:

Bereits die ersten Denkschritte in der Begriffsbildung operieren mit Mengen: nur
wenn mehrere Gegenstände gedanklich zu einem neuen Objekt zusammengefasst
werden, macht die Frage Sinn, wie viele Gegenstände dazu gehören: hier muss also
bereits *Superzeichen* (das neue Objekt) gebildet werden, um überhaupt die Fragen
„wie viele" oder „sind es gleich viele" stellen zu können. Dies ist unabhängig davon,
dass der Begriff „Menge" dabei nicht explizit auftritt.

Der eigentliche Schritt der Bildung der Kardinalzahlen ist dann die Äquivalenzklassenbildung und im Anschluss die Repräsentation der Äquivalenzklasse durch
ein Zahlwort oder Zahlzeichen. Hier findet also eine erneute *Superzeichenbildung*
(Bündelung) und ein *Repräsentationswechsel* statt. Wie auf Seite 24 begründet,
ist das Auftreten dieser beiden heuristischen Strategien ein Hinweis darauf, dass
möglicherweise besondere Schwierigkeiten im Lernprozess zu erwarten sind. Die
Äquivalenzklassen selbst werden gebildet, indem ausgenutzt wird, dass unterschiedliche Mengen in Hinblick auf eine Eigenschaft gleich behandelt werden können: sie
haben gleich viele Elemente. Pólya (2010) erläutert Symmetrie mit dieser Sichtweise:
„Wenn eine Aufgabe in irgendeiner Hinsicht symmetrisch ist, können wir aus der
Beachtung der untereinander vertauschbaren Teile Nutzen ziehen, und oft wird
es sich lohnen, diese Teile, die dieselbe Rolle spielen, in derselben Weise zu behandeln." Die Gleichbehandlung unterschiedlicher Elemente einer Äquivalenzklasse
ist demnach eine Anwendung von *Symmetrie* im Sinne Pólyas, die Bildung der
Äquivalenzklassen beruht auf einer *Symmetrieeigenschaft* (gleich mächtig). Wenn

---

[3]In der Universität wird an dieser Stelle bewiesen, dass die Relation „zwei Mengen sind gleich
groß" bzw. in der Fachsprache „gleich mächtig" eine Äquivalenzrelation ist. Die drei Eigenschaften
der Äquivalenzrelation stellen dann gerade sicher, dass man Äquivalenzklassen bilden kann, also
gleich große Mengen sinnvoll zusammenfassen kann: „reflexiv" heißt, jede Menge ist zu sich selbst
gleich groß; „symmetrisch" heißt, ist die erste Menge gleich groß wie die zweite, dann ist auch die
zweite gleich groß wie die erste; „transitiv" heißt, wenn die erste Menge gleich groß wie die zweite
ist und die zweite Menge ist gleich groß wie die dritte, dann ist die erste Menge auch gleich groß
wie die dritte.

Kinder den Kardinalzahlbegriff entwickeln sollen, müssen sie also diese *Symmetrie* erkennen und einen Sinn darin erkennen, „gleich große" Mengen (in der Sprache der Kinder vermutlich eher „gleich große Gruppen") in gewisser Hinsicht gleich zu behandeln.

Soll die Begriffsbildung von Kardinalzahlen explizit angeregt werden, sei es in der Grundschule, wenn Probleme bei der bisherigen Begriffsbildung diagnostiziert wurden, oder in der frühkindlichen Förderung im Vorschulbereich, muss also die Nutzung dieser drei heuristischen Strategien angeregt werden: die *Symmetrie* „gleich viele" nutzen, um gleich mächtige Mengen zusammen zu bringen (*Superzeichenbildung*) und den *Repräsentationswechsel* von den Mengen zu den Zahlzeichen oder Zahlworten. Dazu können beispielsweise Karten mit Inhalten wie in Abbildung 5.1 und 5.2 verwendet werden und durch Verbindungslinien verglichen werden, wie viele Gegenstände abgebildet sind. Entsprechend können Paare auch mit realen Gegenständen gelegt werden oder reale Gegenstände Bildern zugeordnet werden. Bei Gegenständen muss dabei klar sein, aus welchen Gegenständen jeweils die Menge besteht, z. B. über eine einheitliche Farbe[4].

5.1.2. Ordinalzahlen

Ordinalzahlen stellen den zweiten zentralen Aspekt der natürlichen Zahlen dar. Mit Ordinalzahlen werden eindeutige Reihenfolgen oder Anordnungen von Objekten beschrieben oder die Position eines einzelnen Objekts in einer Folge von Objekten.

In der Mathematik werden die Ordinalzahlen mit Hilfe der Peano-Axiome konstruiert, die hier in einer vereinfachten normalsprachlichen Formulierung dargestellt werden:

1. Man beginnt mit einer kleinsten natürlichen Zahl, der Startzahl. In der Grundschule ist dies in der Regel die Zahl Eins, alternativ kann man auch mit der Null beginnen.

2. Zu jeder natürlichen Zahl gibt es genau einen Nachfolger

3. Bildet man beginnend bei der Startzahl immer wieder den Nachfolger, so erhält man alle natürlichen Zahlen

Abbildung 5.3.: Ordinalzahlen als Striche

Wenn die Addition auf den natürlichen Zahlen schon bekannt ist, so entspricht das Bilden des Nachfolgers der Rechnung „plus eins". Dies kann für eine Beschreibung der Ordinalzahlen zunächst jedoch nicht verwendet werden, da man die Addition von

---

[4]Unter https://www.peterstender.de/Ordinalzahlen.pdf stehen entsprechende Karten steht zum Download bereit.

Abbildung 5.4.: Ordinalzahlen mit Zahlwörtern

Ordinalzahlen erst klären kann, *nachdem* man die Ordinalzahlen selbst konstituiert hat. Beschreibt man Ordinalzahlen nicht mit Zahlworten oder Zahlzeichen, sondern einfach durch eine Strichliste, so wird die Startzahl „Eins" durch einen einzelnen Strich repräsentiert und das Erzeugen des Nachfolgers ist das Hinzufügen eines Striches[5], wie in Abbildung 5.3 dargestellt.

An den Abbildungen 5.3 und 5.4 ist gut zu erkennen, dass die Bildung der Ordinalzahlen ein *iterativer* Prozess ist[6], der nicht endet. Der so beschriebene Prozess ist dabei identisch zum Konzept der vollständigen Induktion, wie er in der Universität gelehrt wird. Auch bei den Ordinalzahlen ist der *Repräsentationswechsel* von den Objekten, in deren Abfolge eine Rangposition bestimmt wird und den Zahlworten bzw. Zahlzeichen zentral.

Die Beziehung zwischen Ordinalzahlen und Kardinalzahlen kann dabei beispielsweise über Abbildung 5.3 gelingen, denn jede der Strichlisten kann als eine Menge von Strichen aufgefasst werden, die wiederum ein Repräsentant in der zur entsprechenden Kardinalzahl gehörenden Äquivalenzklasse ist.

5.1.3. Dezimalzahlen

Zahlen werden heutzutage überwiegend[7] in zwei Formen dargestellt, als Dezimalzahlen oder als Bruchzahlen, wobei Bruchzahlen in der Grundschule nur eine geringe Rolle spielen. Dezimalzahlen sind eine sehr stark strukturierte Weise der Darstellung von Zahlen, die sich durch ihre Überlegenheit gegenüber anderen Darstellungen[8] im Laufe der Geschichte durchgesetzt hat. Bei der Strukturierung der natürlichen Zahlen mit dem Dezimalzahlsystem kommen wieder mehrere heuristische Strategien zum Tragen, die Schülerinnen und Schüler (implizit) nutzen müssen, wenn sie selbst das Denken mit Dezimalzahlen entwickeln und erwerben.

Zentral bei den ersten Schritten zum Dezimalsystem als Stellenwertsystem ist die Bündelung von zehn Einern zu Zehnerbündeln und als unverzichtbaren Zwischenschritt zu Fünferbündeln („Kraft der Fünf", Krauthausen, 2018, S. 65). Dieser

---

[5]Mit Hilfe von Mengen kann dieser Prozess ebenfalls dargestellt werden, dies wird jedoch schnell unübersichtlich, da man sehr viele Mengenklammern hinschreibt. Die Startzahl „Null" ist die leere Menge $\emptyset$, der Nachfolger wird gebildet, indem man die Menge aller Vorgänger hinschreibt: die „Eins" ist die Menge, die genau die leere Menge enthält (also ein Element) $\{\emptyset\}$, die „Zwei" enthält zwei Elemente $\{\emptyset, \{\emptyset\}\}$ usw.. Mit dieser Konstruktion wird sehr elegant die Beziehung zu den Kardinalzahlen hergestellt: jede Zahl entspricht einer Menge, die gleichzeitig auch ein Repräsentant der Äquivalenzklasse ist, die die entsprechende Kardinalzahl darstellt.

[6]Bei Fritz et al. (2009, S. 20) wird dieser Aspekt mit dem relationalen Zahlbegriff erfasst.

[7]In Computern kommt noch die Darstellung im Binärsystem und Hexadezimalsystem zur Anwendung.

[8]Das System römischer Zahlzeichen ist nur ein Beispiel, das durch die Dezimalzahlen verdrängt wurde.

Aspekt ist in der Grundschuldidaktik umfangreich behandelt (z. B. Padberg und Büchter, 2015). Aus Sicht der heuristischen Strategien sind diese Bündelungen *Superzeichenbildungen*, für die wieder der Hinweis gilt, dass diese für Schülerinnen und Schüler häufig schwierig sind[9].

Die weiteren Stellenwerte (Hunderter, Tausender) sind dann wiederum Bündel bzw. *Superzeichen*: Hundert können als Bündel / *Superzeichen* von hundert Einern oder zehn Zehnern betrachtet werden. Im zweiten Fall handelt es sich um Bündel von Bündeln bzw. Superzeichen von Superzeichen mit entsprechender Komplexität. Das gleiche gilt für die weiteren Stellenwerte *analog*.

Eine weitere auftretende heuristische Strategie ist der Wechsel zwischen den verschiedenen *Repräsentationen*, mit denen Dezimalzahlen dargestellt werden:

- Zahlworte: Eins, Zwei, Drei, ... , Neun, Zehn, Elf, Zwölf, Dreizehn, ... , Zwanzig, Einundzwanzig, ...

- Zahlzeichen: 1, 2, 3, ... , 9, 10, 11, 12, 13, ... , 20 , 21, ...

- Im Lernprozess: Ziffern zusammen mit Stellenwerten

  $21 = 2$ Zehner und 1 Einer $= 2Z1E$ (Padberg & Büchter, 2015, S. 32)

- Material: oft Plättchen in unterschiedlichen systematischen Anordnungen:

  - in Reihen ohne Längenbegrenzung – als Vorbereitung für den Zahlenstrahl,

  - in Reihen der (maximalen) Länge zehn – die Struktur des Dezimalsystems,

  - in Rechtecken – als Vorbereitung für die Visualisierung der Multiplikation.

  Das Material liegt dabei teilweise in unterschiedlichen Farben vor[10], was eine bessere Visualisierung der Fünferbündel in den Zehnerbündeln erlaubt.

- Zahlenstrahl, gegebenenfalls auch mit farblicher Markierung der Fünferbündel.

Schülerinnen und Schüler müssen beim Erlernen der Dezimalzahlen alle diese *Repräsentationsformen* kennen lernen, lernen mit ihnen zu operieren und sachgerecht zwischen ihnen zu *wechseln*. Dabei muss den Kindern bewusst sein, dass Anzahlen durch *Repräsentationswechsel* sich nicht ändern, die *Invarianz* der Kardinalität muss als Voraussetzung dieser Lernprozesse verinnerlicht sein – wenn sich durch Umordnen von Objekten deren Anzahl verändern würde, wären solche *Repräsentationswechseln* beim Umgang mit Zahlen nicht erlaubt[11].

---

[9]Der Autor hat in einer Förderstunde eine Schülerin aus Jahrgang 7 beobachtet, die die Rechnung $23 + 10$ zählend mit den Fingern realisierte. Hier ist offensichtlich das Dezimalzahlensystem nicht verstanden gewesen. Die Auswirkungen auf sämtliche weiteren Lernschritte im Umgang mit Zahlen sind dann verheerend.

[10]Die runden Kunststoffplättchen sind eine kostengünstige Möglichkeit, gleichartige Gegenstände in unterschiedlicher Anzahl zu gruppieren. Für das haptische Operieren sind gerade für kleine Kinder vermutlich greifbare quadratische Gegenstände (also Würfel mit unterschiedlich gefärbten Seitenflächen) besser geeignet. Einen Mittelweg geht das Lehrwerk „Eins, Zwei, Drei", in dem quadratische Plättchen verwendet werden.

[11]Diesen Aspekt thematisiert bereits Piaget (1983) mit Beschreibung der Entwicklung der Objektkonstanz bzw. der Mengenerhaltung bei Kindern.

Die *Repräsentation* von Zahlen in Reihen der maximalen Länge Zehn stellt dabei den für die Verwendung von Dezimalzahlen zentralen Bündelungsprozess (*Superzeichenbildung*) dar. Diese *Repräsentation* muss sicher beherrscht werden, bevor auf Zahlen operiert wird, also vor der Einführung und dem Üben von Grundrechenarten, da diese *Repräsentation* die Grundlage für das Verständis der Dezimalzahlen ist. Der Zwischenschritt der Fünferbündelung („Kraft der Fünf", Krauthausen, 2018, S. 65) ist notwendig, weil wir in unserem Arbeitsgedächtnis nur fünf bis maximal neun Objekte gleichzeitig denken können (Miller, 1956). Wenn Kinder an der unteren Grenze dieses Bereichs operieren, es also schon eine hohe Anforderung ist, fünf Objekte im Arbeitsgedächtnis zu halten, werden die Schwierigkeiten beim Umgang mit Dezimalzahlen vermutlich besonders groß sein. Eine entsprechende Diagnostik ist hier bei Lernproblemen angeraten.

Bei der *Repräsentation* von Zahlen auf dem Zahlenstrahl wird dieser äquidistant unterteilt. Die Abschnitte der Unterteilung Stellen außer bei Einerschritten wiederum eine *Repräsentation* mit *Superzeichen* dar, die *symmetrisch* auf den gezeichneten Zahlenstrahl fortgesetzt werden. Aus geometrischer Sicht ist dies eine Translationssymmetrie, wie sie bei vielen Musterbildungsprozessen (z. B. bei Ornamenten) auftritt. Bei der Verwendung eines Zahlenstrichs müssen diese Operation alle von den Schülerinnen und Schülern selbständig realisiert werden[12].

Die große Fülle verschiedener Repräsentationen stellt für viele Schülerinnen und Schüler eine enorme Herausforderung dar. Die Verwendung möglichst einheitlichen Materials für die unterschiedlichen Darstellungen ist dabei für Kinder mit Lernschwierigkeiten sinnvoll, weil sonst weitere Repräsentationswechsel von einem Material zum anderen hinzu kommen („representational overkill" vgl. Seeger, 1998)[13]. Dabei sollte im Sinne von Bruner (1967) eine enaktive Auseinandersetzung zu Beginn des Lernprozesses die Grundlage bilden. Das händische An- und Umordnen von Gegenständen muss also eine große Rolle in der Frühphase des Zahlenerwerbs einnehmen. Wie gut dies gelingt, hängt dabei auch vom Material ab: lässt sich das Material gut von den Kindern manipulieren und leicht in stabile Anordnungen bringen, so gelingen die enaktiven Prozesse sicherlich besser als bei schlechter zu greifendem Material, das in der Zielanordnung gegebenenfalls leicht verrutscht. Daher wird hier Verwendung von Würfeln (Kantenlänge 1 cm) empfohlen: Würfel lassen sich besser greifen als flache Objekte und Bündel von wenigen Würfeln lassen sich leicht als Einheit (Superzeichen) manipulieren. Arbeitet man auf einer Unterlage mit entsprechendem Raster und Anlegekanten, wird das Anordnen der Würfel zusätzlich erleichtert und die angestrebte Strukturierung durch das Material wird nahegelegt (Abbildungen 5.6 bis 5.9). Würfel, bei denen die verschiedenen Seiten unterschiedlich gefärbt sind, bieten weitere Darstellungs- und Anwendungsmöglichkeiten (Abschnitt 9.3). Darüber hinaus kann mit Würfeln

---

[12]Der Umgang mit dem Zahlenstrich stellt daher vermutlich eine sehr hohe Anforderung in der Grundschule dar.

[13]Für leistungsstarke Schülerinnen und Schüler ist anzustreben, dass diese ein möglichst reichhaltiges Repertoire an Repräsentationen erwerben. Für diese Kinder gilt es also, möglichst viele verschiedene Repräsentationsmöglichkeiten zu erwerben.

die zentrale *Repräsentationsform* der Multiplikation mit Rechteckflächen sehr gut vorbereitet werden.

Das Stellenwertsystem der Dezimalzahlen selbst enthält noch einen *Iterationsprozess*: Jeder Stellenwert beträgt das Zehnfache des vorangegangenen Stellenwertes. Die Tatsache, dass für ein Zahlensystem hier die Zahl „Zehn" verwendet wird, ist nicht selbstverständlich und kulturell und historisch geprägt. Sicherlich ist dabei die Tatsache, dass wir zehn Finger haben, mit konstitutiv. Die vier Finger jeder Hand bestehen aber insgesamt aus zwölf Knochen, was auch eine mögliche gut handhabbare Zahlenbasis ergeben würde. Dann würde jeweils statt des Faktors „Zehn" Faktor „zwölf" stehen und die Ausdrücke „Dutzend" und „Gros" würden universell verwendet. Für das in Computern verwendete Dualzahlensystem/Binärsystem wird statt „Zehn" die Zahl „Zwei" verwendet. Die Verwendung der Zahlenbasis ist also keineswegs selbstverständlich und muss von den Schülerinnen und Schülern in einem Enkulturationsprozess erworben werden.

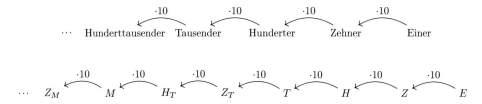

Abbildung 5.5.: Iteration des Stellenwertsystems

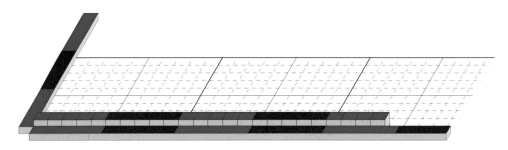

Abbildung 5.6.: Repräsentation der Zahl 24 im Zahlenstrahlformat

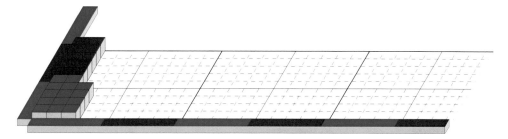

Abbildung 5.7.: Repräsentation der Zahl 24 im Dezimalzahlenformat

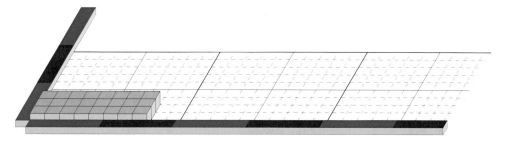

Abbildung 5.8.: Repräsentation der Zahl $24 = 8 \cdot 3$ im Multiplikationsformat

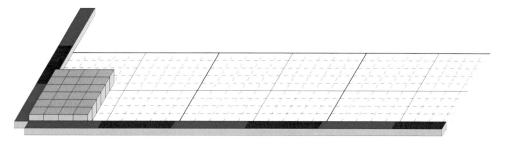

Abbildung 5.9.: Repräsentation der Zahl $24 = 4 \cdot 6$ im Multiplikationsformat

5.2. Schriftliche Rechenverfahren

5.2.1. Schriftliche Addition

Liegt eine Additionsaufgabe noch nicht in der Anordnung vor, die für die schriftliche Addition benötigt wird, muss zunächst das Material durch einen *Repräsentationswechsel* so organisiert werden, dass die Zahlen untereinander stehen, wobei jeweils die gleichen Stellenwerte in Spalten angeordnet sind[14] (Abbildung 5.10, Aufgabe).

---

[14]Die Verwendung dieses Zahlenbeispiels soll nicht bedeuten, dass dies als typisch für die Grundschule angesehen wird. Wichtige Aspekte werden jedoch nur deutlich, wenn die Leserin oder der Leser die Operationen bewusst durchführt. Dies geschieht bei einfacheren Beispielen oft nicht. Dasselbe gilt auch für die Beispiele der anderen schriftlichen Rechenverfahren.

2 1 4 1	* * * *	* * * *	* * * *	* * * 1	* * *
+ 7 3 3 7	+ * * * *	+ * * * *	+ * * * 7	+ * * *	+ * * *
+ 9 1 9 4	+ * * * *	+ * * * 4	+ * * *	+ * * *	+ * * * 17
+ 8 5 2 3	+ * * * 3	+ * * *	+ * * * 9	+ * * * ^{16}	+ * * *
+ 9 4 5 2	+ * * * 2	+ * * * $_5$	+ * * *	+ * * *	+ * * * $_1$

$$7$$

| Aufgabe | 1. Schritt | 2. Schritt | 3. Schritt | 4. Schritt | 5./6. Schritt |

Abbildung 5.10.: Schriftliche Addition

Jetzt müssen alle Zahlen ausgeblendet werden, außer den ersten beiden unten rechts. Dies wird hier dadurch dargestellt, dass die Zahlen durch Sterne ersetzt werden. Aus der schriftlich vorliegenden *Repräsentation* muss also mental in eine *Repräsentation gewechselt* werden, die der Darstellung des 1. Schritts in Abbildung 5.10 entspricht. Diese beiden Zahlen werden addiert $2 + 3 = 5$. Die Ziffern 2 und 3 werden jetzt nicht mehr als einzelne betrachtet sondern nur noch die Summe. Dies stellt eine *Superzeichenbildung* dar. Das *Superzeichen* 5 wird im zweiten Schritt zur 4 addiert $4 + 5 = 9$ und die Summe der ersten drei Zahlen wird durch das *Superzeichen* 9 ersetzt. Die beiden Schritte „Addiere zwei Zahlen, ersetze alle bisher schon verwendeten Zahlen durch das Ergebnis (*Superzeichenbildung*)" bilden hier also ein *Prozesssuperzeichen*, das solange *iteriert* wird, bis alle Ziffern einer Spalte abgearbeitet wurden. Dann wird als letzter Schritt das Ergebnis hingeschrieben (blau), wobei die vordere(n) Ziffern als Übertrag notiert werden, es muss also die *Repräsentation* von der mental gespeicherten Zahl 17 in die korrekte Darstellung „Ergebnis 7" und „Übertrag 1" *gewechselt* werden.

Nun wird dieselbe Abfolge von Arbeitsschritten für die zweite Spalte durchgeführt, wobei jetzt durch den Rest aus der ersten Spalte ein Schritt mehr durchgeführt wird. Die Addition der Ziffern einer Spalte mit dem Hinschreiben des Ergebnisses bilden also ein zweites *Prozesssuperzeichen*, das von rechts nach links über alle Spalten *iteriert* wird. Die Gesamtlösung ensteht dabei aus einer *Superposition* der Lösung der einzelnen Iterationsschritte.

Das ganze *Iterative* Verfahren ist ein *Algorithmus* im Sinne Engels (Engel, 1977). Hat man verstanden, wie man eine Additionsaufgabe löst, werden alle weiteren Aufgaben dieses Typs *analog* gelöst. Dies gilt analog für alle Algorithmen. Dabei wird ein komplexeres Problem (Addition von mehreren vielstelligen Zahlen) auf bekanntes Wissen (Addition kleiner Zahlen) zurückgeführt.

Insgesamt werden also zwei *Iterationen* durchgeführt, die erste entlang jeder Spalte von unten nach oben über alle Zeilen, die zweite von rechts nach links über alle Spalten. Jede *Iteration* enthält dabei mehrere Arbeitsschritte in Form von *Prozesssuperzeichen*, wobei in jedem Rechenschritt noch jedes Zwischenergebnis wiederum ein *Superzeichen* darstellt. Durch die Darstellung dieses gesamten Prozesses mit all in diesen Einzelschritten soll deutliche werden, welche Komplexität hier bereits vorliegt. Machen Schülerinnen oder Schüler hier regelmäßig Fehler, muss in der Diagnose geklärt werden, welcher der einzelnen Schritte nicht korrekt realisiert werden, um dann durch geeignete Erklärungen zu helfen. Rechenfehler müssen dabei von Verfahrensfehlern unbedingt unterschieden werden.

5.2.2. Schriftliche Subtraktion

$$
\begin{array}{r}
7\ 9\ 6\ 6\ 8 \\
-\quad 2\ 1\ 4\ 1 \\
-\quad 7\ 3\ 3\ 7 \\
-\quad 9\ 1\ 9\ 4 \\
-\quad 8\ 5\ 2\ 3 \\
-\quad 9\ 4\ 5\ 2 \\
\hline
\end{array}
$$

Abbildung 5.11.: Schriftliche Subtraktion

Für die Aufgabe aus Abbildung 5.11 wird im ersten Schritt immer der folgende *Repräsentationswechsel* vorgenommen:

$$
\begin{aligned}
79668 \quad &- \quad 2141 - 7337 - 9194 - 8523 - 9462 \\
= 79668 \quad &- \quad (2141 + 7337 + 9194 + 8523 + 9462)
\end{aligned}
$$

Die Subtraktion von mehreren Zahlen ist also immer eine *Superposition* einer einzelnen Subtraktion und dem Verfahren der schriftlichen Addition. Für Schülerinnen und Schüler, die Schwierigkeiten mit der schriftlichen Subtraktion haben, könnte man zur Vereinfachung die Rechnung also in *zwei Teilschritte zerlegen*: Es werden

$$
\begin{array}{rrr}
7\ 9\ 6\ 6\ 8 & & \\
-\quad 2\ 1\ 4\ 1 & \ \ 2\ 1\ 4\ 1 & \\
-\quad 7\ 3\ 3\ 7 & +\ 7\ 3\ 3\ 7 & \\
-\quad 9\ 1\ 9\ 4 & +\ 9\ 1\ 9\ 4 & \\
-\quad 8\ 5\ 2\ 3 & +\ 8\ 5\ 2\ 3 & 7\ 9\ 6\ 6\ 8 \\
-\quad 9\ 4\ 5\ 2 & +\ 9\ 4\ 5\ 2 & -\ 3\ 6\ 6\ 4\ 7 \\
\hline
 & 3\ 6\ 6\ 4\ 7 & 4\ 3\ 0\ 2\ 1 \\[4pt]
 & \text{Addition} & \text{Subtraktion}
\end{array}
$$

Abbildung 5.12.: Schriftliche Subtraktion zerlegt in zwei Teilschritte

bei der schriftlichen Subtraktion also sämtliche heuristischen Strategien genutzt wie bei der Addition, zusätzliche jedoch die *Superposition* mit einem Schritt der Subtraktion. Führt man die Rechnung durch, muss also in jeder *Iteration* von unten nach oben im letzten Schritt *das Verfahren gewechselt* werden (*anderes Teilproblem*): zunächst wird addiert, im letzten Schritt wird subtrahiert.

In Abbildung 5.12 sind dabei die Ziffern des Subtrahenden nie größer als die des Minuenden, es entsteht also das Problem des Übertrags nicht.

Ist eine Stelle des Subtrahenden größer als der gleiche Stellenwert des Minuenden, muss ein geeigneter *Repräsentationswechsel* vorgenommen werden: die einzelne Ziffer des MInuenden wird um 10 erhöht. Dafür wird entweder ein zusätzlicher Subtrahend 1 im nächsten Stellenwert hinzugefügt oder im Minuenden wird der nächste Stellenwert um eins erniedrigt:

$$
\begin{array}{ccccc}
7 & 9 & 6 & 6 & 6 \\
- 3 & 6 & 6 & 4 & 7 \\
\hline
4 & 3 & 0 & 1 & 9
\end{array}
\qquad
\begin{array}{ccccc}
7 & 9 & 6 & 6 & 16 \\
- 3 & 6 & 6 & 4_1 & 7 \\
\hline
4 & 3 & 0 & 1 & 9
\end{array}
\qquad
\begin{array}{ccccc}
7 & 9 & 6 & 5 & 16 \\
- 3 & 6 & 6 & 4 & 7 \\
\hline
4 & 3 & 0 & 1 & 9
\end{array}
$$

Zusätzlicher   Reduzierter
Subtrahend   Minuend

Abbildung 5.13.: Schriftliche Subtraktion mit Übertrag

Auch wenn es sich um schriftliche Rechenverfahren handelt, müssen diese *Repräsentationswechsel* teilweise im Kopf realisiert werden.

Die schriftliche Subtraktion umfasst also noch mehr Handlungskonzepte, als die schriftliche Addition, wobei hier in jeder Spalte noch eine *Fallunterscheidung* realisiert werden muss, je nachdem ob ein Übertrag erforderlich ist oder nicht. Ist die Addition als Teilaufgabe nicht abgetrennt, können auch größere Überträge notwendig werden. Dies geschieht, wenn man die Aufgabe aus Aubbildung 5.11 direkt rechnet.

5.2.3. Schriftliche Multiplikation

Die schriftliche Multiplikation ist deutlich komplexer als die schriftliche Addition oder Subtraktion. Die schriftliche Multiplikation kann zunächst in zwei *Prozesssuperzeichen* zerlegt werden, die beide wiederum aus mehreren Teilschritten bestehen:

1. Multiplikationsteil

2. Additionsteil

Die genaue Form der *Repräsentation* der Rechnung erhält dabei eine zentrale Bedeutung: je übersichtlicher die Darstellung gewählt wird, desto weniger anfällig ist sie für Fehler beim Aufschreiben der Rechnung. Dabei tritt das Problem auf, dass eine für den Additionsteil optimierte Darstellung den Multiplikationsteil komplexer macht und ebenso eine *Repräsentation*, die den Multiplikationsteil sehr übersichtlich darstellt, Nachteile im Additionsteil mit sich bringt. Die Stärken und Schwächen der unterschiedlichen Repräsentationen müssen Lehrpersonen vertraut sein, damit das jeweilige Verfahren begründet ausgewählt werden kann.

Stellenwertstreifen

Die Darstellung mit Stellenwertstreifen findet sich beispielsweise bei Padberg und Büchter (2015) oder Wittmann und Müller (2008). In dieser *Repräsentation* ist der Multiplikationsteil besonders einfach in einer Tabelle dargestellt. Diese Tabelle deckt den Multiplikationanteil der Rechnung vollständig ab, wobei alle einzelnen Multiplikationen voneinander getrennt realisiert werden können. Die Verwendung der Tabellenform ist also eine sehr gelungene Anwendung der Strategie „*Zerlege dein Problem in Teilprobleme*". Zunächst eine Darstellung, die sehr eng an Padberg und Büchter (2015, S. 64) angelehnt ist.

Zur Illustration der Rechnung wird die folgende Aufgabe verwendet[15]:

$$9.753 \cdot 8.624$$

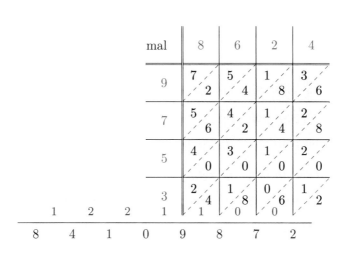

Abbildung 5.14.: Schriftliche Multiplikation nach Padberg und Büchter (2015).

Die Einerziffer des Ergebnisses der Addition ist jeweils in violett auf den Diagonalstreifen geschrieben, der entstehende Übertrag schräg darüber auf dem nächsten Diagonalstreifen in blau.

Das Ergebnis der Rechnung lautet damit

$$9.753 \cdot 8.624 = 84.109.872$$

In dieser Darstellung wird an zwei Stellen anders notiert als bei Padberg und Büchter (2015): Der Faktor 9753 steht bei Padberg an der rechten Seite der Tabelle statt, wie hier, links. Der so freigewordenen Platz wird genutzt, um die Ziffern des Ergebnisses 8410 von oben nach unten dort zu notieren. Dies hat den Vorteil,

---

[15]Für das folgende Zahlenbeispiel gilt wieder, dass dies nicht typisch für die Rechenaufgaben der Grundschule sein soll, sondern die Komplexität des Verfahrens umfänglich auch für im schriftlichen Rechnen erfahrenere Personen darstellen soll.

dass die Ergebnisse jeweils direkt anschließend an die Stellenwertstreifen notiert werden können und der Stellenwertstreifen nicht wie in Abbildung 5.14 durch den Faktor unterbrochen ist. Der Nachteil ist jedoch, dass die Standardschreibweise von Tabellen nicht genutzt wird: die Eingänge in eine Tabelle stehen normalerweise oben und links, da dies die beiden Richtungen sind in die wir lesen: von links nach rechts und dann Zeilenweise von oben nach unten. Da Tabellen nicht nur im Mathematikunterricht eine zentrale Repräsentation für das übersichtliche Anordnen von Sachverhalten sind (*Material organisiseren*), wird hier die Standardnotation verwendet. Ein Vorteil der hier verwendeten Notation ist, dass die Ziffern des Ergebnisses nebeneinander stehen und nicht teils senkrecht, teils waagerecht gelesen werden müssen.

Die Begründung für die Addition entlang der Diagonalen liefert eine analoge Tabelle, die mit den Stellenwerten gefüllt ist:

mal	T	H	Z	E
T	Z_M / M	M / H_T	H_T / Z_T	Z_T / T
H	M / H_T	H_T / Z_T	Z_T / T	T / H
Z	H_T / Z_T	Z_T / T	T / H	H / Z
E	Z_T / T	T / H	H / Z	Z / E

Abbildung 5.15.: Stellenwerte in der Tabelle

In einer alternativen Darstellung wird auf die Trennung der Tabellenfelder durch die Diagonalen verzichtet:

Die Trennung der quadratischen Tabellenfelder durch die gestrichelten Diagonalen hat den Vorteil, dass in der nachfolgenden Addition nur einziffrige Zahlen addiert werden müssen und somit der Algorithmus der schriftlichen Addition unverändert als Prozesssuperzeichen verwendet werden kann. Dabei weicht dann nur die diagonale Anordnung der Ziffern gleichen Stellenwertes vom Standardkalkül ab. Verzichtet man auf die Diagonalen wird die Darstellung jedoch deutlich übersichtlicher.

Bei der Repräsentation ohne Diagonalen treten in den Tabellenzellen noch besser sichtbar die Ergebnisse des kleinen 1-mal-1 auf, das *Zurückführen von Neuem auf Bekanntes* wird hier besser realisiert. Ebenso wie bei der Darstellung mit Diagonalen sind die einzelnen Multiplikationen vollständig unabhängig voneinander realisierbar, es muss jedoch beim Hinschreiben der Ergebnisse nicht auf die Stellwerte geachtet werden, was bei auftretenden Nullen oder einziffrigen Ergebnissen eine mögliche Fehlerquelle ist. Auch das *Zerlegen eines Problems in Teilprobleme* ist also in dieser *Repräsentation* besser realisiert. Die Darstellung ohne Diagonalen hat den Nachteil,

mal	8	6	2	4
9	72	54	18	36
7	56	42	14	28
5	40	30	10	20
8 12 11 10 ^{3}	$_5$24	$_2$18	$_1$6	12
8 4 1 0	9	8	7	2

Abbildung 5.16.: Schriftliche Multiplikation in einer Tabelle ohne Diagonalen

dass nicht mehr direkt auf das Kalkül zur schriftlichen Addition zurückgegriffen werden kann, da überwiegend zweiziffrige Zahlen addiert werden. Wird die Addition von zweiziffrigen Zahlen im Kopf beherrscht, vereinfacht diese Darstellung jedoch die Rechnung deutlich, da insgesamt weniger Additionen durchgeführt werden müssen. Aus Sicht der heuristischen Strategien ist damit die Darstellung in Abbildung 5.16 der Darstellung in Abbildung 5.14 deutlich überlegen. Hinzu kommt, dass diese Repräsentation in der Oberstufe vollständig analog auf die Multiplikation von Polynomen übertragen werden kann.[16]

Treten bei der Multiplikationen nur kleine Ziffernwerten auf (Abbildung 5.18), so dass die einzelnen Produkte alle einziffrig sind, wird die Darstellung ohne Diagonalen eindeutig einfacher: oberhalb der Diagonalen würden nur Nullen stehen.

Für solche einfachen Rechnungen findet man im Internet eine graphische Variante dieser Darstellung (Abbildung 5.18). Dabei werden die Faktoren durch Linien repräsentiert. Die Anzahl der Schnittpunkte dieser Linien stehen dann für das jeweilige Produkt der Ziffern. Diese Methode ist nur für kleine Ziffern praktikabel, da sonst die Anzahl der Linien und der Schnittpunkte unübersichtlich wird. Diese Repräsentation der Multiplikation steht in enger Beziehung zur Repräsentation der Multiplikation mit Flächeninhalten von Rechtecken: Würde man statt der Strecken Rechtecke der Breite eins zeichnen, wären die Flächeninhalte der Überschneidungsflächen jeweils das Produkt der beiden Ziffern.

---

[16]Das Ausmultiplizieren von Polynomen in Tabellenform hat im Oberstufenunterricht des Autors dazu geführt, dass Schülerinnen und Schüler in diesem Bereich kaum noch Fehler gemacht haben.

mal	2	3	1
3	6	9	3
1	2	3	1

0   1   1 ^{2} $_0$4 $_0$6   2

0   7   2   0   7   2

Abbildung 5.17.: Schriftliche Multiplikation – einfaches Beispiel

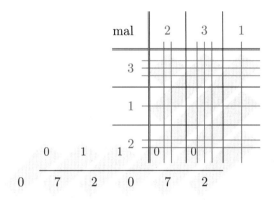

mal	2	3	1
3			
1			

0   1   1 ^{2} 0   0

0   7   2   0   7   2

Abbildung 5.18.: Einfaches Beispiel – zeichnerische Variante

Standardnotation

Die übliche Form der schriftliche Multiplikation ist in Hinblick auf den Additionsteil optimiert: nach dem Multiplikationsteil kann der Algorithmus zur schriftlichen Addition (Abbildung 5.10) vollständig unverändert genutzt werden. Der Multiplikationsteil selbst ist dabei jedoch deutlich komplexer, als in dem Tabellenverfahren (Abbildung 5.16).

Hier ist in der ersten Zeile die Aufgabe notiert. Zunächst muss der erste Faktor mit der ersten Ziffer des zweiten Faktors multipliziert werden, so dass alle anderen Ziffern ignoriert werden müssen, was hier analog zur Beschreibung der schriftlichen Addition dadurch deutlich gemacht wird, dass die nicht beachteten Ziffern durch * ersetzt werden.

In der zweiten Zeile wird im ersten Rechenschritt $8 \cdot 3 = 24$ die Einerziffer 4 hingeschrieben, die Zehnerziffer 2 wird üblicherweise nicht notiert sondern im Arbeitsgedächtnis gemerkt, hier jedoch in rot hingeschrieben.

$$9\ 7\ 5\ 3\ \cdot\ 8\ 6\ 2\ 4$$

$$
\begin{array}{cccc}
*\ *\ *\ 3\ \cdot\ 8\ *\ *\ * & *\ *\ 5\ 3\ \cdot\ 8\ *\ *\ * & *\ 7\ 5\ 3\ \cdot\ 8\ *\ *\ * & 9\ 7\ 5\ 3\ \cdot\ 8\ *\ *\ * \\
\hline
2\ 4 & 4\ 2\ 4 & 6\ 0\ 2\ 4 & 7\ 8\ 0\ 2\ 4
\end{array}
$$

$$
\begin{array}{ll}
9\ 7\ 5\ 3\ \cdot\ 8\ 6\ 2\ 4 & 9\ 7\ 5\ 3\ \cdot\ 8\ 6\ 2\ 4 \\
\hline
\quad\ 7\ 8\ 0\ 2\ 4 & \quad\ 7\ 8\ 0\ 2\ 4 \\
\quad\ 5\ 8\ 5\ 1\ 8 & \quad\ 5\ 8\ 5\ 1\ 8 \\
\quad\ 1\ 9\ 5\ 0\ 6 & \quad\ 1\ 9\ 5\ 0\ 6 \\
\quad\ 3\ 9\ 0\ 1\ 2 & \quad\ 3\ 9\ 0\ 1\ 2 \\
& {\scriptstyle 1\ 1\ 2\ 1\ 0\ 0\ 0} \\
& \hline \\
& 8\ 4\ 1\ 0\ 9\ 8\ 7\ 2
\end{array}
$$

Abbildung 5.19.: Schriftliche Multiplikation: Standardverfahren

Der zweite Rechenschritt umfasst alle Arbeitsschritte des im Folgenden *iterierten* Prozesssuperzeichens:

1. Multipliziere im Kopf die verwendeten Ziffern (jetzt $8 \cdot 5 = 40$),

2. Rufe aus dem Arbeitsgedächtnis den Übertrag des letzten Schritte ab (2) und addiere diesen zum Ergebnis der Multiplikation ($40 + 2 = 42$),

3. Notiere die Einerziffer (2) stellenwertgerecht,

4. Merke als neuen Übertrag die Zehnerziffer (4), vergiss den alten Übertrag.

Dieses Prozesssuperzeichen wird so lange *iteriert*, bis alle Ziffern des ersten Faktors verarbeitet wurden. Nach dem letzten Rechenschritt wird noch der gemerkte Rest (7) zusätzlich stellenwertgerecht hingeschrieben .

Diese Rechnung wird dann für alle weiteren Ziffern des zweiten Faktors wiederholt. Dabei handelt es sich nicht um eine Iteration, da die Wiederholungen nicht auf Ergebnisse der vorherigen Zeilen zurückgreifen (dritte Zeile von Abbildung 5.19). Rechts von dieser Rechnung ist der Additionsteil dargestellt.

Hier wird die Komplexität des Prozesssuperzeichens deutlich, in dem sowohl multipliziert als auch der alte Übertrag addiert wird, bei temporärem Merken des richtigen Übertrags. Dies führt dazu, dass die Ziffern der Ergebniszeile nicht einzeln nachgerechnet werden können, sondern immer die ganze Zeile durchgerechnet werden muss, um mögliche Fehler zu identifizieren. Im Vergleich zur Tabellendarstellung (Abbildung 5.16) ist damit die Zerlegung dieses Problems in Teilprobleme schlecht realisiert.

Zusammenfassend wird daher hier die Auffassung vertreten, dass aus Sicht der heuristischen Strategien die Tabellendarstellung aus Abbildung 5.16 diejenige *Repräsentation* ist, die die beste *Zerlegung in Teilprozesse* darstellt und die am wenigsten komplexen Teilprozesse enthält und somit die gelungenste Repräsentation der schriftlichen Multiplikation darstellt.

Zentral für die Standarddarstellung der schriftlichen Multiplikation ist die stellenwertgerechte Notation der Ergebnisse der Multiplikation. Dies kann auf vier verschiedene Weisen realisiert werden, je nachdem, ob man die Ziffern den zweiten Faktors von links nach rechts (Abbildung 5.20 die beiden rechten Notationen) oder von rechts nach links (die beiden linken Notationen) abarbeitet und je nachdem, ob man sich an den Stellenwerten des ersten Faktors (unteren Notationen) oder des zweiten Faktors (obere Notationen) orientiert. Die vier verschiedenen Notationen unterscheiden sich in den Rechenschritten nicht und sind mathematisch alle gleichwertig und somit korrekt. Lehrpersonen sollten alle korrekten Darstellungen kennen: wenn Schülerinnen und Schüler eine dieser Darstellung verwenden, die von der im Unterricht gelehrten abweicht, ist dies nicht zu kritisieren. Die beiden oberen Notationen nutzen dabei die Arbeitsfläche effizienter aus. Bei den Notationen links und oben stehen die Ergebnisse stellenwertgerecht bezogen auf jeweils einen der Faktoren. Bei der Notation rechts unten kann in Spezialfällen, wenn die erste Ziffer des zweiten Faktors eins ist, auf das Hinschreiben der ersten Zeile verzichtet werden, stattdessen kann direkt der erste Faktor als Summand verwendet werden.

$$
\begin{array}{r}
9\ 7\ 5\ 3\ \cdot\ 8\ 6\ 2\ 4 \\
\hline
3\ 9\ 0\ 1\ 2 \\
1\ 9\ 5\ 0\ 6 \\
5\ 8\ 5\ 1\ 8 \\
7\ 8\ 0\ 2\ 4 \\
1\ 1\ 2\ 1\ 0\ 0\ 0 \\
\hline
8\ 4\ 1\ 0\ 9\ 8\ 7\ 2
\end{array}
\qquad
\begin{array}{r}
9\ 7\ 5\ 3\ \cdot\ 8\ 6\ 2\ 4 \\
\hline
7\ 8\ 0\ 2\ 4 \\
5\ 8\ 5\ 1\ 8 \\
1\ 9\ 5\ 0\ 6 \\
3\ 9\ 0\ 1\ 2 \\
1\ 1\ 2\ 1\ 0\ 0\ 0 \\
\hline
8\ 4\ 1\ 0\ 9\ 8\ 7\ 2
\end{array}
$$

$$
\begin{array}{r}
9\ 7\ 5\ 3\ \cdot\ 8\ 6\ 2\ 4 \\
\hline
3\ 9\ 0\ 1\ 2 \\
1\ 9\ 5\ 0\ 6 \\
5\ 8\ 5\ 1\ 8 \\
7\ 8\ 0\ 2\ 4 \\
1\ 1\ 2\ 1\ 0\ 0\ 0 \\
\hline
8\ 4\ 1\ 0\ 9\ 8\ 7\ 2
\end{array}
\qquad
\begin{array}{r}
9\ 7\ 5\ 3\ \cdot\ 8\ 6\ 2\ 4 \\
\hline
7\ 8\ 0\ 2\ 4 \\
5\ 8\ 5\ 1\ 8 \\
1\ 9\ 5\ 0\ 6 \\
3\ 9\ 0\ 1\ 2 \\
1\ 1\ 2\ 1\ 0\ 0\ 0 \\
\hline
8\ 4\ 1\ 0\ 9\ 8\ 7\ 2
\end{array}
$$

Abbildung 5.20.: Standardverfahren: unterschiedliche Notationen

5.2.4. Schriftliche Division

Die schriftliche Division wurde bereits kurz im Rahmen der Darstellung der Kompetenzen analysiert. Hier eine etwas eingehendere Betrachtung.

Das auftretende *Prozesssuperzeichen* in der Rechnung besteht aus folgenden *Teilschritten*:

$$6\ 7\ 3\ 5\ 9 \div 2\ 1 = 3$$
$$\underline{-\,6\ 3}$$
$$4\ 3$$

$$6\ 7\ 3\ 5\ 9 \div 2\ 1 = 3\ 2\ 0\ 7 + \tfrac{12}{21}$$
$$\underline{-\,6\ 3}$$
$$4\ 3$$
$$\underline{-\,4\ 2}$$
$$1\ 5$$
$$\underline{-0}$$
$$1\ 5\ 9$$
$$\underline{-\,1\ 4\ 7}$$
$$1\ 2$$

1. Iterationsschritt   Vollständige Rechnung

Abbildung 5.21.: Schriftliche Division

1. Betrachte die Anzahl der Ziffern des Divisors und schätze ab, wie viele Ziffern des Dividenden für den ersten Divisionsschritt verwendet werden müssen. Da der Divisor hier aus zwei Ziffern besteht (in dem Beispiel 21), benötigt man für den Dievenden ebenfalls zwei Ziffern, falls diese zusammen eine größere Zahl darstellen als der Divisor, sonst eine Ziffer mehr.

2. Teile die ausgewählten ersten Ziffern des Dividenden (in dem Beispiel 65) *näherungsweise (Approximation)* durch den Divisor (21) (dies geschieht möglicherweise durch *systematisches Probieren*). Schreibe das Ergebnis (in dem Beispiel 3) hinter das Gleichheitszeichen.

3. Multipliziere die Ergebnisziffer mit dem Divisor und schreibe es an die richtige Stelle unter den Dividenden (in dem Beispiel 63). Hier wird *rückwärts gearbeitet*.

4. Subtrahiere das Produkt von den verwendeten Stellen des Dividenden (in dem Beispiel $67 - 63 = 4$).

5. Ergänze die so entstandene Zahl um die nächste bisher nicht verwendete Ziffer des Dividenden.

Diese fünf Schritte werden nun *iteriert*, bis alle Stellen des Dividenden verarbeitet wurden[17]. Dann entsteht ein Rest, der geeignet notiert wird. Ebenso wie bei den anderen schriftlichen Verfahren entsteht die Gesamtlösung als *Superposition* der Lösungen aus den einzelnen Rechenschritten. In den einzelnen Iterationsschrit-

---

[17]Diese Beschränkung gilt nur, wenn die Division innerhalb der natürlichen Zahlen durchgeführt wird. Sind rationale Zahlen bekannt, wird die Division fortgesetzt, bis die Periode (diese kann auch nur aus der Null bestehen) gefunden wurde. Die Periode stellt eine Form der *Translationssymmetrie* dar.

ten werden (bei geeigneten Zahlen) *bekannte* Rechnungen *genutzt*, um die neue komplexere Divisionsaufgabe zu lösen[18].

In diesem Iterationsprozess wird häufig noch eine Sonderregel eingefügt, falls die im 5. Schritt entstehende Zahl kleiner ist als der Divisor, wie hier im dritten Iterationsschritt. In diesem Fall wird

1. eine weitere Ziffer aus den Dividenden an die im 5. Schritt entstehende Zahl angehängt,

2. die Ziffer „0" an das bisherige Ergebnis angefügt.

Diese Sonderregel ist nicht wirklich nötig, wie die hier realisierte Rechnung zeigt, verkürzt jedoch das Aufschreiben der Rechnung. Da die Zahl Null mental für viele Lernende eine Sonderrolle spielt, ist es jedoch sinnvoll, hier auch eine Sonderregel einzuführen. Andererseits macht jede Sonderregel den Algorithmus zusätzlich komplexer.

Zur Notation des Rests: Hier wurde bewusst eine mathematisch korrekte Notation in Form eines Bruches verwendet. Alternativ hätte auch die Form $67359 \div 21 = 3207 + 12 \div 21$ verwendet werden können. Die sinnvolle sprachliche Repräsentation lautet: 67359 Gummibärchen werden auf 21 Kinder verteilt. Jedes Kind erhält 3207 Gummibärchen, die verbliebenen 12 Gummibärchen müssen später verteilt werden.

Sowohl mathematisch falsch als auch didaktisch hoch bedenklich ist jede Darstellung der Form $67359 \div 21 = 3207$ Rest 12!

Warum ist dies mathematisch falsch: der rechte Ausdruck ist mathematisch unsinnig. Es ist nicht klar, wie viel das wirklich ist. Es gilt auch $54531 \div 17 = 3207$ Rest 12. Da das Gleichheitszeichen transitiv ist[19] würde folgen, dass $54531 \div 17 = 3207$ Rest $12 = 67359 \div 21$. Das ist aber falsch, denn bei den beiden Divisionsaufgaben sind nur die Vorkommastellen des Ergebnisses gleich. Der Ausdruck 3207 Rest 12 ist noch nicht einmal ein Ausdruck, der eine bestimmte Zahl beschreibt!

Warum ist das didaktisch bedenklich: mit dieser Schreibweise wird ein Umgang mit dem Gleichheitszeichen verwendet, der lautet „das Gleichheitszeichen ist ein Zeichen hinter dem das Ergebnis steht". Immer wieder bringen Schülerinnen und Schüler dieses Konzept des Gleichheitszeichens mit in die weiterführenden Schulen. Sobald Gleichungen gelöst werden sollen, ist diese Vorstellung vom Gleichheitszeichen für den weiteren Lernprozess in hohem Maße hinderlich. Das Gleichheitszeichen sollte auch in der Grundschule unbedingt immer korrekt in dem Sinne verwendet werden, dass links und rechts vom Gleichheitszeichen der gleiche Wert steht[20]!

---

[18]Dieser Aspekt macht deutlich, dass die schriftlichen Rechenverfahren nur sinnvoll angewendet werden können, wenn die die einzelnen Rechenschritte schon routiniert durchgeführt werden können, so dass hier tatsächlich Neues auf Bekanntes zurückgeführt werden kann.

[19]Transitiv heißt beim Gleichheitszeichen: Wenn $a = b$ und $b = c$ dann muss auch $a = c$ gelten.

[20]Eine andere sehr problematische Verwendung des Gleichheitszeichens sind Gleichungsketten wie $3 + 4 = 7 + 2 = 9$. Nach der Transitivität der Gleichheit wäre jetzt $3 + 4 = 9$, was offensichtlich falsch ist!

Bei einer **alternativen Repräsentation** der schriftlichen Division wird der oben verwendet 5. Schritt dahingehend verändert, dass alle bisher nicht verwendeten Stellen hinter der Differenz ergänzt werden:

$$
\begin{array}{llllll}
Z_T\, T & H & Z & E & & Z & E & & T \\
6 & 7 & 3 & 5 & 9 & \div & 2 & 1 & = & 3 \\
-6 & 3 \\
\hline
 & 4 & 3 & 5 & 9
\end{array}
$$

$$
\begin{array}{llllll}
Z_T\, T & H & Z & E & & Z & E & & T & H & Z & E \\
6 & 7 & 3 & 5 & 9 & \div & 2 & 1 & = & 3 & 2 & 0 & 7 & +\frac{12}{21} \\
-6 & 3 \\
\hline
 & 4 & 3 & 5 & 9 \\
 & -4 & 2 \\
\hline
 & & 1 & 5 & 9 \\
 & & -1 & 4 & 7 \\
\hline
 & & & 1 & 2
\end{array}
$$

1. Iterationsschritt   Vollständige Rechnung

Abbildung 5.22.: Schriftliche Division – Rest vollständig hingeschrieben

Wie bereits bei Abbildung 4.4 erwähnt, hat diese Notation Vorteile und Nachteile. Der Nachteil liegt darin, dass hier die Ziffer „0" nicht im Rahmen des Verfahrens entsteht. Es werden drei Divisionen durch 21 ausgeführt mit den Ergebnissen 3, 2 und 7. Die Ziffer „0" wird nur gefunden, wenn bei jeder Division eine Überschlagsrechnung durchgeführt wird: die 3 sind Tausender, die 2 sind Hunderter und die 7 sind Einer. Da keine Zehner auftreten, muss beim beim entsprechenden Stellenwert eine „0" notiert werden.

Der Vorteil dieser Notation liegt darin, dass das Prozesssuperzeichen viel deutlicher wird: Nach dem ersten Iterationsschritt ist die Situation vollständig analog zur Ausgangssituation: eine Zahl soll durch 21 geteilt werden. Es muss im Folgenden nicht nicht mehr auf die Ausgangsaufgabe zurückgegriffen werden[21]. Der Zwang zur Überschlagsrechnung und das vollständige Ergebnis der Subtraktion verdeutlichen dabei die Bedeutung der Zahlen und der einzelnen Rechenschritte:

1. 67359 Gummibärchen werden auf 21 Kinder verteilt. Jedes Kind erhält 3000 Gummibärchen, 4359 Gummibärchen bleiben übrig und müssen noch verteilt werden.

2. 4359 Gummibärchen werden auf 21 Kinder verteilt. Jedes Kind erhält 200 Gummibärchen, 159 Gummibärchen bleiben übrig und müssen noch verteilt werden.

3. 159 Gummibärchen werden auf 21 Kinder verteilt. Jedes Kind erhält 7 Gummibärchen, 12 Gummibärchen bleiben übrig und müssen noch verteilt werden.

---

[21]Dieser Rückgriff auf die Ausgangsaufgabe ist fehlerträchtig, wenn Schülerinnen und Schüler die Ziffern nicht sehr sorgfältige in den Spalten der Rechenkästchen aufschreiben. Verschieben sich die Ziffern ein wenig nach rechts, kann leicht eine Ziffer aus der Ausgangsaufgabe übergangen werden.

Für das Verständnis des Verfahrens kann diese Notation daher förderlich sein, insbesondere, da in jedem Rechenschritt alle auftretenden Zahlen eine Bedeutung haben, die auch für Handlungssteuerung hilfreich sein kann. In dieser Form ist der Divisionsalgorithmus sinnhaltig beschreibbar, während die Begründung der Einzelschritte in der vorher verwendeten Notation für viele Schülerinnen und Schüler unverständlich bleibt[22]. <

5.3. Zahlenmauern

Zahlenmauern sind ein wichtiges Übungsformat in der Grundschule, das zu den produktiven Rechenübungen gehört (Wittmann & Müller, 2017). Aus Sicht der heuristischen Strategien muss das bedeuten, dass bei der Verwendung dieses Übungsformats viele unterschiedliche heuristisches Strategien verwendet werden können. Dies wird hier ausgeführt[23]. Die verwendeten Zahlenmauern mit sechs Basissteinen sind wieder nicht so ausgewählt, dass sie als Lernbeispiele für die Grundschule gedacht sind, wo man überwiegend mit kleineren Mauern arbeiten wird. Die Bedeutung der betrachteten Strukturen wird bei diesen etwas größeren Mauern jedoch besser deutlich.

In der Grundfragestellung wird die Basiszeile einer Zahlenmauer mit Zahlen gefüllt. Auf dieser Basis werden dann jeweils zwei nebeneinander stehende Zahlen addiert und das Ergebnis in das über diesen beiden Zahlen stehende Feld eingetragen. Ist die Zeile über der Basiszeile gefüllt, wird die zweite Zeile zur Basiszeile und dann in gleicher Weise behandelt. Entsprechend wird mit den weiteren Zeilen verfahren. Dies ist offensichtlich ein *Iterationprozess*. Das für die schriftlichen Rechenverfahren und das Verständnis der Dezimalzahlen zentrale Konzept der *Iteration* wird hier also bereits in elementarer Weise eingeübt.

Sind erste Zahlenmauern erkundet, können unterschiedliche Aspekte der Symmetrie entdeckt und genutzt[24] werden. Wird die Basiszeile einer Zahlenmauer an der Mitte gespiegelt, so gilt dies für die gesamte Zahlenmauer. Eine gespiegelte Zahlenmauer muss also nicht neu gerechnet werden (Abbildung 5.23). Ist die Basiszeile einer Zahlenmauer symmetrisch, so gilt dies ebenfalls für die gesamte Zahlenmauer, es muss also nur etwa die Hälfte der Rechnungen durchgeführt werden (Abbildung 5.24).

Wird ein äußerer Stein einer Zahlenmauer um 1 oder n erhöht[25], so muss nur die äußere Zeile der Zahlenmauer um n erhöht werden (Abbildung 5.25). Komplexer

---

[22]Das hier gesagte gilt fast vollständig analog für die Polynomdivision in der Oberstufe. Die Stellenwerte werden dabei nur durch Potenzen der Variablen ersetzt: T$\to x^3$, H$\to x^2$, Z$\to x^1$, E$\to x^0$. Der einzige Unterschied ist, dass das Einfügen der „0" nicht erforderlich ist. Der einzige Nachteil dieser Notation realisiert sich bei der Polynomdivision also nicht.

[23]Diese Analyse wurde bereits in wesentlichen Teilen in Stender (2019b) dargestellt.

[24]Der Nutzen besteht für Schülerinnen und Schüler dann darin, dass weniger gerechnet werden muss. Stattdessen muss nur eine vorhandene Zahlenmauer in anderer Anordnung abgeschrieben oder abgewandelt werden. Zwar vermeiden Schülerinnen und Schüler damit die eigentliche Rechenübung, erlernen aber weit wichtigere Denkstrategien.

[25]Dies ist eine Form der Translationssymmetrie.

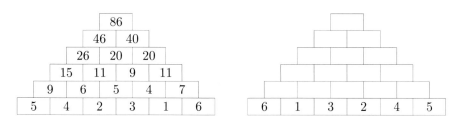

Abbildung 5.23.: Symmetrie nutzen: Spiegeln einer vorhandenen Zahlenmauer

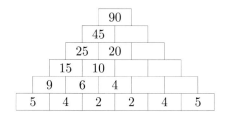

Abbildung 5.24.: Symmetrie nutzen: symmetrische Zahlenmauer

ist die Situation, wenn alle Zahlen der Basiszeile um 1 erhöht werden (Abbildung 5.26). Dann werden die darüber liegenden Zeilen um $2, 4, 8, \ldots$ erhöht[26].

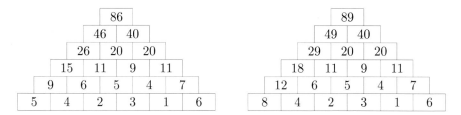

Abbildung 5.25.: Symmetrie nutzen: Translation des linken Feldes um 3

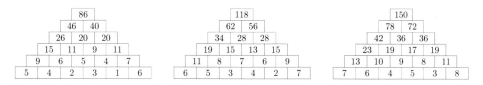

Abbildung 5.26.: Symmetrie nutzen: Translation der unteren Zeile um jeweils 1

Schon bei Krauthausen (1995) werden verschiedene Variationen der Grundaufgabe beschrieben: anstatt die Basiszeile anzugeben, können andere Felder der Zahlenmauer mit Einträgen besetzt werden. Je nach Wahl der vorgegebenen Zahlen in den jeweiligen Feldern, kann die Zahlenmauer dann eindeutig entwickelt werden, es kann

---

[26]Hier können also schon erste Erfahrungen mit exponentiellem Wachstum gemacht werden.

mehrere Lösungen geben oder es ist unmöglich, die Zahlenmauer zu konstruieren. Ist wie in Abbildung 5.27 eine Zahl der Zahlenmauer vorgegeben und darunter sind freie Felder, so ist es sinnvoll sowohl *vorwärts* als auch *rückwärts* zu arbeiten und dabei *systematisch zu probieren*. Beim Rückwärtsarbeiten wandelt sich dabei der *iterative* Aspekt in sein *rekursives* Pendant.

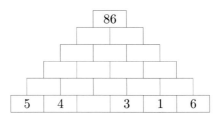

Abbildung 5.27.: Zahlenmauer zum Vorwärts- und Rückwärtsarbeiten

Soll eine Zahlenmauer wie in Abbildung 5.27 gefunden werden und wurden bereits ähnliche kleinere Zahlenmauern untersucht wie die Zahlenmauer aus Abbildung 5.28, so können die dort gefundenen Ergebnisse in dem neuen Problem als *Superzeichen* genutzt werden. Die neue Zahlenmauer ist dann eine *Superposition* der kleineren Zahlenmauer mit weiteren Lösungsansätzen. Damit wird *Neues auf Bekanntes zurückgeführt*. In diesem konkreten Beispiel ist die Lösung eindeutig. Dies können Lehrpersonen einschätzen, wenn tiefer gehende mathematische Einsichten eingesetzt werden: würde man solche Probleme analytisch bearbeiten, würde man lineare Gleichungssysteme lösen. Lehrpersonen in der Grundschule können also hier das Wissen aus dem Matheamtikstudium nutzen, um die Lösungsmöglichkeiten von Aufgaben aus der Grundschule einzuschätzen[27]! Für die Lehrperson gilt hier also, außerhalb der Grenzen der Grundschulmathematik zu denken (*Think big!*), um Schülerinnen und Schülern geeignete Hilfestellungen geben zu können.

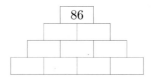

Abbildung 5.28.: Teillmauer

Die Betrachtung von *Grenzfällen und Spezialfällen* verhilft auch bei den Zahlenmauern zu sehr wichtigen Einsichten: Basiszeilen, die nur aus einer Eins und ansonsten Nullen besteht, zeigen sehr prägnant, wie sich die Einträge in den einzelnen Feldern auf die gesamte Zahlenmauer auswirken. So sieht man in den Abbildungen 5.29 und 5.30, wie eine einzelne Eins in der Mitte der Zahlenmauer eine Zehn im

---

[27]Hat man ein lineares Gleichungssystem mit n Variablen, kann man die Situation haben, dass es keine Lösung gibt, eine eindeutige Lösung oder viele Lösungen, die wiederum durch eine Linearkombination von Basislösungen darstellbar sind. Entscheiden dabei ist, wie viele linear unabhängige Gleichungen auftreten.

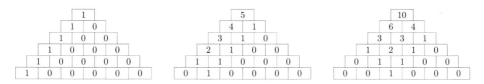

Abbildung 5.29.: Die einfachsten Zahlenmauern

obersten Feld (Zielzahl) erzeugt. Ist eine solche Zahlenmauer in der Mitte besetzt (nicht Null), so muss die Zielzahl mindestens Zehn lauten. Eine Eins außen an der Basiszeile wirkt sich dagegen in der Zielzahl ebenfalls mit einer Eins aus. Betrachtet man Zahlenmauern, die mit Vielfachen von Eins in der Basiszeile besetzt sind und sonst mit Nullen, sieht man, dass sich die Zahl in der Basiszeile proportional auf die ganze Zahlenmauer auswirkt.

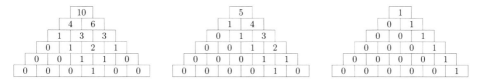

Abbildung 5.30.: Die einfachsten Zahlenmauern – symmetrischer zweiter Teil

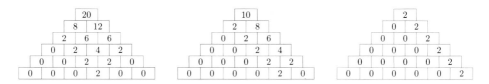

Abbildung 5.31.: Einfache Zahlenmauern mit 2

Durch die Betrachtung solcher Spezialfälle kommt man zu der Einsicht, dass man alle Zahlen einer Zahlenmauer mit einem Faktor multiplizieren kann und man erhält eine neue korrekte Zahlenmauer (Abbildung 5.32). In Hinblick auf eine mathematische Analyse kann dies einfach begründet werden, da in den Zellen nur addiert wird und das Hinzufügen bzw. Entfernen eines konstanten Faktors das Ausmultiplizieren bzw. Ausklammern des Faktors aus den Additionen entspricht. Mit einer *analogen* Argumentation sieht man ein, dass man zwei Zahlenmauern zellenweise addieren kann und wieder eine korrekte Zahlenmauer erhält (Abbildung 5.33).

Zahlenmauern sind also mathematische Objekte, die man miteinander addieren kann und mit einer Zahl multiplizieren kann. Dies fasst man zusammen zu der Formulierung, „man kann korrekte Zahlenmauern linear kombinieren und erhält wieder korrekte Zahlenmauern." Diese Eigenschaft ist in der Mathematik konstituierend für Vektorräume. Zahlenmauern bilden einen Vektorraum. Dabei ist es für Vektorräume erforderlich, dass für die Einträge in den Komponenten und die

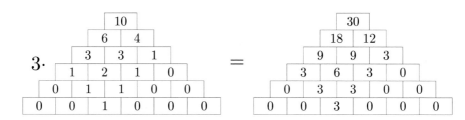

Abbildung 5.32.: Multiplikation einer Zahlenmauer mit einer Zahl

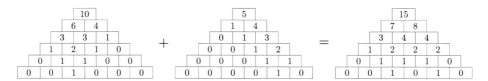

Abbildung 5.33.: Addition zweier Zahlenmauern

Faktoren, mit denen man die Vektoren multipliziert, Elemente eines Körpers verwendet werden. In der Grundschule werden nur die natürlichen Zahlen verwendet, die keinen Körper bilden. Die Eigenschaften des Körpers werden in Vektorräumen jedoch nur in Beweisen für Sätze wichtig, in der ein additives oder multiplikatives Inverses immer existieren muss. Solche Sätze sind in der Grundschule nicht relevant, man kann also als Lehrperson Zahlenmauern als Vektorräume auffassen, ohne dass man unbedingt als Einträge oder Faktoren rationale oder reelle Zahlen mitdenken muss[28]. Die Zahlenmauern aus den Abbildungen 5.29 und 5.30 bilden offensichtlich eine Basis des Vektorraumes.

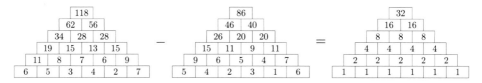

Abbildung 5.34.: Subtraktion von Zahlenmauern aus Abbildung 5.26

Die Anwendung der Vektorraumeigenschaft ermöglicht es, die *Translationssymmetrie* der Zahlenmauern aus Abbildung 5.26 besser zu verstehen. Die Differenz dieser Zahlenmauern ist eine gültige Zahlenmauer mit ausgeprägter innerer *Symmetrie*. Bildet man neue Zahlenmauern durch Linearkombination aus vorhandenen Zahlenmauern, so addiert man Zahlenmauern als ganzes Objekt, verwendet diese also als *Superzeichen*. Das lineare Kombinieren von Objekten zu neuen Objekten ist aus Sicht der heuristischen Strategien eine *Superposition*. Auch ohne mathematische Theorie können Schülerinnen und Schüler an kleineren Zahlenmauern entdecken,

---

[28]Die Verwendung von ausschließlich natürlichen Zahlen ließe sich auch über einen endlichen Körper rechtfertigen. Für die Grundschulmathematik treten also keine formalen Probleme auf.

dass man diese linear kombinieren kann (Nolte, 2004). Für Lehrpersonen kann diese Einsicht hilfreich sein, um Aufgaben zu kreieren und Lösungen abzuschätzen.

Die Betrachtung der Einträge in den Zahlenmauern in den Abbildungen 5.29 und 5.30 zeigt, dass hier die Zahlen aus dem Pascaldreieck auftauchen, also die Binomialkoeffizienten. Dies liegt nahe, da das Bildungsgesetz der Zahlen im Pascaldreieck *analog* zum Rechnen in den Zahlenmauern erfolgt. Noch deutlicher wird dieser Zusammenhang, wenn man *Verallgemeinert* und statt mit Zahlen mit Variablen rechnet (vergl. Krauthausen, 1995): in den Termen in den Zellen der Zahlenmauer werden die Binomialkoeffizienten direkt sichtbar (Abbildung 5.35). Insbesondere erinnert die dritte Zeile von unten stark an die zweite binomische Formel (*analoge* Faktoren vor den Variablen). Danebn wird eine wichtige Eigenschaft der Zahlen des Pascaldreiecks unter Verwendung von Abbildung 5.34 sichtbar: die Summe der Zahlen einer Zeile des Pascaldreiecks ergeben eine Zweierpotenz. Für dieses Ergebnis wird offensichtlich der Vergleich unterschiedlicher *Repräsentationen* wirksam. Kombiniert man die Vektorraumeigenschaft der Zahlenmauern mit dem Wissen über die auftretenden Binomialkoeffizienten, so sieht man, dass alle Einträge in Zahlenmauern Linearkombinationen aus entsprechenden Binomialkoeffizienten sind.

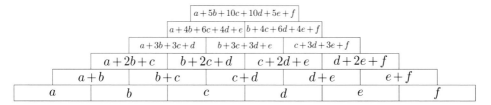

Abbildung 5.35.: Zahlenmauer mit Variablen

Die Zahlenmauer aus 5.35 kann im Sinne der Vektorraumeigenschaft natürlich auch als Linearkombination der sechs Zahlenmauern aus den Abbildungen 5.29 und 5.30 mit den Koeffizienten a, b, c, d, e, f realisiert werden. Die Faktoren, die in Abbildung 5.35 vor den Variablen auftreten sind dementsprechend genau die Zahlen aus den Zahlenmauern in den Abbildungen 5.29 und 5.30.

Für das Verständnis der Beziehung zwischen Zahlenmauern und Pascaldreieck ist es sinnvoll, eine breitere Zahlenmauer mit einer einzelnen 1 in der Basiszeile zu betrachten. Dann sieht man, dass das Pascaldreieck genau dem *Spezialfall* dieser Zahlenmauer entspricht, nur dass in der üblichen Darstellung des Pascaldreiecks von oben nach unten addiert wird, während in der Zahlenmauer das *symmetrische* Pandant betrachtet wird und in der Zahlenmauer Nullen auftreten, die im Pascaldreieck nicht notiert werden.

Für kleine Zahlenmauern findet man die Aufgabenstellung, durch *systematisches Probieren* alle Zahlenmauern zu finden, bei denen in der Basiszeile bestimmte Zahlen in beliebiger Reihenfolge auftreten. Die Anzahl dieser Zahlenmauern entspricht dabei der Anzahl der Permutationen dieser Zahlen. Unterscheidet man dabei zueinander spiegelsymmetrische Zahlenmauern nicht, ergeben sich $n!/2$ verschiedene Zahlenmauern. Für die hier betrachteten Zahlenmauern ergäben sich 360

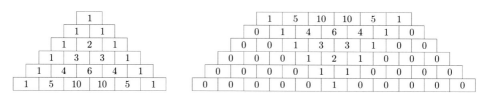

Abbildung 5.36.: Pascaldreieck und Ausschnitt aus einer Zahlenmauer

verschiedene Möglichkeiten, wenn man alle Zahlenmauern sucht, in denen die Zahlen $1, 2, 3, 4, 5, 6$ jeweils genau ein Mal auftreten. Der damit verbundene Aufwand ist nur beim Einsatz von Computern akzeptabel. Für kleinere Zahlenmauern ist diese Fragestellung jedoch sinnvoll zu realisieren. Dabei *variiert* man die Basiszeile und erhält unterschiedliche Ergebnisse für die Zahl im obersten Feld. Damit wird hier ein funktionaler Zusammenhang betrachtet[29]. Dabei ist beispielsweise interessant, wie die Zahlenmauern aussehen, die die größte oder kleinste Zahl im obersten Feld ergeben. Untersucht man diese Frage, wird hier bereits geübt, dass man zum *Optimieren variieren* muss.

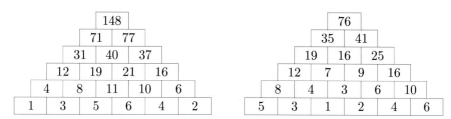

Abbildung 5.37.: Verschiedene Zahlenmauern mit gleiche Zahlen in der Basiszeile

Zusammenfassend kann gesagt werden, dass beim Umgang mit Zahlenmauern heuristische Strategien in großem Umfang genutzt werden können und dementsprechend geübt werden. Die Gewöhnung an iterative Verfahren ist dabei in Hinblick auf die Grundrechenarten sicherlich eine gute Vorbereitung, aber auch die anderen verwendeten Strategien tragen zu einem Mathematikunterricht bei, der eine Denkschulung im Fokus hat und nicht in erster Linie eine Schulung von Basiskalkülen.

---

[29]Formal ist dies für die hier betrachteten Zahlenmauern eine Funktion $\mathbb{N}^6 \to \mathbb{N}$ eingeschränkt auf die Permutationen der Zahlen $1, \ldots, 6$. Würde man dies so darstellen, wäre dies nicht nur für die Grundschulkinder unverständlich, sondern vermutlich auch für Lehrkräfte. Dies zeigt, das eine Fragestellung durch formale Schreibweisen sehr viel komplexer aussehen kann, als sie es letztlich ist.

6. Zahlenbereichserweiterungen

In der Sekundarstufe wird der Zahlenraum, in dem die Schülerinnen und Schüler operieren sollen, schrittweise erweitert. Üblicherweise werden zunächst die positiven rationalen Zahlen/positiven Brüche entwickelt, und dann die negativen Zahlen. Später werden noch reelle Zahlen gebildet. Hier werden die beiden erstgenannten Zahlenbereichserweiterungen betrachtet.

Viele Schülerinnen und Schüler haben Schwierigkeiten im Umgang mit rationalen Zahlen insbesondere mit der Bruchrechnung (Padberg & Wartha, 2017, S. V). Die Einführung der Bruchrechnung in den Jahrgängen fünf bis sieben stellt damit für Schülerinnen und Schüler aber auch für die Lehrperson eine große Herausforderung dar. Erwerben Schülerinnen und Schüler in diesem Prozess kein belastbares Verständnis für Brüche und Dezimalzahlen, so bleibt zum Lösen von Aufgaben nur die Möglichkeit zu versuchen, Kalkülvorschriften abzuarbeiten. Wird Mathematik von den Schülerinnen und Schülern dadurch als ein Lerngebiet aufgefasst, in dem unverstandene Verfahren nach dem Willen der Lehrperson abgearbeitet werden müssen, ist dies für einen Mathematikunterricht, der eine Denkschulung anstrebt, fatal. Solche Beliefs lassen sich dann später nur sehr schwer revidieren. Die entsprechenden Schülerinnen und Schüler sind dann oft für einen Mathematikunterricht, der Denken lehren will, verloren. Daher ist gerade bei der Einführung der rationalen Zahlen sehr viel Aufmerksamkeit auf einen verständnisvollen Umgang zu legen.

Hier soll keine vollständige Didaktik des Bruchrechnens entfaltet werden, diese liegt mit Padberg und Wartha (2017) vor. Es werden nur die Aspekte betrachtet, die aus Sicht der heuristischen Strategien relevant sind. Dabei treten die zentralen Gedanken zum Verständnis des Bruchbegriffs und von Dezimalzahlen, wie Padberg und Wartha (2017) sie formulieren, auch hier auf.

6.1. Mathematische Sichtweise

Zahlenbereichserweiterung sind im systematischen Aufbau der Mathematik unter Verwendung des Mengenbegriffs unverzichtbar: auf einer Menge und deren Elemente darf erst operiert/gerechnet werden, nachdem eindeutig geklärt ist, aus welchen Elementen diese Menge besteht[1]. Im Folgenden werden diese Konstruktionen beschrieben. Dies soll nicht nahe legen, solche Konstruktionen im Mathematikunterricht

---

[1] Diese Vorschrift verhindert in der Mengenlehre, dass die beim naiven Mengenbegriff mögliche „Russellsche Antinomie" auftritt: lässt man als Menge alle Zusammenfassungen von Objekten zu, die man sprachlich fassen kann, so führt die „Menge M aller Mengen, die sich nicht selbst als Element enthalten" dazu, dass sowohl $M \in M$ als auch $M \notin M$ nicht wahr sein können. Die Menge kann also nicht eindeutig beschrieben werden. Muss jede Menge erst konstruktiv entstehen, sind solche widersprüchlichen Mengen nicht möglich. Objekte mit solchen unklaren Eigenschafte werden

© Der/die Autor(en), exklusiv lizenziert durch
Springer-Verlag GmbH, DE, ein Teil von Springer Nature 2021
P. Stender, *Heuristische Strategien in der Schulmathematik*,
https://doi.org/10.1007/978-3-662-64079-1_6

explizit durchzuführen[2]. Gerade für die rationalen Zahlen sind die im abstrakten Konstruktionsprozess verwendeten *Superzeichen* jedoch beim Umgang mit Brüchen omnipräsent, so dass die Aspekte der mathematischen Konstruktion in den Brüchen weiter leben. Daher ist es für Lehrpersonen unverzichtbar, diese mathematischen Konstruktionen und ihre Komplexität bewusst wahrzunehmen.

6.1.1. Rationale Zahlen

Vor der Einführung der rationalen Zahlen werden in der Mathematik regelhaft die ganzen Zahlen $\mathbb{Z}$ konstruiert, während in der Schule zunächst nur die positiven Brüche $\mathbb{Q}^+$ basierend auf den natürlichen Zahlen $\mathbb{N}$ entwickelt werden. Rationale Zahlen werden dann durch zwei bekannte Zahlen (aus $\mathbb{N} \times \mathbb{N} \setminus \{0\}$ oder aus $\mathbb{Z} \times \mathbb{Z} \setminus \{0\}$) gebildet. Die so gebildeten Zahlenpaare[3] beschreiben jedoch nicht immer unterschiedliche rationale Zahlen: aus der Schulmathematik ist bekannt, dass man Brüche erweitern und kürzen kann und dann *wertgleiche* Brüche erhält. Jede rationale Zahl wird dementsprechend durch unendlich viele Zahlenpaare/Brüche dargestellt. Aus Sicht der heuristischen Strategien ist somit jede einzelne rationale Zahl ein *Superzeichen* von unendlich vielen Zahlenpaare, wobei jedes einzelne Zahlenpaar bereits ein *Superzeichen* von zwei natürlichen (oder ganzen) Zahlen ist. In der Mathematik ist es notwendig, diese *Superzeichenbildung* zu realisieren, ohne bereits auf den so zu konstruierenden Objekten zu operieren[4]. Bei dieser Superzeichenbildung kann also das Konzept „Erweitern/Kürzen" nicht verwendet werden: diese *Superzeichenbildung* konstituiert ja erst die Möglichkeit des Erweiterns und Kürzens.

Mathematisch werden diese *Superzeichen* daher durch Äquivalenzklassen gebildet: es wird auf den Zahlenpaaren als Äquivalenzrelation definiert, wann diese „wertgleich" sind und diese mit Hilfe dieser Äquivalenzrelation gebildeten Äquivalenzklassen sind dann die einzelnen rationalen Zahlen[5]. Dabei werden nur Rechenverfahren verwendet, die auf den natürlichen oder ganzen Zahlen vollumfänglich definiert sind: es darf nicht dividiert werden, die Äquivalenzklassen müssen auf Grundlage der Multiplikation beschrieben werden, die auf allen natürlichen oder ganzen Zahlen geklärt ist:

$$(a,b) \sim (c,d) :\Leftrightarrow a \cdot d = c \cdot b \text{ schulmathematisch: } \frac{a}{b} = \frac{c}{d} \Leftrightarrow a \cdot d = c \cdot b$$

---

in der modernen Mathematik als „echte Klassen" bezeichnet. Ein anderer diskutierter Ausweg aus dem Dilemma der Antinomi war Russels Typenlehre, die jedoch zu komplexen Problemen führte und sich daher nicht durchsetzen konnte.

[2]Entsprechende Unterrichtsansätze wurden in den 70er Jahren umfänglich realisiert. Die Ergebnisse führten dazu, dass dieser Ansatz verworfen wurde.

[3]Paare von Zahlen können auf Basis des Mengenbegriffs gut definiert werden: $(a,b) := \{\{a\}, \{a,b\}\}$

[4]Dieser Aspekt wurde bereits bei der Behandlung der Kardinalzahlen (Abschnitt 5.1.1) und Ordinalzahlen (Abschnitt 5.1.2) betont (Abschnitte 5.1.1 und 5.1.2).

[5]Dies ist das analoge Vorgehen zur Definition von Kardinalzahlen: dort wird zunächst „gleich viel" definiert und basierend darauf die Klassen gebildet, hier wird „gleich großer Bruch" definiert und darauf basierend die Äquivalenzklasse gebildet, die eine rationale Zahl darstellt.

Schulmathematisch ist $q = a \div b = c \div d$ die neue, meist nicht ganze Zahl.

Aus dieser Eigenschaft folgt dann, dass das Erweitern/Kürzen den Wert eines Bruches nicht ändert (die eingezeichneten Ellipsen visualisieren die beiden auftretenden Superzeichenbildungen.):

$$\left(\frac{3}{4}\right) = \left(\frac{6}{8}\right) = \left(\frac{9}{12}\right) = \left(\frac{12}{16}\right) = \left(\frac{15}{20}\right) = \left(\frac{18}{24}\right) = \left(\frac{21}{28}\right) = \left(\frac{24}{32}\right) = \left(\frac{27}{36}\right) = \dots$$

Abbildung 6.1.: Superzeichenbildung von Brüchen bei der Konstruktion der rationalen Zahlen

Welche Bedeutung hat für die Schule die mathematische Herangehensweise? Die formal mathematische Konstruktion der rationalen Zahlen als Äquivalenzklassen von Zahlenpaaren verwendet genau diejenigen kognitiven Operationen, die bei der Konstruktion der rationalen Zahlen/Brüche durch Schülerinnen und Schüler im Lernprozess erforderlich sind – wenn auch unbedingt in einer anderen Sprachform als der der mathematischen Fachsprache. Mathematische Konstruktionen sind immer auf Sparsamkeit angelegt: die Strukturen enthalten nur die Komplexität, die unbedingt notwendig ist. Damit enthält der Lerngegenstand immer auch mindestens diese kognitive Komplexität – einfacher geht es nicht, sonst hätte die Mathematik es einfacher gemacht!

Die Äquivalenzklassenbildung (Superzeichenbildung) ist also konstitutiv für den Umgang mit rationalen Zahlen! Äquivalenzklassen haben in der Mathematik eine zentrale Bedeutung, insbesondere in der (linearen) Algebra. Studierenden fällt dies erfahrungsgemäß sehr schwer – entsprechende Schwierigkeiten haben Schülerinnen und Schüler in Jahrgang sechs mit Brüchen. Häufig wenden Matheamtiklehrerinnen und Mathematiklehrer hier ein, Bruchrechnung sei ja viel einfacher, man selbst habe das in der Schule ja auch verstanden. Dieses Argument gilt nicht: Diejenigen, die ein Mathematikstudium beginnen und absolvieren, sind eine sehr selektive Stichprobe: in den meisten Fällen gehörten sie zu den mathematisch leistungsstärksten Schülerinnen und Schülern ihres Jahrgangs. Was Mathematiklehrerinnen und Mathematiklehrern in der Schule als gut verständliche Inhalte und hilfreiche Lernsettings erlebt haben, war und ist für einen hohen Prozentanteil von Schülerinnen und Schülern sehr schwierig und die Lehrangebote waren für diese wenig hilfreich. Diese Aussage gilt gleichermaßen für die universitäre Lehre: Professorinnen und Professoren der Mathematik sind die Besten ihres Jahrgangs – die für sie günstigen Lehr-Lernumgebungen sind für die Besten des Jahrgangs gut, aber nicht unbedingt für Studierende, die nicht ganz so begabt sind. Die Einordnung der Superzeichenbildung (Seite 22) beschreibt die Problematik: „Die Fähigkeit zum selbständigen Bilden von Superzeichen in mathematischen Problemlöseprozessen ist wichtiges Merkmal mathematischer Begabung." Mathematisch gut begabte Schülerinnen und Schüler können im Rahmen eines traditionellen Mathematikunterrichts die notwendigen

Superzeichen intuitiv bilden und daher das Bruchrechnen erlernen – vielen anderen Schülerinnen und Schülern gelingt es nicht.[6]

Die Äquivalenzklassenbildungen der Bruchrechnung lässt sich gut visualisieren, wenn man die Zahlenpaare im Koordinatensystem darstellt:

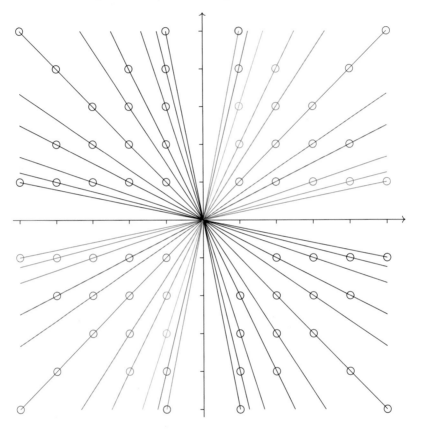

Abbildung 6.2.: Äquivalenzklassen zu rationalen Zahlen

Die Kreise markieren die Punkte mit ganzzahligen Koordinaten, also die verwendeten Zahlenpaare. Die zu einer Äquivalenzklasse gehörenden Zahlenpaare/Brüche, die ineinander durch Erweitern und Kürzen überführt werden können, sind durch Linien verbunden. Man sieht, dass jede Geraden bzw. jede proportionalen Funktion mit rationaler Steigung eine Äquivalenzklasse repräsentiert. Dementsprechend wurde hier nur eine kleine Auswahl dargestellt, da sonst die ganze Ebene eingefärbt wäre[7].

---

[6]In einem Vortrage im Rahmen des Projektes WiGeMath in Hannover wurde geäußert, dass auf der Grundlage von Vortests an einer technischen Hochschule ($n \approx 1000$) die Fähigkeiten in der Bruchrechnung sich als guter Prädiktor für den Studienerfolg gezeigt habe. Dies ist vor dem Hintergrund der notwendigen Superzeichenbilung nicht verwunderlich. Leider ist keine genauere Quellenangabe verfügbar.

[7]Obwohl die ganze Ebene von proportionalen Funktionen mit rationaler Steigung ausgefüllt wäre, gibt es noch sehr viele proportionale Funktionen die dann nicht eingetragen sind: diejenigen

Die schwarz dargestellten Äquivalenzklassen repräsentieren die negativen rationalen Zahlen.

6.1.2. Ganze Zahlen

In der Mathematik werden die ganzen Zahlen $\mathbb{Z}$ aus den natürlichen Zahlen in analoger Weise entwickelt, wie die rationalen Zahlen aus den ganzen Zahlen. Es werden Zahlenpaare von natürlichen Zahlen gebildet und durch eine Äquivalenzrelation so zusammengefasst, dass die Äquivalenzklassen den ganzen Zahlen entsprechen. Zu einer Äquivalenzklasse zusammengefasst werden dabei Zahlenpaare gleicher **Differenz**, während bei den rationalen Zahlen **quotientengleiche** Zahlenpaare zu einer Äquivalenzklasse gehören. Dabei wird zur Beschreibung der Äquivalenzklasse analog wieder die Rechenweise verwendet, die auf den natürlichen Zahlen vollständig definiert ist (die Addition) und nicht die Subtraktion, obwohl diese die Äquivalenzklassen eingängiger beschreibt. Vor der abgeschlossenen Konstruktion der negativen Zahlen sind eben nicht alle Subtraktionen von natürlichen Zahlen definiert:

$$(a,b) \sim (c,d) :\Leftrightarrow a+d = c+b$$

Schulmathematisch ist $z = a - b = c - d$ die neue, manchmal negative Zahl.

Die Analogie der beiden Konstruktionsprozesse (rationale Zahlen, ganze Zahlen) wird durch die vergleichbare Repräsentation der Äquivalenzklassen im Koordinatensystem deutlich. Die hier schwarz dargestellten Äquivalenzklassen repräsentieren die bereits bekannten natürlichen Zahlen. Der Standardrepräsentant für $n \in \mathbb{N}$ ist $(n,0)$, also die Zahl auf der x-Achse, an der die Gerade der Äquivalenzklasse die x-Achse trifft. Die negativen ganzen Zahlen sind hier farbig dargestellt. Der Standardrepräsentant für $z \in \mathbb{Z}_{<0}$ ist $(0,-z)$, also die Zahl auf der y-Achse, an der die Gerade der Äquivalenzklasse die positive y-Achse trifft. Verlängert man die Geraden der Äquivalenzklassen der negativen ganzen Zahlen nach links, treffen sie auf die nach links verlängerte x-Achse an der Stelle $(z,0)$. Könnten die negativen Zahlen bereits als bekannt vorausgesetzt werden, könnte man einheitlich die Standardrepräsentanten $(z,0)$ verwenden.

Auch wenn die mathematische Konstruktion der ganzen Zahlen analog zur mathematischen Konstruktion der rationalen Zahlen realisiert wird, sind die Konsequenzen doch erheblich andere: Beim Umgang mit den ganzen Zahlen genügt die Kenntnis des **Standardrepräsentanten**, die durch eine Koordinate allein vollständig definiert sind: man muss beim Umgang mit ganzen Zahlen weder die Zahlenpaare verwenden, noch muss man mit den Äquivalenzklassen arbeiten. Die entstehende Struktur „ganze Zahlen" ist wesentlich weniger komplex, als die der rationalen Zahlen, da bei den rationalen Zahlen der Standardrepräsentant (gekürzter Bruch) für den Umgang mit den rationalen Zahlen nicht ausreicht.

Wie bereits oben betont, ist der Konstruktionsprozess der Zahlenbereichserweiterung den Erfordernissen der mengentheoretischen Anforderungen geschuldet, die

---

mit irrationaler Steigung. Diese sind noch viel mehr, nämlich überabzählbar viele. (Vergl. Abschnitt 3.1.8.)

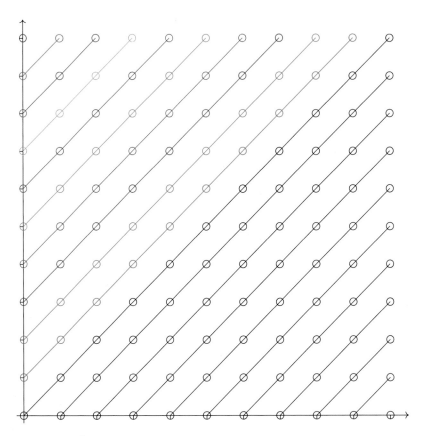

Abbildung 6.3.: Äquivalenzklassen zu ganzen Zahlen

in der Schule nicht im Fokus stehen sollten. Ohne die formalen Anforderungen des mengentheoretischen Konstruktionsprozesses können die negativen ganzen Zahlen auch auf Grundlage des Permanenzprinzips konstruiert werden. Hierzu wird der Konstruktionsprozess der Ordinalzahlen auf Basis der Peano-Axiome verwendet, dabei aber rückwärts gearbeitet und der Vorgang über die 0 hinaus gleichbleibend fortgesetzt:

Abbildung 6.4.: Konstruktion der natürlichen Zahlen mit den Peano-Axiomen

Dieses Vorgehen ist für Schülerinnen und Schüler in Jahrgang sechs oder sieben sehr naheliegend. Negative Temperaturen sind bekannt, gegebenenfalls auch Schulden als „negatives Geld". In der Schule können also negative Zahlen deutlich einfacher entwickelt werden, als rationale Zahlen und die entstehende mathematische

Abbildung 6.5.: Konstruktion der negativen Zahlen mit dem Permanenzprinzip

Struktur ist ebenfalls deutlich einfacher. Dies legt nahe, in der Schule zunächst die negativen Zahlen einzuführen und erst später die rationalen Zahlen und dabei dann auch der Reihenfolge der Zahlenbereichserweiterung in der Mathematik zu folgen.

6.2. Brüche und heuristische Strategien

6.2.1. Superzeichen

Wie bereits oben beschrieben, sind Brüche als Zahlenpaare Superzeichen, die aus zwei Zahlen bestehen. Rationale Zahlen sind dann Äquivalenzklassen von Zahlenpaaren und damit Superzeichen von Superzeichen. In Hinblick auf die oben interpretierte Aussage (Abschnitt 2.2.7), dass selbständige Superzeichenbildung ein Hinweis auf mathematische Hochbegabung ist, muss klar sein, dass „Superzeichen von Superzeichen" für sehr viele Schülerinnen und Schüler eine sehr hohe Anforderung darstellen. Die analoge Aussage zur Schwierigkeit gilt für selbständig durchgeführte Repräsentationswechsel und es wird im Folgenden dargestellt, dass neben dem Umgang mit Superzeichen bei der Bruchrechnung eine sehr große Anzahl von unterschiedlichen Repräsentationen relevant ist.

Jedes Auffalten und Bilden von Superzeichen ist gleichzeitig ein Repräsentationswechsel. Beim Umgang mit Brüchen muss flexibel zwischen dem Zahlenpaar Zähler/Nenner und dem Konzept „dies ist **eine** Zahl" hin und her gewechselt werden. Gleichzeitig muss flexibel erweitert und gekürzt werden, also zwischen den verschiedenen Repräsentanten der Äquivalenzklasse/des Superzeichens gewechselt werden. Dies ist für Schülerinnen und Schüler bei der Einführung der Bruchrechnung komplett ungewohnt: Padberg und Wartha (2017) beschreiben dies ebenfalls, nur mit anderer Wortwahl: im Gegensatz zu den natürlichen Zahlen werden rationale Zahlen einerseits nicht durch eine Zahl, sondern durch zwei Zahlen dargestellt (Zähler/Nenner) und darüber hinaus ist diese Darstellung nicht eindeutig, sondern jede Zahl kann durch viele verschiedene Zahlenpaare dargestellt werden (Superzeichen/Äquivalenzklasse). Nach Padberg und Wartha (2017) sind diese beiden Aspekte für viele Schülerinnen und Schüler sehr verwirrend, was aus der Perspektive der heuristischen Strategien gut erklärt werden kann.

Die Irritation in Hinblick auf die unterschiedlichen Repräsentanten des Superzeichens werden bei genauer Analyse des Umgangs mit dem Gleichheitszeichen deutlich:

$$\frac{3}{4} = \frac{6}{8} = \frac{60}{80}$$

Das Gleichheitszeichen ist hier aus gewisser Perspektive richtig und aus anderer Perspektive falsch!

Richtig ist das Gleichheitszeichen, wenn die jeweiligen Brüche als rationale Zahlen aufgefasst werden. Dann stellen alle Brüche dieselbe rationale Zahl dar, die Brüche sind wertgleich und gehören zur selben Äquivalenzklasse. Sieht man den Bruchstrich als Divisionszeichen, ist das Gleichheitszeichen ebenfalls gerechtfertigt, da alle Divisionen als Ergebnis dieselbe rationale Zahl ergeben.

Bei der Bildung der Äquivalenzklasse hätte man jedoch keine Gleichheitszeichen verwendet, sondern formuliert, dass die Brüche „in Relation zueinander stehen". Betrachtet man die drei Brüche dementsprechend mit genauem Blick auf Zähler und Nenner, so sind sie nicht gleich: Viertel sind etwas anderes als Achtel oder Achzigstel. Und drei Dinge einer Art sind etwas anderes als sechs Dinge. In Realsituationen wird der Unterschied noch deutlicher: stehen drei Viertel einer Torte auf dem Tisch, so sieht das gut aus. Bei sechzig Achzigstel sieht man das vermutlich anders. In so einer Situation zu behaupten, das wäre das **gleiche**, kann Schülerinnen und Schüler nur verwirren. Das Gleichheitszeichen meint hier eben nur „**gleich viel**" und nicht in jeder Hinsicht „**gleich**".

Pólya (2010) formuliert das Konzept der Symmetrie sehr weit: „Wenn eine Aufgabe in irgendeiner Hinsicht symmetrisch ist, können wir aus der Beachtung der untereinander vertauschbaren Teile Nutzen ziehen, und oft wird es sich lohnen, diese Teile, die dieselbe Rolle spielen, in derselben Weise zu behandeln." Das Austauschen eines Bruchs gegen einen wertgleichen erweiterten oder gekürzten Bruch ist in diesem Sinne ein Nutzen von Symmetrie. Dies tritt bei allen Äquivalenzklassen in der Mathematik auf: in Hinblick auf einige Fragestellungen kann man die verschiedenen Repräsentanten der Äquivalenzklasse (hier wertgleiche Brüche) gleich behandeln, beim Operieren also gegeneinander austauschen. Sie sind also nach Pólya symmetrisch zueinander. Bei anderen Fragestellungen sind die Unterschiede zwischen den Repräsentanten relevant (Torte). Äquivalenzklassen sind also Mengen von Objekten, die in gewisser Hinsicht zueinander symmetrisch sind.

Wer routiniert mit Brüchen operiert, wechselt intuitiv zwischen den beiden Sichtweisen auf das Gleichheitszeichen zwischen Brüchen hin und her. Der Erwerb dieser Intuition ist aber für viele Schülerinnen und Schüler sehr anspruchsvoll und dauert lange. Oft wird zum Rechnen mit Brüchen übergegangen, bevor diese Intuition aufgebaut wurde. Dann bleiben Brüche und Bruchrechnung unverstanden. Für diese Intuition muss letztlich das Konzept von Äquivalenzklassen/Superzeichen von Zahlenpaaren (ohne diese Wortwahl) von den Schülerinnen und Schülern entwickelt werden. Wer meint, dies durch eine „Erklärung" im Unterricht realisieren zu können, denke an das eigene Studium zurück, in dem viele Äquivalenzklassen per Definition geklärt wurden[8]. Diese Intuition wird nur entwickelt, indem mit Brüchen auf grundlegender Ebene umgegangen wird, was ebenfalls für die große Anzahl unterschiedlicher Repräsentationen gilt.

---

[8] Jeder Gymnasiallehrer und jede Gymnasiallehrerin hat in der linearen Algebra Kern und Bild einer linearen Abbildung kennen gelernt. Wer diese Begriffe mit eigenen Worten erklären kann, weiß, wie komplex Äquivalenzklassen sein können. Alle anderen sollten entsprechenden Respekt vor der Komplexität der Struktur haben.

6.2.2. Repräsentationen

Innerhalb der Mathematik sind verschiedene symbolische Repräsentationen von Brüchen relevant: unterschiedliche Bruchdarstellungen, Dezimalzahl, Prozentzahl oder Division zweier ganzer Zahlen. Diese Repräsentationen treten daneben auch in der Sprachform auf (drei Viertel). Im Lernprozess sind darüber hinaus enaktive und ikonische Repräsentationen unverzichtbar: Brüche als Kreisteile, Brüche als Anteile von Rechtecken/Quadraten, Brüche als Anteile von Strecken oder diskreten Mengen. Damit ergibt sich die folgende Aufzählung für den Bruch $\frac{3}{4}$

1. $\frac{3}{4} = \frac{6}{8} = \frac{9}{12} = \frac{12}{16} = \frac{15}{20} = \frac{18}{24} = \frac{21}{28} = \frac{24}{32} = \frac{27}{36} = \ldots$, analog gemischte Brüche $1\frac{3}{4}$,

2. $0,75$, 75%

3. $3 \div 4 = 6 \div 8 = 9 \div 12 \ldots$,

4. drei Viertel, sechs Achtel, ..., analog gemischte Brüche: Eindreiviertel

5. Nullkommasiebenfünf, Fünfundsiebzig Prozent

6. drei geteilt durch vier, sechs geteilt durch acht...,

7. Längen/Längenanteile: Teil einer Strecke, Zahlenstrahl, Füllstände in Zylindern, Teile länglichen Gegenständen (Schlauch, Brett, ...), Anteile von Rechteckflächen, wenn nur entlang einer Kante geteilt wird,

8. Kreisteile (Pizza, Kuchen, mathematischen Kreise),

9. Teile von Rechtecken/Quadraten: Einheitsquadrat, Schokolade, ...,

10. Anteile von diskreten Mengen: $\frac{3}{4}$ von 200 Personen,

11. Verhältnisse: Steigung, Maßstab, Laplace-Wahrscheinlichkeiten, Zahnräder, ...

Die letzte Repräsentation betrifft die Anwendung der Bruchrechnung in Sachkontexten. Die ersten zehn werden benötigt, um mit Brüchen zu operieren und diese Operationen zu verstehen. Für die drei ersten symbolischen Operationen ist dies offensichtlich, ebenso wie für die drei sprachlichen Fassungen der symbolischen Operationen. Die bildhaften Repräsentationen sieben bis zehn sind unverzichtbar für das Verständnis von Brüchen und die Erklärung der Rechenvorgänge.

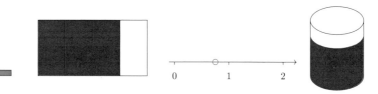

Abbildung 6.6.: Eindimsionale Bruchrepräsentationen

Kreisteile sind besonders wichtig, weil beim Kreis immer eindeutig ist, wie viel ein Ganzes ist. Dies gilt bei Längen oder Rechtecken nicht. Daher können mit Kreisteilen Brüche sehr gut in Hinblick auf die Größe verglichen werden und Erweitern und Kürzen kann sehr gut visualisiert werden. Werden Kreisteile zeichnerisch verwendet, ist dies im Sinne von Bruner (1967) eine ikonische Repräsentation. Werden Kreisteile beispielsweise aus Papier ausgeschnitten, so kann auch enaktiv operiert werden, was im Sinne des EIS-Prinzips sicher für einen großen Teil der Schülerinnen und Schüler (auch am Gymnasium) sehr hilfreich ist[9]. Dann können die Brüche nach Größe geordnet werden, es können wertgleiche Brüchen mit unterschiedlichen Nennern gefunden werden und Brüche können addiert werden bevor Kalküle eingeführt werden. Für eine systematische Ordnung der Erfahrungen ist es eine gute Möglichkeit, ein Bruchalbum anzulegen: Eine Mappe mit je einer Seite für jeden grundlegenden Bruch und später weitere Seiten für Themen wie Erweitern/Kürzen, Addieren und Multiplizieren von Brüchen, Dezimalzahlen, Prozentzahlen, etc..

Längenrepräsentation sind zentral in Bezug auf den Zahlenstrahl. Daneben werden sie wichtig für das Verständnis der Bruchmultiplikation. Die Multiplikation von zwei Brüchen kann sehr gut am Einheitsquadrat verstanden werden. Dabei werden die Faktoren über Längenanteile an den Kanten dargestellt, das Produkt ist ein Anteil am Einheitsquadrat in Form einer Rechteckfläche. Dabei wird die wichtige Standardrepräsentation der Multiplikation mit Rechteckflächen verwendet (vergl. Abbildung 5.9).

Bei den geometrischen Repräsentationen wird in der Regel Symmetrie genutzt, da ganze Objekte wie Kreis, Quadrat oder Einheitsstrecke in gleich große Teile eingeteilt werden. Die Gesamtanzahl dieser Teile bezeichnet dann den Nenner des Bruches, während die Anzahl von markierten Teilen den jeweiligen Zähler repräsentieren. Die dabei auftretenden Zählprozesse sind von geringster Schwierigkeit. Wichtig ist das Verständnis der Teil-Ganzes-Beziehung, also das Bilden und Auffalten der Superzeichen.

Bei zehn verschiedenen Repräsentationen können hundert verschiedene Repräsentationswechsel auftreten, da die Wechsel in beide Richtungen realisiert werden müssen und auch Wechsel innerhalb einer Repräsentation möglich sind (z. B. verschiedene Längenrepräsentationen). All diese Repräsentationswechsel müssen Schülerinnen und Schüler mit großer Sicherheit selbständig durchführen können, bevor die Rechenkalküle behandelt werden: die Repräsentationswechsel bilden die Grundlage der Erklärung der Rechenverfahren! Ähnlich äußern sich Padberg und Wartha (2017, S. 4). Dem Üben dieser Repräsentationswechsel muss also im Unterricht genügend Zeit eingeräumt werden. Dabei sollte das EIS-Prinzip von Bruner (1967) berücksichtigt werden und der enaktive Umgang mit den Repräsentationen ermöglicht werden. Die Schwierigkeit, Repräsentationswechsel selbständig zu realisieren, ist, wie in Abschnitt 2.2.1 begründet, für sehr viele Schülerinnen und Schüler sehr groß.

In Schulbüchern und Übungsmaterialien finden sich oft weitere Repräsentationen von Brüchen z. B. Anteile von geometrischen Formen wie Sternen, Dreiecken oder anderen Figuren. Daneben auch Unterteilungen von Quadraten z. B. mit Dreiecken,

---

[9]Kopiervorlagen hierzu stehen auf https://www.peterstender.de/Bruch.pdf zur Verfügung.

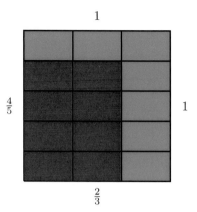

Abbildung 6.7.: Multiplikation von Brüchen

die später nicht mehr verwendet werden. Diese Repräsentationsformen sind für den weiteren Lernprozess nicht erforderlich und kaum stützend. Die zentrale Operation ist oft das Zählen von Teilfiguren auf dem Niveau der zweiten Klasse. Angesichts der sehr großen Anzahl unverzichtbarer Repräsentationswechsel sollten weitere Repräsentationen nur den Schülerinnen und Schülern angeboten werden, die das oben genannte Grundrepertoire bereits souverän beherrschen. Hier bieten sich dann höhere Anforderungen an, wie z.B. die Teile eines Tangramspieles, bei denen dann Argumente für die Bruchgrößen gefunden werden müssen, da die einzelnen Teile nicht gleich groß sind, so dass bloßes zählen nicht ausreicht.

Konventionsanomalien

Es gibt bei Brüchen zwei Konventionsanomalien, d. h. zwei Situationen, in denen die Darstellungen anders verwendet werden, als sonst in der Mathematik üblich. Hier ist im Unterricht besondere Sorgfalt/Aufmerksamkeit nötig, damit von den Schülerinnen und Schüler die Bedeutung und Problematik der Symbolik verstanden wird.

Die eine Anomalie betrifft gemischte Brüche: im gemischten Bruch wird ein Rechenzeichen weggelassen. Nach Standardkonvention in der Mathematik sind weggelassene Rechenzeichen Multiplikationszeichen. Bei gemischten Brüchen ist das weggelassene Rechenzeichen das Additionszeichen.

$$5\frac{3}{4} = 5 + \frac{3}{4} \neq 5 \cdot \frac{3}{4}$$

Bei derselben Symbolanordnung mit Variablen statt mit Zahlen verändert sich die Bedeutung:

$$a\frac{b}{c} = a \cdot \frac{b}{c}$$

Bei Potenzen von Brüchen müsste der Exponent auf den ganzen Bruch wirken, wenn der Bruch **ein** mathematisches Objekt ist. Der Exponent wirkt jedoch nur auf den Zähler, wenn keine Klammern gesetzt werden. In dieser Situation wird der Bruch also nicht als **ein** Objekt, sondern als **zwei** Objekte angesehen, sonst wäre $\frac{3}{4}^2 = \frac{9}{16}$ richtig.

$$\frac{3}{4}^2 = \frac{9}{4} \neq \frac{9}{16} = \left(\frac{3}{4}\right)^2$$

Diese Sichtweise begründet sich daraus, dass hier der Bruchstrich als Rechenzeichen betrachtet wird $\frac{3}{4} = 3 \div 4$, und dann „Potenzieren vor Punktrechnung" gilt.

6.2.3. Prozesssuperzeichen bei der Addition

Die Addition von Brüchen kann mit wenigen Arbeitsschritten beschrieben werden: zwei Brüche werden durch Erweitern auf denselben Nenner gebracht, dann werden die Brüche addiert und anschließend das Ergebnis gekürzt. Jeder dieser Schritte umfasst jedoch eine größere Anzahl von Einzelschritten. Damit ist die Bruchaddition sinnvoll in *Teilschritte* zerlegt. Soll die Handlungsanleitung „Hauptnenner bilden – Addieren – Kürzen" durchgeführt werden, müssen die genannten Schritte in die Einzelschritte aufgefaltet werden, analog zur Auffaltung von Superzeichen. Die Handlungsanleitung beruht aus der Sicht der heuristischen Strategien also auf *Prozesssuperzeichen*. Diese müssen nacheinander abgearbeitet werden, wobei die jeweiligen Ergebnisse so notiert werden müssen, dass später wieder gut auf diese zugegriffen werden kann. Für die Handlungssteuerung bedeutet dies, dass einerseits die Prozesssuperzeichen in der richtigen Reihenfolge realisiert werden müssen, in jedem einzelnen Prozesssuperzeichen müssen dann wiederum mehrere Arbeitsschritte korrekt durchgeführt werden. Der Fokus muss dabei zwischen den verschiedenen Handlungsebenen sachgerecht wechseln. Dies führt bei hinreichend schwierigen Aufgaben insgesamt zu einer recht langen Folge von Einzelschritten.

Dieser Prozess wird anhand der folgenden Additionsaufgabe dargestellt:

$$\frac{35}{78} + \frac{143}{210}$$

Wie in anderen aufgeführten Beispielen ist dies keine typische Aufgabe aus der Schule. Für Schülerinnen und Schüler, die gerade die Bruchaddition erlernt haben, ist die Aufgabe $\frac{5}{12} + \frac{9}{16}$ jedoch mindestens ebenso anspruchsvoll, wie $\frac{35}{78} + \frac{143}{210}$ für Menschen mit viel Erfahrung im Bruchrechnen: die Anzahl der auftretenden Arbeitsschritte ist damit vergleichbar. Es werden hier auch die Denkprozesse mit aufgeführt, die den Arbeitsablauf steuern, jedoch selbst keine Rechenschritte darstellen. Diese sind für Lösungsprozess ebenfalls notwendig.

1. **Hauptnenner finden**

   a) Beide Nenner werden betrachtet: der Hauptnenner ist nicht unmittelbar erkennbar.

   b) Es wird eine Primfaktorzerlegung (weiteres Prozesssuperzeichen) der beiden Nenner gesucht.

   c) Primfaktorzerlegung des ersten Nenners.

- Teilbarkeitsregel anwenden: 78 ist gerade also durch 2 teilbar.
- $78 = 2 \cdot 39$.
- Teilbarkeitsregel anwenden: die Quersumme von 39 ist durch 3 teilbar, also auch 39.
- $78 = 2 \cdot 39 = 2 \cdot 3 \cdot 13$.
- 13 ist prim, also ist die Primfaktorzerlegung abgeschlossen.

d) Primfaktorzerlegung des zweiten Nenners

- Teilbarkeitsregel anwenden: die Quersumme von 210 ist durch 3 teilbar, also auch 210.
- $210 = 3 \cdot 70$.
- Teilbarkeitsregel anwenden: 210 hat als letzte Ziffer eine 0 ist also durch 10 teilbar.
- $210 = 3 \cdot 70 = 3 \cdot 7 \cdot 10$.
- Teilbarkeitsregel anwenden: 10 ist gerade, also durch 2 teilbar.
- $210 = 3 \cdot 7 \cdot 10 = 2 \cdot 3 \cdot 5 \cdot 7$.
- 5 ist prim, also ist die Primfaktorzerlegung abgeschlossen.

e) Der Hauptnenner lautet also $2 \cdot 3 \cdot 5 \cdot 7 \cdot 13 = 2730$.

2. **Ersten Bruch erweitern**

   a) Der Nenner lautet $78 = 2 \cdot 3 \cdot 13$.
   b) Der Hauptnenner lautet $2 \cdot 3 \cdot 5 \cdot 7 \cdot 13$.
   c) Der Bruch muss also mit $5 \cdot 7$ erweitert werden.
   d) Der Zähler muss mit $5 \cdot 7 = 35$ multipliziert werden.
   e) $35 \cdot 35 = 1225$.
   f) Der erweiterte erste Bruch lautet also: $\frac{35}{78} = \frac{1225}{2730}$.

3. **Zweiten Bruch erweitern**

   a) Der Nenner lautet $210 = 2 \cdot 3 \cdot 5 \cdot 7$.
   b) Der Hauptnenner lautet $2 \cdot 3 \cdot 5 \cdot 7 \cdot 13$.
   c) Der Bruch muss also mit 13 erweitert werden.
   d) Der Zähler 143 muss mit 13 multipliziert werden.
   e) $13 \cdot 143 = 1859$.
   f) Der erweiterte zweite Bruch lautet also: $\frac{143}{210} = \frac{1859}{2730}$.

4. **Brüche addieren**

   a) $\frac{35}{78} + \frac{143}{210}$
   b) $= \frac{1225}{2730} + \frac{1859}{2730}$
   c) $= \frac{3084}{2730}$

5. **Ergebnis kürzen**

   a) $\frac{3084}{2730}$ soll gekürzt werden.
   b) Der größte gemeinsame Teiler ist nicht sofort ersichtlich.
   c) Es muss wieder eine Primfaktorzerlegung von Zähler und Nenner gefunden werden.
   d) Die Primfaktorzerlegung des Nenners ist von oben bekannt: $2730 = 2 \cdot 3 \cdot 5 \cdot 7 \cdot 13$
   e) Die Primfaktorzerlegung des Zählers durchführen:

- Teilbarkeitsregel anwenden: 3084 ist gerade also durch 2 teilbar.
- $3084 = 2 \cdot 1542$
- Teilbarkeitsregel anwenden: 542 ist gerade also durch 2 teilbar.
- $3084 = 2^2 \cdot 771$
- Teilbarkeitsregel anwenden: die Quersumme von 771 ist durch 3 teilbar, also auch 771.
- $3084 = 2^2 \cdot 3 \cdot 257$, dabei ist 257 prim, also ist die Primfaktorzerlegung abgeschlossen.

f) Der Bruch $\frac{3084}{2730}$ kann also mit $2 \cdot 3 = 6$ gekürzt werden

g) Zähler dividieren: $3084 \div 6 = 514$

h) Nenner dividieren: $2730 \div 6 = 455$

i) $\frac{3084}{2730} = \frac{514}{455} = 1 + \frac{59}{455}$

Diese Abfolge von über dreißig Arbeitsschritten[10] kann nur selbständig realisiert werden, wenn *Prozesssuperzeichen* wirklich verständnisbasiert hintereinander ausgeführt werden (Handlungsebene *Prozesssuperzeichen*) und dabei ebenfalls verständnisbasiert aufgefaltet werden (Handlungsebene Einzelschritte). Fehlt das Verständnis, müsste alternativ die Liste von Einzelschritten als Rechenrezept auswendig gelernt werden. Angesichts der Länge der Liste ist nicht zu erwarten, dass basierend auf diesem Rezept Bruchaddition erfolgreich durchgeführt werden kann. Auf diese Probleme weisen auch Padberg und Wartha (2017, S. 3) hin. Für das Verständnis der *Prozesssuperzeichen* ist wiederum ein fundiertes Bruchverständnis erforderlich, dass den flexiblen Umgang mit den verschiedenen *Repräsentationsformen* umfasst, wie im vorangehenden Abschnitt dargestellt. Werden diese *Repräsentationswechsel* nicht beherrscht, kann ein komplexer Prozess wie die Bruchaddition nicht selbständig realisiert werden. Kalküle dürfen dementsprechend erst eingeführt werden, wenn die zugrundeliegenden Begriffe beherrscht werden.

6.3. Dezimalzahlen

Dezimalzahlen zur Darstellung rationaler Zahlen weisen zwei zentrale Schwierigkeiten der Bruchrechnung nicht auf:

1. Zur Darstellung einer rationalen Zahl wird nur eine Dezimalzahl verwendet und nicht ein Zahlenpaar von zwei Zahlen. Da das Operieren mit Zahlenpaaren das ständige Bilden und Auffalten von *Superzeichen* bedeutet entfällt damit bei den Dezimalzahlen eine hohe Anforderung an die Schülerinnen und Schüler.

2. Die Darstellung einer rationalen Zahl mit einer Dezimalzahl ist eindeutig,[11] während es bei den Bruchzahlen unendlich viele wertgleiche Brüche gibt. Auch

---

[10]Eigentlich sind es noch mehr Einzelschritte, da für viele Schülerinnen und Schüler die beim Erweitern und Kürzen auftretenden Multiplikationen und Divisionen wiederum aus mehreren Einzelschritten bestehen, auch wenn die Zahlen deutlich einfacher sind als die hier verwendeten.

[11]Die Darstellung der rationalen Zahlen durch Dezimalzahlen ist nicht immer eindeutig: jede endliche Dezimalzahl lässt sich auch als periodische Dezimalzahl darstellen, z. B. $0,75 = 0,74\overline{9}$. Diese Zweideutigkeit wird in der Schulrealitität aber selten wirksam.

das Zusammenfassen dieser wertgleichen Brüche zu einer Zahl ist eine *Superzeichenbildung*, wobei für die Rechnungen dann jeweils geeignete Repräsentantenwahlen/*Repräsentationswechsel* realisiert werden müssen. Diese beiden kognitiv sehr anspruchsvollen Operationen entfallen beim Umgang mit Dezimalzahlen.

6.3.1. Endliche Dezimalzahlen

Endliche Dezimalzahlen zur Darstellung rationaler Zahlen können mit Hilfe des *Permanenzprinzips* entwickelt werden. Dafür wird der *Iterationsprozess* zur Bildung der Stellenwerte vor dem Komma rückwärts ausgeführt und nach dem Komma fortgesetzt. Wo beim *Vorwärtsiterieren* die Operation „mal Zehn" als *Invariante* verwendet wird, muss beim *Rückwärtsiterieren* dann die Operation „geteilt durch Zehn" gerechnet werden.

$$\cdots \quad \underset{\cdot 10}{\text{Tausender}} \quad \underset{\cdot 10}{\text{Hunderter}} \quad \underset{\cdot 10}{\text{Zehner}} \quad \text{Einer}$$

$$\cdots \quad \underset{\cdot 10}{T} \quad \underset{\cdot 10}{H} \quad \underset{\cdot 10}{Z} \quad E$$

Abbildung 6.8.: Iteration des Stellenwertsystems

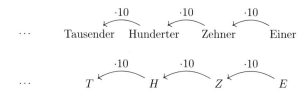

Abbildung 6.9.: Iteration des Stellenwertsystems rückwärts und Fortsetzung in Permanenz

Eine Zahlenbereichserweiterung von natürlichen Zahlen auf positive rationale Zahlen würde in dieser Weise analog zur Zahlenbereichserweiterung der natürlichen Zahlen zu den ganzen Zahlen mit dem Permanenzprinzip gelingen. Padberg und Wartha (2017) weisen jedoch darauf hin, dass dieser Weg bereits ein Verständnis der Ausrücke „Ein Zehntel", „Ein Hundertstel" etc. erfordert und dieser Weg daher erst nach Behandlung der Bruchrechnung gegangen werden kann. Dieses Problem ergibt sich jedoch nicht, wenn man eine Repräsentation der Zahlen im Kontext von Größen verwendet. Hier werden Längen verwendet, alternativ könnten auch Massen verwendet werden, wenn geeignete Wägesätze vorhanden sind.

Die Deutung der Nachkommastellen in dem Ausdruck $15,276$ m gelingt dann basierend auf der ikonischen Darstellung eines Maßbandes. Dies kann in Verbindung mit einem enaktiven Ansatz realisiert werden, wenn beispielsweise jedes Kind ein

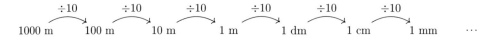

Abbildung 6.10.: Permanenzprinzip mit Längeneinheiten

ein Meter langes Papiermaßband[12] hat, die aneinander gehalten werden. Beim
sechzehnten Kind wird dann die entsprechende Stelle auf dem Maßband markiert.
Für die Zahl $0,276$ m wird analog beschrieben, dass kein Kind mit ganzem Maßband
in der Reihe ist, bevor man die Zahl auf dem Maßband markiert.

Abbildung 6.11.: Permanenzprinzip mit Längeneinheiten – Ikone: $0,276$

Enaktives Arbeiten mit dieser Repräsentation von Dezimalzahlen ist vermutlich
auch hilfreich in Bezug auf ein verbreitetes Fehlkonzept (Padberg & Wartha, 2017,
S. 11): Schülerinnen und Schüler denken teilweise, dass längere Dezimalzahlen für
kleinere Zahlen stehen. Dies ist eine *falsche Analogie* zu den bekannten Dezimalzahlen ohne Komma: dort sind Zahlen mit mehr Stellen für größere Dezimalzahlen.
Ohne genaues Verständnis der Stellenwerte hinter dem Komma liegt dieser Gedanke
nahe: nach dem Komma wird es kleiner, ebenso, wie es vor dem Komma größer
wird.

6.3.2. Periodische Dezimalzahlen

Periodische Dezimalzahlen können als Ergebnis der schriftlichen Division auftreten.
Alle bei der schriftlichen Division auftretenden heuristischen Strategien sind damit
auch hier relevant (Abschnitt 5.21). Die Periodizität als eine Form der *Symmetrie*
kommt dann hinzu:

Die siebte Ziffer nach dem Komma ist identisch zur ersten Ziffer. Da nach dem
Rest immer Nullen ergänzt werden, wiederholt sich die Rechnung nach dem sechsten
Schritt also. Pólya (2010) beschreibt zur *Symmetrie:* „Wenn eine Aufgabe in irgendeiner Hinsicht symmetrisch ist, können wir aus der Beachtung der untereinander
vertauschbaren Teile Nutzen ziehen, und oft wird es sich lohnen, diese Teile, die
dieselbe Rolle spielen, in derselben Weise zu behandeln." Genau dies geschieht hier:
die Rechnung nach der sechsten Ziffer kann in derselben Weise behandelt werden,
wie die Rechnung davor und das wiederholt sich alle sechs Rechenschritte. Optisch
wird diese erst dann gut sichtbar, wenn man das Ergebnis zunächst mit vielen
Nachkommastellen ohne Periodenschreibweise notiert:

$$3 \div 7 = 0,4285714285714285714285714285714285714285714285571\ldots = 0,\overline{428571}$$

[12]Kopiervorlage zum Zusammenkleben steht auf https://www.peterstender.de/Zahlenstrahl.pdf
zur Verfügung.

```
3, 0 0 0 0 0 0 0 0   ÷   7   =   0, 4 2 8 5 7 1 4 2...  =  0,‾4‾2‾8‾5‾7‾1
− 0
─────────────
  3 0
− 2 8
  ─────────
    2 0
  − 1 4
    ─────────
      6 0
    − 5 6
      ─────────
        4 0
      − 3 5
        ─────────
          5 0
        − 4 9
          ─────────
            1 0
          − 0 7
            ─────────
              3 0
            − 2 8
              ─────────
                2 0
              −   1 4
                ─────────
                  6
                  ⋮
```

Abbildung 6.12.: Periodische Dezimalzahlen und schriftliche Division

Die auftretende *Symmetrie* wird hier als *Translationssymmetrie* deutlich: verschiebt man die Ziffern hinter dem Komma um sechs Stellen nach links, so liegen sie (bis auf den Vorkommaanteil) über identischen Ziffern.

Diese *Translationssymmetrie* wird verwendet, um periodische Dezimalzahlen in Brüche umzuwandeln: wenn $0 < b < 1$ eine periodische Dezimalzahl der Periodenlänge k ohne Vorperiode ist, wobei die Periode aus den Ziffern $p = p_1 p_2 p_3 \ldots p_k$ besteht, verändern sich die Nachkommastellen nicht, wenn man das Komma um k nach rechts verschiebt. Dies entspricht einer Multiplikation mit 10^k. Also gilt:

$$10^k \cdot b - b = p$$

wobei die Ziffern der Periode p als natürliche Zahl aufgefasst werden. Nach drei Umformungen kann b dann als Bruch zweier natürlicher Zahlen geschrieben werden:

$$10^k \cdot b - b = p \Rightarrow 10^k \cdot b - 1 \cdot b = p \Rightarrow (10^k - 1) \cdot b = p \Rightarrow b = \frac{p}{10^k - 1}$$

Dabei besteht die natürliche Zahl $10^k - 1$ aus $k - 1$ Neunen. Dieser Zusammenhang kann von Schülerinnen und Schülern durch *systematisches Probieren* selbst entdeckt werden. Zur Reduktion des Rechenaufwandes können die relevanten Divisionen als

Tabelle zur Verfügung gestellt werden[13]. Die Repräsentation des Arguments muss für den Unterricht noch in schülergerechte Sprache überführt werden, da die hier verwendete Formalsprache in Jahrgang fünf und sechs nicht hilfreich ist.,

6.4. Zusammenfassung

Aus mathematischer Sicht erfolgen die Zahlenbereichserweiterungen von $\mathbb{N}$ nach $\mathbb{Q}^+$ und nach $\mathbb{Z}$ analog über Äquivalenzklassenbildung/*Superzeichenbildung* von Paaren/*Superzeichen* natürlicher Zahlen. Bei der Bruchrechnung bleiben der Umgang mit diesen *Superzeichen von Superzeichen* dauerhaft erhalten, während sie bei den ganzen Zahlen nur für den Konstruktionsprozess notwendig sind. Der Übergang von $\mathbb{N}$ nach $\mathbb{Q}^+$ und nach $\mathbb{Z}$ kann in deutlich einfacherer Weise mit Hilfe des Permanenzprinzips erfolgen, wobei die Repräsentation der rationalen Zahlen dann als Dezimalbrüche erfolgen muss. Dabei ist der Übergang auf die negativen Zahlen weniger komplex, da das Permanenzprinzip hier auf die Zahlen selbst angewendet wird, während es bei den Dezimalbrüchen auf das Stellenwertsystem, also die Struktur der Zahlen angewendet wird. Die komplexeste Struktur in diesem Kontext sind zweifellos die Brüche, für die darüber hinaus noch eine große Zahl unterschiedlicher Repräsentationen beherrscht werden muss.

Aus dieser Perspektive ist es sinnvoll, als erste Zahlenbereichserweiterung die negativen Zahlen mit dem Permanzprinzip einzuführen und dann die Dezimalbrüche ebenfalls mit dem Permanenzprinzip einzuführen. Dann können Brüche als ergänzende und oft vorteilhafte Repräsentation rationaler Zahlen entwickelt werden. Dabei ist der sichere Umgang mit den Bruchkalkülen für all jene Schülerinnen und Schüler unverzichtbar, die im Studium mit Mathematik befasst sind, für die also eine MINT-Studienvorbereitung relevant ist. Für einen rein bildungsorientierten Mathematikunterricht ist es eher sinnvoll, auf ein Grundverständnis von Bruchzahlen und einfachen Operationen zu orientieren, der mehr Zeit in die relevanten Repräsentationswechsel investiert und die Kalkülübungen in den Hintergrund rückt. Für die MINT-Studienvorbereitung gelten zweifellos die von Padberg und Wartha (2017, S. 9 ff) angeführten Argumente für die intensive Behandlung der Bruchrechnung, die für ein Tiefenverständnis mathematischer Strukturen unverzichtbar ist. Für einen bildungsorientierten Mathematikunterricht ist eher ein vielfältiges kreatives Nutzen von Mathematik in sinnvollen Kontexten im Sinne der Kompetenz „Modellieren" förderlich, für diese Ziele sind eher die von Padberg und Wartha (2017, S. 7 ff.) zusammengefassten Argumente gegen eine strukturorientierte Behandlung der Bruchrechnung gültig[14].

---

[13]Kopiervorlagen hierzu stehen auf https://www.peterstender.de/Divisionstabelle.pdf zur Verfügung.

[14]Padberg und Wartha (2017) betont, dass die Zielgruppe in Hinblick auf die dargestellten Argumente zentral ist, zieht die Grenze jedoch zwischen Hauptschule und anderen Schulformen, während die Grenze hier zwischen Studienvorbereitung im Bereich der MINT-Studiengänge und bildungsorientiertem Mathematikunterricht gezogen wird.

7. Strategien beim funktionalen Denken

7.1. Mathematik des Funktionsbegriffs

Wie in den vorherigen Abschnitten wird zunächst eine mathematische Klärung des Gegenstandes vorgenommen. Die dabei stattfindende Begriffsklärung soll nicht dazu dienen, dass der Unterricht in der Schule von einem formal definierten Funktionsbegriff geprägt wird. Die mathematische Klärung ermöglicht jedoch wie bisher, die implizit enthaltenen heuristischen Strategien zu analysieren.

7.1.1. Wortwahl

Für den Begriff „Funktion" werden in der Mathematik (mindestens) die folgenden vier Worte synonym verwendet:

- Funktion

- Abbildung

- Zuordnung

- Transformation

Das Wort *„Funktion"* findet überwiegend im Bereich der Analysis Anwendung.

Das Wort *„Abbildung"* verwendet eine geometrische Assoziation: Ein geometrisches Objekt (Urbild, z. B. ein Dreieck in der Ebene) wird *„abgebildet"* (z. B. an einer Geraden gespiegelt) und es entsteht ein „Abbild", also das gespiegelte Dreieck.

Das Wort *„Zuordnung"* wird häufig bei der Einführung des Funktionsbegriffs verwendet. Anders als bei *„Abbildung"* steht nicht die Vorstellung im Vordergrund, dass aus einem vorhandenen Objekt ein neues Objekt erzeugt wird. Beim Konzept *„Zuordnung"* sind zwei Mengen (Urbilder und Bilder) bereits vorhanden und man wählt für jedes Element der Urbildmenge einen „Partner"aus der Bildmenge aus. Während des Wort *„Abbildung"* also die Handlung des *Erzeugens eines Partners* betont, betont *„Zuordnung"* die Handlung der *Auswahl* eines Partners.

Das Wort *„Transformation"* wird ebenfalls zunächst in der Geometrie verwendet, jedoch mit der Vorstellung, dass beispielsweise ein Dreieck aus der ursprünglichen Lage an den neuen Ort transportiert wird. Im Gegensatz zur Vorstellung beim Wort „Abbildung" wird kein neues Objekt erzeugt, sondern das Ausgangsobjekt an einem anderen Ort dargestellt.

© Der/die Autor(en), exklusiv lizenziert durch
Springer-Verlag GmbH, DE, ein Teil von Springer Nature 2021
P. Stender, *Heuristische Strategien in der Schulmathematik*,
https://doi.org/10.1007/978-3-662-64079-1_7

Alle vier Worte werden in der Mathematik benutzt und betonen verschiedene Aspekte beim Umgang mit Funktionen, die auch in der Schule verwendet aber selten explizit thematisiert werden.

Diese Situation kann auch aus einer anderen Perspektive betrachtet werden: die vier unterschiedlichen Sachverhalte können in der Mathematik mit einer einheitlichen formalen Struktur beschrieben werden. Durch diese einheitliche Struktur können beispielsweise Erkenntnisse aus dem Umgang mit „Abbildungen" auf „Funktionen" übertragen werden. Solches Vorgehen ist eine der wichtigen Stärken der Mathematik (*Verallgemeinern*).

7.1.2. Mathematische Definition

In Vorlesungen an der Universität wird für den Begriff „Funktion" häufig eine Definition der folgenden Art gegeben[1]:

> Seien X, Y Mengen, dann ist eine Abbildung $f : X {\to} Y$ eine Vorschrift, die jedem $x \in X$ genau ein $f(x) \in Y$ zuordnet. X heißt *Definitionsbereich*, Y der *Wertebereich* von f.

Diese Definition ist aus mathematischer Sicht problematisch, was deutlich wird, wenn man in der Definition das Wort „*Abbildung*" durch das Synonym „*Zuordnung*" ersetzt: Dann wird das Substantiv „*Zuordnung*" wird mit Hilfe des Verbs „*zuordnen*" definiert. Das ist zirkulär und damit in der Mathematik unzulässig.

Wie kann die Idee „Zuordnung" korrekt gefasst werden?

• Man schreibe zunächst ein Element $x \in D$ der Definitionsmenge hin.

• Man ordnet diesem Element ein Element der Wertemenge $y = f(x) \in W$ zu, indem man y durch ein Komma getrennt daneben schreibt.

• Damit deutlich wird, dass die beiden Elemente zusammen gehören, klammere man diese ein: (x, y).

Zwei Elemente mit Klammern um diese Elemente nennt man ein geordnetes Paar. Für eine Funktion bildet man also für jedes $x \in D$ genau ein geordnetes Paar (x, y) und all diese Wertepaare werden zu einem neuen Objekt (in mathematischer Sprechweise: einer Menge[2]) zusammengefasst. Dieses Objekt ist die Funktion. Um dies genauer zu fassen, werden zwei weitere Begriffe eingeführt:

• *Linkstotal* heißt, dass bei den geordneten Paaren jedes Element $x \in D$ auftritt. Es wird also jedem Elemente des Definitionsbereichs ein „Partner" zugeordnet (und keines wird ausgelassen).[3]

---

[1]Dies ist ein Zitat aus einem in der Lehre verwendeten Vorlesungsskript der Linearen Algebra

[2]Teilweise benötigt man beim Umgang mit Funktionen die Tatsache, dass die Wertepaare angeordnet sind, aufsteigend nach der x-Koordinate. Dann liegt keine Menge vor sondern eine mit x indizierte Familie von Paaren.

[3]Dieser und die folgenden Begriffe lassen sich auch leicht in formaler Sprache definieren, darauf wird hier jedoch verzichtet.

- *Rechtseindeutig* bedeutet, dass bei festgelegtem linken Eintrag des geordneten Paares (dem x) der *rechte* Eintrag *eindeutig* ist. Zu keinem x gibt es zwei Funktionswerte. In der Schule wird dies beim Zeichnen einer Funktion im Koordinatensystem dadurch deutlich, dass keine zwei Funktionswerte übereinander liegen dürfen.

Zusätzlich ist teilweise noch relevant, dass die Wertepaare in der Reihenfolge der x-Koordinaten sortiert sind (z. B. für Konzepte wie Monotonie).

Damit ergibt sich die folgende Definition:

> Eine Funktion zwischen zwei Mengen, dem Definitionsbereich D und dem Wertebereich W, ist eine sortierte Menge geordneter Paare, die linkstotal und rechtseindeutig ist.

Diese Definition ist auch ohne die Verwendung formaler Sprache sehr abstrakt und auf keinen Fall für den Unterricht geeignet. Sie klärt jedoch die Strukturen des Begriffs und verdeutlicht damit, welche Strukturen die Schülerinnen und Schüler sich für die Begriffsbildung aneignen müssen, wobei jede Form formaler Beschreibung nur als Ergebnis am Endes dieses Begriffsbildungsprozesses stehen kann.

7.2. Heuristische Strategien im Funktionsbegriff

7.2.1. Strategien auf Grundlage der Begriffsdefinition

Bei der Definition des Funktionsbegriffs treten zwei verschiedene Formen von Superzeichen auf:

- Ein Wertepaar bzw. ein Punkt im Koordinatensystem ist ein Superzeichen der beiden Koordinaten. Beim Umgang mit Punkten im Koordinatensystem muss immer wieder zwischen der Operation auf dem Punkt als Ganzem und den einzelnen Koordinaten gewechselt werden, das Superzeichen „Wertepaar" also flexibel gebildet und aufgefaltet werden.

- Die Funktion ist eine Zusammenfassung der Punkte/Wertepaare zu einem neuen Ganzen und damit ein Superzeichen von Superzeichen. Beim Umgang mit Funktionen muss immer wieder zwischen der Operation auf der Funktion als Ganzem und den einzelnen Wertepaaren flexibel gewechselt werden.

Damit muss beim Umgang mit Funktionen über drei Hierarchieebenen sicher operiert werden und jeweils die relevante Ebene identifiziert und genutzt werden:

- einzelne Koordinaten,

- Wertepaare,

- Funktion als Ganzes.

Die Komplexität des Funktionsbegriffs ist damit analog zur Situation in der Bruchrechnung: Brüche sind Äquivalenzklassen von Zahlenpaaren, Funktionen sind Mengen von Zahlenpaaren. Da der Umgang mit Superzeichen für Schülerinnen und Schüler besonders schwierig ist, muss diese Begriffsbildung langsam und sorgfältig geschehen, bevor mit den Funktionen formal operiert wird.

Ebenso wie bei der Bruchrechnung müssen auch beim Umgang mit Funktionen mehrere Repräsentationen genutzt werden können.

In der Schule treten für die Repräsentation dieser Paarmengen typischerweise drei Darstellungsformen auf (Leuders & Prediger, 2005; Stender, 2001):

- Wertetabellen. Ist die Definitionsmenge D endlich, kann die Wertetabelle vollständig angegeben werden. Hat D unendlich viele Elemente, können (in der Schulmathematik) in der Regel endliche viele Wertepaare so ausgewählt werden, dass die Funktion eindeutig beschrieben ist.[4]

- Ein Funktionsgraph. In der Schulmathematik treten fast nur Funktionen $\mathbb{R}{\rightarrow}\mathbb{R}$ auf. Diese sind dementsprechend Teilmengen des $\mathbb{R} \times \mathbb{R} = \mathbb{R}^2$. Diese Menge ist als Ebene in einem Koordinatensystem darstellbar. Dann markiert der Funktionsgraph gerade die Punkte des $\mathbb{R} \times \mathbb{R}$, die zur Funktion gehören.

- Eine Rechenvorschrift (Funktionsterm), die besagt, wie man bei gegebenem $x \in D$ den rechten Eintrag des geordneten Paares ausrechnet: $(x, x^2 + x + 1)$.

Prägnant zusammengefasst wird über diese drei Repräsentationen als „Tabelle, Graph, Term[5]" geredet.

Leuders und Prediger (2005) führen neben den drei Repräsentationen „Tabelle, Graph, Term" noch für die jeweilige Funktion typische Realsituationen an. Darüber hinaus ist im Unterricht noch eine sprachliche Beschreibung des qualitativen Funktionsverlaufs relevant, um typische Funktionsgraphen (Gerade, Parabel, Hyperbel, Graph der Exponentialfunktion) zu beschreiben. Damit müssen für die Bildung des Funktionsbegriffs (mindestens) fünf verschiedene Repräsentationen beherrscht

---

[4]Für ein Polynom n-ten Grades genügen formal $n+1$ Wertepaare. Analog genügen bei bekannten Funktionstypen endliche viele Wertepaare, um die möglichen Parameter zu bestimmen. Zum Erstellen eines Funktionsgraphes verwendet man dann weitere Wertepaare.

[5]Hier wird durchgängig die Formulierung „Funktionsterm" und nicht „Funktionsgleichung" verwendet. Dafür gibt es mehrere Gründe:

In der formalen Schreibweise der Universitätsmathematik tritt das Gleichheitszeichen nicht auf:

$$f : \begin{array}{c} D {\rightarrow} W \\ x \mapsto x^2 + x + 1 \end{array}$$

In der Schreibweise $f(x) := x^2 + x + 1$, wird das „$:=$" regelhaft durch „$=$" ersetzt, was sachlich falsch ist: Der Ausdruck „$f(x)$" wird durch den rechten Term definiert und ist diesem nicht gleich im Sinne einer lösbaren Gleichung sondern nur eine abkürzende Schreibweise für den Term. Dies ist häufig eine Quelle für Fehlverständnis: Schülerinnen und Schüler neigen dazu, „Funktionsgleichungen" und zu lösende Gleichungen in derselben Weise zu behandeln, so ist es z. B. ein verbreiteter Fehler, eine Funktionsgleichung „durch drei zu teilen" – unter Vernachlässigung der linken Seite. Die Fokussierung auf den „Term" soll dem entgegen wirken. Ist der Funktionsbegriff und die Bedeutung des Funktionsterms von Schülerinnen und Schülern gut verstanden, dann kann die Abkürzung $f(x) := x^2 + x + 1$ sinnvoll eingeführt werden.

Von→Zu	Situation	Graph	Tabelle	Term	Sprache
Situation	Gegebene Information organisieren.	(Qualitative) Skizzen fertigen aufgrund der Sachsituation oder aus Daten.	Aus der Sachsituation oder dem beschreibenden Text direkt Wertepaare entnehmen.	Den Funktionstyp und die Parameter aus der Situation folgern.	Funktionales der Situation sprachlich beschreiben.
Graph	Verlauf des Graphen im Sachbezug verwenden	Koordinatensystem verändern (z.B. auch Verschieben, Drehen, Spiegeln)	Punkte systematisch ablesen und in eine Tabelle eintragen.	Den Funktionstyp und die Parameter aus dem Graphen folgern.	Verlauf des Graphen sprachlich darstellen.
Tabelle	Wertepaare bzw. deren systematische Veränderungen aus der Tabelle entnehmen und im Kontext beschreiben können.	Punkte einzeichnen und sinnvoll verbinden.	Tabelle mit weiteren Einträgen versehen.	Den Funktionstyp und die Parameter aus der Tabelle folgern.	Die Funktion aufgrund von Wertepaaren sprachlich beschreiben.
Term	Funktionsterm bzw. dessen Parameter im Kontext einer Situation sinnvoll interpretieren.	Aufgrund der Parameter Graphen direkt zeichnen.	Eine Wertetabelle aufstellen oder einzelne Werte bestimmen.	Funktionsterm umformen.	Die Funktion aufgrund des Funktionsterms sprachlich beschreiben.
Sprache	Ein Anwendungsbeispiel für einen sprachlich gegebenen Funktionsverlauf angeben.	Einen Graphen für einen sprachlich gegebenen Funktionsverlauf zeichnen.	Wertepaare für einen sprachlich gegebenen Funktionsverlauf bestimmen.	Einen Funktionsterm für einen sprachlich gegebenen Funktionsverlauf bestimmen.	Eine Funktion mit anderen Worten beschreiben.

Tabelle 7.1.: Repräsentationswechsel bei Funktionen

werden und dazu sämtliche Repräsentationswechsel zwischen diesen Repräsentationen: erst durch die Repräsentationswechsel wird deutlich, dass die verschiedenen Repräsentationen denselben Gegenstand beschreiben. Diese Repräsentationswechsel werden in Tabelle 7.1 dargestellt. Dabei treten auch Repräsentationswechsel innerhalb der Repräsentationsform auf, da diese unterschiedliche Ausprägungen annehmen können, z. B. verschiedene Funktionsterme für dieselbe Funktion.

Die sprachliche Beschreibung des Funktionsverlaufs beantwortet in der Regel implizit die Frage:

Wie verändert sich der Funktionswert $f(x)$, wenn die Variable x wächst?

Hier wird das Konzept der *Kovariation* verwendet, also das *Variieren* einer Größe, mit der Folge, dass eine zweite Größe *davon abhängig variiert* wird. Der Ausdruck „*Kovariation*" betont dabei das gemeinsame Variieren der beiden Koordinaten, also das Variieren der Paare als Ganzes.

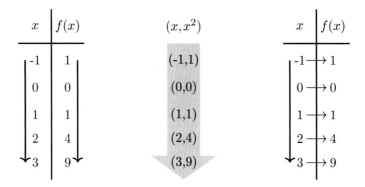

Abbildung 7.1.: Visualisierungen der Kovariation

Die Visualisierung mit zwei Pfeilen in Abbildung 7.1 ist weniger günstig, da diese Visualisierung auch als zwei getrennte Variationen interpretiert werden kann. Schülerinnen und Schüler neigen dazu, wenn möglich, die Spalten einer Wertetabelle separat auszufüllen. Dies gelingt insbesondere bei linearen Funktionen: bei äquidistanten x-Werten sind dann die Funktionswerte ebenfalls äquidistant. Schülerinnen und Schüler erkennen dies schnell und nutzen es aus. Für die Bewältigung der konkreten Aufgabe ist dies geschickt, für die das Konzept der Kovariation ist dies jedoch offensichtlich ungünstig. Die mittlere oder rechte Visualisierung drückt das Konzept der Kovariation besser aus: die Denkrichtung von der x-Koordinate zur y-Koordinate muss im Unterricht gefördert werden[6].

Die in Tabelle 7.1 genannten Repräsentationswechsel beschreiben jeweils eine große Anzahl möglicher Operationen: der Eintrag „Funktionsterm umformen" umfasst alle möglichen (sinnvollen) Termumformungen von den in der Schule verwendeten Funktionstermen. Jeder Eintrag beschreibt damit viele verschiedene Einzelkompetenzen.

---

[6]Diese Visualisierungen dienen hier zur Konzeptklärung und sind nicht für den Unterricht gedacht.

Fasst man alle Einträge zusammen, so werden die Lernziele der Bildungsstandards durch die Tabelle vollständig abgebildet.

Zusammenfassend kann man somit sagen:

> Eine Schülerin oder ein Schüler weiß, was eine Funktion ist, wenn er oder sie die verschiedenen Darstellungen einer Funktion kennt (Term, Tabelle, Graph, Beschreibung, paradigmatisches Anwendungsbeispiel) und zwischen diesen Repräsentationen in Abhängigkeit von der zu bearbeitenden Fragestellung wechseln kann.

In älteren Schulbüchern werden fast ausschließlich einzelne dieser Repräsentationswechsel fokussiert. Diese sind in Tabelle 7.1 rot hervorgehoben. Diese traditionell geringe Auswahl aus dem Gesamtkonzept kann nicht zu einem sinnvollen Funktionsverständnis führen. Dies ist vermutlich einer der Gründe, warum der Erwerb des Funktionsbegriffs nach diesem Lehrkonzept so oft misslingt. Dabei ist diese Auswahl historisch sinnvoll: als Wertetabellen noch mit Rechenschiebern realisiert werden mussten, war der Aufwand schon für kurze Wertetabellen immens, so dass das Zeichnen eines Funktionsgraphs direkt auf Grundlage des Funktionsterms (Mittelstufe) oder unter Nutzung von möglichst wenigen Wertepaaren (Kurvendiskussion) eine wichtige Kompetenz war. Taschenrechner und Computer ermöglichen hier andere Zugänge.

Für den Aufbau eines Funktionsbegriffs, der alle genannten Repräsentationswechsel umfasst, ist es förderlich, alle fünf Repräsentationen schon beim Begriffsaufbau sinnvoll einzusetzen. Konzepte dazu werden in Abschnitt 7.3 beschrieben.

7.2.2. Strategien im Umgang mit Funktionen

Fast alle der in Abschnitt 2.2 beschriebenen heuristischen Strategien treten im Umgang mit Funktionen auf. Hier werden geordnet nach den Strategien Beispiele angegeben.

Zum Optimieren muss man variieren „Optimieren heißt in der Mathematik, den in Hinsicht auf ein (funktional abhängiges) Kriterium besten Kandidaten aus einer Menge bestimmen" (Seite 41). Das Variieren der unabhängigen Variablen x unter Betrachtung der abhängigen Variablen $f(x)$ ist eine unmittelbare Anwendung des Prinzips der Kovariation. Viele realitätsnahe Optimierungsfragestellungen werden von Schülerinnen und Schülern als sinnvolle Fragen wahrgenommen und stellen so einen guten Kontext für den Umgang mit der Kovariation dar. Ein Vergleich mit Tabelle 7.1 zeigt, dass bei der Bearbeitung von Optimierungsfragestellen mehrere der in der Tabelle enthaltenen Repräsentationswechsel auftreten: Sachsituationen werden in Rechenvorschriften übersetzt, Wertetabellen werden erstellt (in der Mittelstufe) und Graphen gezeichnet. Wird der Funktionsbegriff über Optimierungsfragestellungen eingeführt, kann dabei dementsprechend ein wichtiger Teil von Tabelle 7.1 aktiviert werden und die Strategie „Zum Optimieren muss man variieren" angelegt werden.

Approximieren Sämtliche Grenzwertbetrachtungen im Umgang mit Funktionen verwenden das Konzept, Größen beliebig gut zu approximieren. Differentialrechnung und Integralrechnung basieren damit unter anderem auf diesem Prinzip. Dabei können erste Überlegungen zu Grenzwerteüberlegungen schon bei der Behandlung umgekehrt proportionaler Funktionen ($f : x \mapsto \frac{1}{x}$) angestellt werden, insbesondere, wenn diese in Sachkontexte (z. B. Verteilung eines Gutes an eine steigende Anzahl von Personen) eingebunden sind.

Iteration und Rekursion Näherungsverfahren für das Auffinden von Nullstellen basieren auf Approximation und sind damit wichtige Anlässe, diese Strategie im Unterricht zu nutzen. In der Mittelstufe kann Intervallhalbierung verwendet werden oder das Heron-Verfahren zum Wurzelziehen. Nach der Einführung der Differentialrechnung ist das Newton-Verfahren eine wichtige Methode. Diese Verfahren stellen Iterationsprozesse dar, durch die gesuchte Lösungen *approximiert* werde.

Betrachte Grenzfälle oder Spezialfälle In Optimierungsaufgaben wie „Zaun am Fluss" (Abbildung 2.6) kann die Betrachtung von Grenzfällen zu Einsichten führen: für sehr breite oder sehr schmale Rechtecke wird der Flächeninhalt sehr klein, für einen Spezialfall mit mittlerer Breite sichtbar größer. Dabei wird bereits das Prinzip der Kovariation verwendet. Dies gelingt offensichtlich sogar, ohne explizit mit Variablen zu formulieren. Die Schnittpunkte einer Funktion mit den Koordinatenachsen stellen Spezialfälle dar und sind in Sachkontexten häufig von besonderer Bedeutung.

Symmetrie nutzen Ist von einer Funktion eine Symmetrieeigenschaft bekannt, so kann dies die Berechnung spezieller Werte wie der Nullstellen oder der Extrempunkte erleichtern: kennt man einen dieser Punkte, so ist auch der symmetrische Partner bekannt. Auch das Erstellen von Wertetabellen kann durch das Erkennen einer Symmetrie vereinfacht werden.

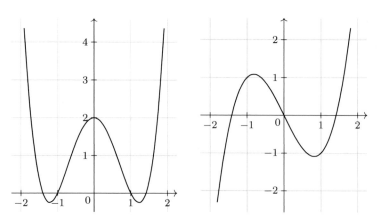

Abbildung 7.2.: Symmetrische Funktionen

Proportionale und affin lineare Funktionen weisen eine sehr hohe innere Symmetrie auf: sie sind Invariant gegenüber allen zentrischen Streckungen mit Streckzentrum auf der Funktion! Das macht diese Funktionstypen zu sehr speziellen Fällen im Funktionenraum. Dies sollte im Unterricht deutlich werden, kann jedoch erst verstanden werden, wenn auch hinreichend viele andere Funktionstypen bekannt sind.

Systematisches Probieren In der Schule wird für das Bestimmen von Nullstellen oder Schnittstellen das Lösen einer Gleichung bevorzugt. Dies ist sinnvoll vor dem Hintergrund, dass analytische Lösungen oftmals aussagekräftiger sind und besser verallgemeinert werden können als numerische Lösungen oder „geratene" Lösungen. Oftmals ist das Bestimmen einer Nullstelle oder Schnittstelle mittels systematischem Probieren jedoch schneller oder sogar die einzige praktikable Lösung, beispielsweise bei Polynomen höheren Grades. Vergleichbares gilt, wenn bei vorgegebenem Funktionstyp die Parameter der Funktion bestimmt werden sollen, was in der Regel mit Gleichungssystemen realisisert wird. Daher ist es sinnvoll, systematisches Probieren im Umgang mit Funktionen frühzeitig zu kultivieren und nicht als „Notlösung" einzuführen, dann kann diese Strategie oft umständliche Rechnungen ersetzen.

Diskretisieren Für eine Funktion $f : \mathbb{R} \to \mathbb{R}$ ist eine Wertetabelle das Ergebniss einer Diskretisierung: statt unendlich vieler dicht liegender Wertepaare werden nur endlich viele Wertepaare notiert. Dies ist in der numerischen Mathematik ein Standardverfahren, da man numerisch immer nur endlich viele Rechenschritte realisieren kann.

Die Übersetzung einer Wertetabelle in einen Funktionsgraphen ist dabei nicht eindeutig: In der linken Darstellung sind nur die tatsächlich vorhandenen sieben

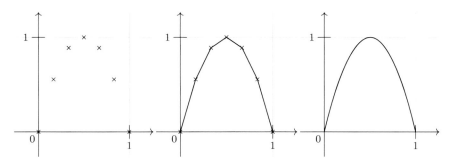

Abbildung 7.3.: Verschiedene Formen der Rediskretisierung

Wertepaare eingetragen. In der Mitte sind diese Werte zusätzlich mit Strecken verbunden. Dies soll nicht den tatsächlichen Funktionsverlauf beschreiben, sondern die Tatsache Visualisieren, dass diese Punkte zusammengehören. Nur wenn über den tatsächlichen Funktionsverlauf zwischen den Punkten zusätzliche Informationen vorliegen, gelingt die rechte Zeichnung. Die Lehrperson verfügt regelhaft über zusätzliche Informationen, z. B., dass es sich um eine quadratische Funktion handelt und wie deren Funktionsgraph typischerweise aussieht. Schülerinnen und Schüler wissen dies zunächst nicht, daher ist dann auch die mittlere Darstellung sachgerecht. In mehrdimensionalen Situationen wird regelhaft zwischen den bekannten Punkten linear interpoliert (Abbildung 7.4), ein entsprechendes Vorgehen von Schülerinnen und Schülern ist daher sinnvoll. Wie anspruchsvoll das „runde" Zeichnen einer Funktion auf Grundlage einer diskreten Wertetabelle ist, wird deutlich, wenn man dies mathematisch algorithmisch realisiert: dann sind Spline-Interpolation oder Bézierkurven erforderlich.

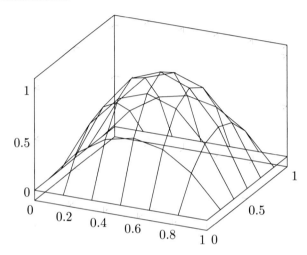

Abbildung 7.4.: Diskretisierte quadratische Funktion im Dreidimensionalen

Invarianzprinzip Bei proportionalen und affin linearen Funktionen ist die Steigung eine Invariante, in Wertetabellen mit äquidistanten Einträgen für x sind die Differenzen der Funktionswerte invariant. Diese Invarianz beschreibt eine Symme-

x	$y := x^2$	Δy	$\Delta(\Delta y)$
-4	16		
-3	9	7	
-2	4	5	2
-1	1	3	2
0	0	1	2
1	1	-1	2
2	4	-3	2
3	9	-5	2
4	16	-7	2

Tabelle 7.2.: Quadratische Funktion und Differenzen der Funktionswerte

trieeigenschaft dieser Funktionen: bei variiertem x ändert sich die Steigung nicht, dies ist eine Form der Translationssymmetrie.

Bei quadratischen Funktionen ist die zweite Ableitung eine Invariante. In Wertetabellen mit äquidistanten Einträgen für x sind die Differenzen der Differenzen der Funktionswerte invariant (Abbildung 7.2). Diese Eigenschaft gilt nicht nur für die dargestellte Normalparabel, sondern aufgrund der **Invarianz** der Differenzen der Funktion unter Verschiebung der Normalparabel auch für alle Normalparabeln. Werden die y-Koordinaten mit einem konstanten Faktor a multipliziert, so auch die Differenzen und deren Differenzen (Differenzbildung ist eine lineare Funktion), so dass die Einträge der rechten Spalte $2a$ lauten, wenn die x-Koordinaten mit der Schrittweite 1 wachsen.

Superpositionsverfahren – Zerlege dein Problem in Teilprobleme Die Ableitungen von komplexeren Funktionen werden auf die Ableitungen von einfachen Funktionen mit Hilfe der Ableitungsregeln zurückgeführt: Faktorregel und Summenregel genügen dabei dem Superpositionsprinzip im engeren Sinne, sie machen die Ableitung zu einem linearen Operator auf dem Vektorraum der differenzierbaren Funktionen. Für Produktregel, Quotientenregel und Kettenregel gilt das Superpositionsprinzip im weiteren Sinne: die Lösung der Aufgabe „Ableiten der komplexen Funktion" wird aus den Ableitungen von Teilen der Funktion zusammengesetzt. Für ein erfolgreiches Ableiten muss dafür die Funktion sinnvoll in **Teile zerlegt** werden.

Dieses Zusammensetzen von komplexeren Funktionen aus elementaren Funktionen wird nicht nur für die Ableitung realisiert: in Modellierungsprozessen werden oft verschiedene funktionale Abhängigkeiten zunächst getrennt modelliert und dann die Lösung des ganzen Problems als Superposition der Einzellösungen realisiert. So ist beispielsweise eine gedämpfte Schwingung eine Superposition der Schwingung und der Dämpfung.

$$f : x \to e^x \cdot sin(x)$$

Damit werden **neue** Funktionen auf **bekannte** Funktionen **zurückgeführt**.

Probleme auf Algorithmen zurückführen Der Umgang mit Funktionen geschieht mit einer großen Anzahl von Algorithmen: Ableiten und Integrieren, Bestimmen von Nullstellen durch das Lösen einer quadratischen oder linearen Gleichung, Umformungen des Funktionsterms (Scheitelpunktsform – Produktform – Normalform) oder die Kurvenkonstruktion mit Hilfe von linearen Gleichungssystemen. Werden Kurvendiskussionen in der Oberstufe durchgeführt, kommen weitere Algorithmen wie Polynomdivision oder Grenzwertbestimmungen beispielsweise für $x \to \infty$ hinzu.

Vergrößere den Suchraum Dieser Strategie begegnen Studierende der Mathematik in der Studieneingangsphase: Der Funktionsbegriff in der Schule entspricht eher dem Funktionsbegriff von Leonard Euler: Eine Funktion ist, was man im Koordinatensystem mit einer durchgehenden Linie zeichnen kann oder wofür man einen Funktionsterm angeben kann. Der formale Funktionsbegriff umfasst viel mehr:

einerseits sind die Mengen, zwischen denen eine Abbildung betrachtet wird, nicht mehr nur die reellen Zahlen sondern auch Vektorräume, Funktionenräume und vieles mehr. Ebenso sind die möglichen Zuordungsvorschriften deutlich vielfältiger: eine geschlossener Term muss nicht vorliegen, ein regelhafter also beispielsweise stetiger oder differenzierbarer Funktionsverlauf ist nicht mehr selbstverständlich sondern wird also besondere Eigenschaften von Funktionen identifiziert. Diese Verallgemeinerung des Funktionsbegriffs stellt eine große Hürde in der Studieneingangsphase dar, was nicht verwundert, die entsprechende Mathematik selbst ist verhältnismäßig jung.

7.3. Überlegungen zum Unterricht

Im klassischen Unterrichtsgang (z.B. Bayerisches Staatsministerium für Unterricht und Kultus, 2009) zum funktionalen Denken wird zunächst der Umgang mit Termen und dann mit Gleichungen behandelt. Danach folgen zunächst proportionale Funktionen, dann affin lineare Funktionen und später quadratische Funktionen und weitere Funktionstypen. Für den Lernprozess treten dabei folgende Probleme auf:

- Der Sinn der Termumformung erschließt sich Schülerinnen und Schülern erst beim Lösen von Gleichungen – vorher stellen Termumformungen Repräsentationswechsel dar, mit denen kaum sinnvolle Fragen beantwortet werden können. Das ist klassisches Vorratslernen („Das braucht ihr später!"), das selten gut gelingt. Dies ist kognitionspsychologisch gut belegt: die Theorie des situierten Lernens sagt, dass Gelerntes später gut in den Kontexten angewendet werden kann, in denen es gelernt wurde. Wenn während des Lernprozesses die wichtigen Anwendungskontexte nicht bekannt sind, stellt daher eine spätere Anwendung der Termumformung immer eine Transferleistung dar.

- Der Sinn des Lösens von Gleichungen erschließt sich Schülerinnen und Schülern erst beim Umgang mit Funktionen: Gleichungen sind die Methode der Mathematik, um Fragen an Funktionen zu stellen. Vorher ist das Lösen von Gleichungen nur innermathematisches Operieren, das Schülerinnen und Schüler kaum als hilfreich wahrnehmen. Kontextfreies Lösen von Gleichungen ist ebenso wie kontextfreie Termumformung klassisches Vorratslernen.

- Proportionale Funktionen haben in der Fachsystematik eine herausgehobene Stellung als einfachster besonders symmetrischer Funktionstyp. Die Fragen, die man mit proportionalen Funktionen beantworten kann, können jedoch bereits mit Dreisatz gelöst werden. Die Wirkmächtigkeit des neuen mathematischen Gegenstandes „Funktion" kann an diesem zu einfachen Beispiel daher nicht deutlich werden. Proportionale Funktionen erscheinen eher als neuer Fachgegenstand, der nur hilft Probleme zu lösen, die man bereits lösen kann.

Verallgemeinernd ist es nie günstig, neue Konzepte an sehr speziellen Fällen zu lehren[7]: die Lehrperson weiß genau, welche Aspekte des speziellen Falls „proportionale Funktionen" für das ganze Konzept „Funktionsbegriff" gelten und welche Aspekte speziell für die proportionalen Funktionen sind (hohe Symmetrie, konstante Steigung, Graph mit Lineal zeichenbar, spezielle Punkt $(0,0)$). Schülerinnen und Schüler können dies mangels genügend weiterer Beispiele nicht erkennen und konzeptionell einordnen. Dies führt dann teilweise zu einer Vorstellung vom allgemeinen Funktionsbegriff, der Teile vom Spezialfall „proportionale Funktion" enthält, z. B. den Aspekt, dass Funktionen mit einem Lineal gezeichnet werden.

- Gleiches gilt für einzelne affin lineare Funktionen, auch diese sind sehr spezielle Fälle ohne nennenswertes Klärungspotential für konkrete Fragestellungen. Lineare Funktionen werden erst interessant, wenn man mehrere Funktionen in einem Kontext betrachte, beispielsweise um verschiedene Kostenangebote mit Fixkosten und Stückkosten zu vergleichen. Dann tritt der Schnittpunkt als neues Objekt auf, das Fragestellungen beantworten kann, die bisher nicht behandelt wurden.

Erst quadratisches Funktionen haben im Vergleich zum Zahlenrechnen eine wichtige neue Eigenschaft, die es erlaubt, qualitativ neue Fragestellungen zu behandeln: man kann maximale/minimale Situationen betrachten (optimieren). Dieser Funktionstyp ist also der einfachste, der sinnhaft funktionales Denken transportieren kann. Im klassischen Unterrichtsgang wird dieser Funktionstyp für eine grundlegende Begriffsbildung jedoch viel zu spät behandelt, so dass Fehlvorstellungen sich oft bereits verfestigt haben.

Für einen sinnstiftenden Unterricht muss diese Aufzählung (Termumformunge, Gleichungen lösen, proportionale Funktionen, affin-lineare Funktionen, quadratische Funktionen) offensichtlich von hinten nach vorn durchlaufen werden: zunächst Beispiele zur Optimierung, an denen die Repräsentationswechsel aus Tabelle 7.1 im Zusammenhang entwickelt werden, dann Beispiele mit zwei linearen Funktion, die auf einfache Gleichungen führen und damit den Sinn des Lösens von Gleichungen fundieren. Beim Lösen von Gleichungen kann dann simultan Termumformungskompetenz erworben werden. Proportionale Funktionen müssen dann als Spezialfall untersucht werden, was recht einfach gelingt, da bei vorhandenem allgemeinen Wissen von Funktionen proportionale Funktionen sehr einfache Objekte sind. Ein entsprechender Unterrichtsgang wurde bereits mehrfach erfolgreich durchgeführt (Stender, 2014) und basiert auf einer Liste von Optimierungsaufgaben aus Stender (2001). Dort wurde eine Tabellenkalkulation verwendet, der Unterrichtsgang ist jedoch mit modernen Taschenrechnern noch sinnvoller realisierbar.

Der Sachkontext „Funktelefontarife" (Stender, 2001, S. 48 ff.) ist für den Vergleich von Kostenstrukturen mit affin linearen Funktionen nicht mehr zeitgemäß, kann

---

[7]Ein weiteres Beispiel für die problematische Einführung eines Begriffs mit Hilfe eines hochsymmetrischen Spezialfalls ist die Einführung des Begriffs „Wahrscheinlichkeit" über die Laplace-Wahrscheinlichkeit, die auch nur symmetrische Spezialfälle abdeckt.

aber durch andere Fragestellungen ersetzt werden, wie beispielsweise der Vergleich von Carsharingtarifen (Stender, 2021a).

Für das Lösen von Gleichungen und den Erwerb von Termumformungskompetenz wurde in dem Unterrichtsgang ein Aufgabensatz verwendet, bei dem *Gleichungen mit zunehmender Komplexität* bearbeitet werden[8]. Die Aufgaben wurden immer mit Lösungen ausgegeben: die Schülerinnen und Schüler kontrollierten selbst sofort nach Bearbeitung jeder Aufgabe, ob diese richtig gelöst wurde und suchten gegebenenfalls selbstständig nach dem Fehler, was den Lernprozess sehr intensiv machte. Darüber hinaus wurde deutlich, dass es hier nicht um die Lösung geht, sondern um den Lösungsprozess. Die Aufgabenbearbeitung (Nr. 1–74) ist für Schülerinnen und Schüler nur dann sinnhaft, wenn *vorher* die Bedeutung von Gleichungen in Hinblick auf Funktionen in Sachkontexten geklärt wurde! Dann führt diese Unterrichtseinheit zu stabilen Fertigkeiten im Umgang mit Gleichungen.

---

[8]Z. B. Bruchgleichungen auf https://www.peterstender.de/Gleichungen.pdf

8. Vom Lösen quadratischer Gleichungen

8.1. Fachliche Analyse

Die Fähigkeit zum Lösen von quadratischen Gleichungen ist eine der zentralen Fertigkeiten, die im Mathematikunterricht der Mittelstufe erworben werden. Dabei gibt es unterschiedliche Lösungsverfahren, die hier zunächst dargestellt werden. Dann werden die dabei verwendeten heuristischen Strategien identifiziert.

8.1.1. Klassischer Zugang – quadratische Ergänzung

Üblicherweise beginnt man zunächst mit einfachen quadratischen Gleichungen, die durch Anwendung der binomischen Formel direkt gelöst werden können (hier wird nur ein einzelnes Beispiel expliziert, in der Schule werden es mehrere sein):

$$x^2 + 6x + 9 = 0 \Leftrightarrow (x+3)^2 = 0 \Leftrightarrow x = -3 \tag{8.1}$$

Dies Variation dieses Aufgabentyps führt dann dazu, dass eine quadratische Ergänzung notwendig wird:

$$x^2 + 6x + 5 = 0 \Leftrightarrow x^2 + 6x + 9 = 4 \Leftrightarrow (x+3)^2 = 4 \Leftrightarrow$$

$$x + 3 = 2 \lor x + 3 = -2 \Leftrightarrow x = -3 + 2 = -1 \lor x = -3 - 2 = -5 \tag{8.2}$$

Nach einigen Übungen wird diese Rechnung mit Buchstaben statt Zahlen durchgeführt, was zur $p-q-$Formel führt[1]:

$$x^2 + px + q = 0 \Leftrightarrow x^2 + px + \left(\frac{p}{2}\right)^2 = \left(\frac{p}{2}\right)^2 - q \Leftrightarrow \left(x + \frac{p}{2}\right)^2 = \left(\frac{p}{2}\right)^2 - q \Leftrightarrow$$

$$x + \frac{p}{2} = \pm\sqrt{\left(\frac{p}{2}\right)^2 - q} \Leftrightarrow x = -\frac{p}{2} \pm \sqrt{\left(\frac{p}{2}\right)^2 - q} \tag{8.3}$$

Bevorzugt man die $a-b-c-$Formel, umfasst die Rechnung zwei Schritte mehr:

$$a \cdot x^2 + b \cdot x + c = 0 \Leftrightarrow x^2 + \frac{b}{a}x + \frac{c}{a} = 0 \Leftrightarrow x^2 + \frac{b}{a}x + \left(\frac{b}{2a}\right)^2 = \left(\frac{b}{2a}\right)^2 - \frac{c}{a} \Leftrightarrow$$

---

[1]Es wird hier und im Folgenden unterstellt, dass nur quadratische Gleichungen mit Lösungen untersucht werden, so dass die Voraussetzung, dass der Radikand positiv ist, nicht jedes mal neu notiert wird.

© Der/die Autor(en), exklusiv lizenziert durch
Springer-Verlag GmbH, DE, ein Teil von Springer Nature 2021
P. Stender, *Heuristische Strategien in der Schulmathematik*,
https://doi.org/10.1007/978-3-662-64079-1_8

$$\left(x+\frac{b}{2a}\right)^2 = \left(\frac{b}{2a}\right)^2 - \frac{c}{a} \Leftrightarrow x = -\frac{b}{2a} \pm \sqrt{\left(\frac{b}{2a}\right)^2 - \frac{c}{a}} = \frac{-b \pm \sqrt{b^2 - 4ac}}{2a} \qquad (8.4)$$

Die Verwendung der Lösungsformel erspart dementsprechend (je nach Zählweise) vier bis sechs Rechenschritte gegenüber der Rechnung mit der quadratischen Ergänzung.

8.1.2. Zugang mit Substitution

Motiviert ist dieser Zugang durch das Standardverfahren zum Lösen kubischer Gleichungen und von Gleichungen vierter Ordnung. Dort wird durch Substituieren die kubische Gleichung so verändert, dass zunächst der lineare, dann der quadratische Term verschwindet, wodurch die Gleichung lösbar wird. In der Schule wird auch bei Verwendung dieses Zugangs zunächst mit konkreten Zahlenbeispielen gearbeitet werden. Dies wird hier und im Folgenden übersprungen und es wird direkt eine Lösung mit Parametern gezeigt.

Es wird wieder die Standardgleichung untersucht:

$$a \cdot x^2 + b \cdot x + c = 0 \qquad (8.5)$$

Nun wird substituiert:

$$x = z + d \qquad (8.6)$$

z ist dabei die neue Variable, d soll dann später so gewählt werden, dass das lineare Glied der neuen quadratischen Gleichung Null wird.

$$a \cdot (z+d)^2 + b \cdot (z+d) + c = 0 \qquad (8.7)$$

$$a \cdot (z^2 + 2 \cdot d \cdot z + d^2) + b \cdot (z+d) + c = 0 \qquad (8.8)$$

$$a \cdot z^2 + 2 \cdot a \cdot d \cdot z + a \cdot d^2 + b \cdot z + b \cdot d + c = 0 \qquad (8.9)$$

$$a \cdot z^2 + (2 \cdot a \cdot d + b) \cdot z + a \cdot d^2 + b \cdot d + c = 0 \qquad (8.10)$$

Nun wird d so gewählt, dass der lineare Term Null wird, also

$$2 \cdot a \cdot d + b = 0 \Leftrightarrow d = -\frac{b}{2a} \qquad (8.11)$$

In geometrischer Deutung bedeutet dies, dass die Funktion so seitlich verschoben wird, dass der Scheitel auf der y-Achse liegt, da der Scheitel bei quadratischen Funktionen ohne linearen Term immer auf der y-Achse liegt. Setzt man (8.11) in (8.10) ein, so ein erhält man

$$a \cdot z^2 + a \cdot \left(-\frac{b}{2a}\right)^2 + b \cdot \left(-\frac{b}{2a}\right) + c = 0 \qquad (8.12)$$

$$a \cdot z^2 + \frac{b^2}{4a} - \frac{b^2}{2a} + c = 0 \qquad (8.13)$$

$$a \cdot z^2 + \frac{b^2}{4a} - \frac{2b^2}{4a} + \frac{4ac}{4a} = 0 \qquad (8.14)$$

$$a \cdot z^2 - \frac{b^2}{4a} + \frac{4ac}{4a} = 0 \tag{8.15}$$

$$z^2 - \frac{b^2}{4a^2} + \frac{4ac}{4a^2} = 0 \tag{8.16}$$

$$z = \pm\sqrt{\frac{b^2}{4a^2} - \frac{4ac}{4a^2}} \tag{8.17}$$

Durch Resubstituieren $z = x - d$ erhält man wieder die $a - b - c-$Formel:

$$x = -\frac{b}{2a} \pm \sqrt{\frac{b^2}{4a^2} - \frac{4ac}{4a^2}} = \frac{-b \pm \sqrt{b^2 - 4ac}}{2a} \tag{8.18}$$

Da man die Scheitelstelle der Parabel nebenbei ermittelt hat

$$x_s = -\frac{b}{2a} \tag{8.19}$$

erhält man durch Einsetzen in $a \cdot x^2 + b \cdot x + c$ die $y-$Koordinate des Scheitels

$$y_s = a \cdot \left(-\frac{b}{2a}\right)^2 + b \cdot \left(-\frac{b}{2a}\right) + c = \frac{b^2}{4a} - \frac{b^2}{2a} + c = -\frac{b^2}{4a} + \frac{4ac}{4a} = -\frac{b^2 - 4ac}{4a} \tag{8.20}$$

8.1.3. Scheitelpunktsform

Ist (x_s, y_s) der Scheitelpunkt einer quadratischen Funktion, so lautet die Scheitelpunktsform

$$f(x) = a \cdot (x - x_s)^2 + y_s \tag{8.21}$$

In dieser Form erhält man die Nullstellen der Funktion besonders einfach:

$$a \cdot (x - x_s)^2 + y_s = 0 \tag{8.22}$$

$$(x - x_s)^2 = -\frac{y_s}{a} \tag{8.23}$$

$$x = x_s \pm \sqrt{-\frac{y_s}{a}} \tag{8.24}$$

Multipliziert man die Scheitelpunktsform aus, so erhält man

$$f(x) = a \cdot (x - x_s)^2 + y_s = a \cdot x^2 - 2a \cdot x_s \cdot x + a \cdot x_s^2 + y_s \tag{8.25}$$

Ein Koeffizientenvergleich mit

$$a \cdot x^2 + b \cdot x + c = 0 \tag{8.26}$$

ergibt:

$$b = -2a \cdot x_s \text{ und } c = a \cdot x_s^2 + y_s \tag{8.27}$$

und somit wie oben

$$x_s = -\frac{b}{2a} \text{ und } y_s = -a \cdot x_s^2 + c = -a \cdot \left(-\frac{b}{2a}\right)^2 + c = -\frac{b^2}{4a} + \frac{4ac}{4a} = -\frac{b^2 - 4ac}{4a}$$
(8.28)

Setzt man dies in (8.24) ein, so erhält man ebenfalls

$$x = x_s \pm \sqrt{-\frac{y_s}{a}} = -\frac{b}{2a} \pm \sqrt{\frac{b^2 - 4ac}{4a^2}} = \frac{-b \pm \sqrt{b^2 - 4ac}}{2a}$$
(8.29)

8.1.4. Faktorisierte Form

Liegt eine quadratische Funktion in Produktform vor, können die Nullstellen direkt angegeben werden:

$$f(x) = a(x - x_{0_1})(x - x_{0_2})$$
(8.30)

f hat die Nullstellen x_{0_1} und x_{0_2}. Auch hier kann man nach dem Ausmultipliziern einen Koeffizientenvergleich durchführen:

$$f(x) = a(x - x_{0_1})(x - x_{0_2}) = ax^2 - a(x_{0_1} + x_{0_2})x + a \cdot x_{0_1} \cdot x_{0_2}$$
(8.31)

$$b = -a(x_{0_1} + x_{0_2}) \text{ und } c = a \cdot x_{0_1} \cdot x_{0_2}$$
(8.32)

Dies ist für $a = 1$ der Satz von Vieta, der für einfache ganzzahlige Gleichungen das direkte Erkennen der Lösungen erlaubt.

Daneben zeigt dieser Satz, dass Fragen der Art „Bekannt sind die Summe und das Produkt zweier Zahlen – bestimme die Zahlen" auf das Lösen quadratischer Gleichungen führt. Geometrisch tritt dies beispielsweise bei der Suche nach den Seiten eines rechtwinkligen Dreiecks auf, wenn die Hypotenuse c und die Höhe h des Dreicks gegeben sind: mit den Hypothenusenabschnitten p und q gilt dann: $c = p + q$ und $h^2 = p \cdot q$ (Höhensatz des Euklid - hier sind p und q nicht die Zahlen aus der $p - q$–Formel!).

8.1.5. Ableitung mit der Lösungsformel

Ist die Lösungsformel für die quadratische Gleichung $a \cdot x^2 + b \cdot x + c$ bekannt, kann diese zur Bestimmung der Ableitung einer quadratischen Funktion verwendet werden.

Zu einer gegebenen quadratischen Funktion

$$f(x) = a \cdot x^2 + b \cdot x + c$$
(8.33)

wird an einer beliebigen festen Stelle x_t die Tangente g an den Funktionsgraphen gesucht:

$$g(x) = m \cdot x + n$$
(8.34)

f und g haben also genau einen Punkt gemeinsam. Die gemeinsamen Punkte von f und g bestimmt man durch Gleichsetzen der beiden Funktionsterme und Lösen der entstehenden Gleichung

$$a \cdot x_t^2 + b \cdot x_t + c = m \cdot x_t + n \tag{8.35}$$

$$a \cdot x_t^2 + (b - m) \cdot x_t + (c - n) = 0 \tag{8.36}$$

Mit der $a - b - c$−Formel hat dies die Lösungen

$$x_t = \frac{-(b-m) \pm \sqrt{(b-m)^2 - 4a(c-n)}}{2a} \tag{8.37}$$

Da die Situation mit nur einer Lösung für x_t gesucht wird, ist der Radikand Null. Damit ergibt sich

$$x_t = \frac{-(b-m)}{2a} \Leftrightarrow m = 2ax_t + b \tag{8.38}$$

Dies ist der bekannte Ausdruck für die Steigung einer quadratischen Funktion an der Stelle x_t, der hier als Steigung der durch g gegebenen Tangente bestimmt wird.

8.2. Heuristische Strategien im Umgang mit quadratischen Gleichungen

Beim Umgang mit den unterschiedlichen Ansätzen zum Lösen einer quadratischen Gleichung treten viele unterschiedliche heuristische Strategien auf. Wie in jeder längeren mathematischen Herleitung stellt dabei jede Termumformung bzw. jede Gleichungsumformung einen *Repräsentationswechsel* dar. Diese Repräsentationswechsel treten hier mehr als vierzig Mal auf.

All diese Repräsentationswechsel müssen hier nur nachvollzogen werden bzw. sind bei hinreichender mathematischer Vorbildung zum großen Teil bekannt. Für das erstmalige Finden dieser Termumformung ist jedoch wiederum viel systematisches Probieren und ein häufiger Wechsel zwischen Vorwärtsarbeiten und Rückwärtsarbeiten erforderlich.

8.2.1. Klassischer Zugang – quadratische Ergänzung

Hier wird zunächst ein *Spezialfall* betrachtet, im Unterricht treten an dieser Stelle mehrere Beispiele auf. Dabei wird *systematisch probiert*: wie kann man diese – für Schülerinnen und Schüler neue – Form von Gleichungen lösen?

Der Übergang von Gleichungen, die direkt durch Anwendung der binomischen Formel gelöst werden können zu weiteren Gleichungen stellt eine *Verallgemeinerung* dar. Die quadratische Ergänzung wird dabei systematisch verwendet und umfasst mehrere Denkschritte:

- Erkennen, dass der Term nicht direkt mit einer binomischen Formel erzeugt werden kann.

- Aus dem in x linearen Term das „b" der binomischen Formel erschließen.

- b^2 bestimmen.

- Die Differenz von b^2 und dem absoluten Glied des Terms bestimmen.

- Zu der Nullstellengleichung die gefundenen Differenz addieren.

Die quadratische Ergänzung ist somit ein *Prozesssuperzeichen*. Im Unterricht wird dieses Verfahren wiederum an *Spezialfällen* entwickelt, an denen die quadratische Ergänzung gut sichtbar ist, und an mehreren weiteren Beispielen untersucht. Es wird also wiederum *systematisch probiert*. Diese Kombination aus Betrachten von Spezialfällen und systematischem Probieren wird im Unterricht auch bei Verwendung der weiteren Zugänge zunächst immer erfolgen, dies wurde jedoch nicht wiederholt dargestellt.

Das Auftreten von zwei Lösungen in Gleichung 8.2 in der Form $x = -3 \pm 2$ ist eine Folge der *Symmetrie* der Parabel: tritt links vom Scheitel eine Nullstelle auf, so muss rechts vom Scheitel in gleichem Abstand ebenfalls eine Nullstelle auftreten.

Der Übergang von konkreten Zahlen auf Parameter p und q ist eine *Verallgemeinerung*, wie sie typisch für die Mathematik ist. Dabei wird das Wissen über den Rechenweg als *Algorithmus* formuliert. Dieser Algorithmus erspart die in dem Prozesssuperzeichen „quadratische Ergänzung" enthaltenen Arbeitsschritte sowie das anschließende Auflösen der quadratischen Gleichung und damit etwa sieben Rechenschritte. In der $p-q$-Formel tritt dabei das Zeichen „$\pm$" auf, das für zwei Rechnungen steht, also ein *Superzeichen* darstellt.

Der Übergang zur $a-b-c$-Formel stellt eine weitere Verallgemeinerung der Situation dar, da nicht nur quadratische Gleichungen mit $a = 1$ betrachtet werden. Diese Formel ist dementsprechend ein weiterer Algorithmus, der einen Bearbeitungsschritt mehr spart als die $p-q$-Formel und damit die Strategie „Formuliere deine Problemlösung als Algorithmus" noch konsequenter anwendet.

8.2.2. Zugang mit Substitution

Dieser in der Schule kaum verwendete Zugang ist eine Nutzung des *analogen* Vorgehens bei kubischen Funktionen. Die angegebene Beschreibung des Vorgehens bei kubischen Funktionen verwendet mehrere *Prozesssuperzeichen*. Ist der Lehrperson das Verfahren zum Lösen kubischer Gleichungen bekannt, wird hier *Neues auf Bekanntes* zurückgeführt. Daneben wird hier gegenüber den Darstellungen in Schulbüchern der *Suchraum vergrößert*, indem ein unüblicher Zugang dargestellt wird.

Die Substitution $x = z + d$ kreiert x als Superzeichen, dass aus den zwei Komponenten z und d besteht. Alternativ kann man $z = x - d$ als Superzeichen ansehen, dass aus x und d besteht. Da hier das Ziel eine Lösungsformel für die Normalform $a \cdot x^2 + b \cdot x + c = 0$ der quadratischen Gleichung ist, aber dieses Ziel nicht direkt, sondern indirekt bearbeitet wird, wird in den nächsten Schritten *rückwärts gearbeitet*. Da mit der Substitution eine Darstellung der quadratischen Gleichung ohne lineares

Glied angestrebt wird, ist das erste Ziel eine *symmetrischere* Situation zu erzeugen, die dann einfach zu lösen ist. Die Herstellung der Symmetrie bis Gleichung 8.12 ist dabei die Lösung des ersten Teilproblems dieses Zugangs, hier wurde also ein Problem sinnvoll in mehrere *Teilprobleme unterteilt*.

Die geometrische Deutung dieses Schrittes stellt einen *Repräsentationswechsel* von der Algebra in die Geometrie dar: die Substitution $x = z - \frac{b}{2a}$ stellt eine Verschiebung des Funktionsgraphen dar, der den Scheitel der Parabel auf die $y-$Achse verschiebt und damit *Symmetrie* herstellt. Dieser *Repräsentationswechsel* führt zu der Einsicht, dass $x_s = -\frac{b}{2a} = d$ die Koordinate des Scheitels der Parabel sein muss.

In Gleichung 8.12 ist Einsetzen von $d - \frac{b}{2a}$ das Nutzen des *Superzeichens*. Beim Resubstituieren in Gleichung 8.18 wird dann das *Superzeichen* z wieder aufgelöst. In Gleichung 8.20 nutzt man das Superzeichen x_s und die in der Scheitelstelle enthaltene *Symmetrie*.

8.2.3. Scheitelpunktsform

Die Scheitelpunktsform der quadratischen Funktion stellt die Funktion aus der Perspektive des Symmetriezentrums (x_s, y_s) dar. Daher nutzt diese *Repräsentation* der quadratischen Funktion die *Symmetrie* dieser Funktionsklasse besonders gut. Beim klassischen Zugang wird die Scheitelpunktsform aus der Normalform entwickelt, bezogen auf diese Denkrichtung ist die Wahl der Scheitelpunktsform als Ausgangspunkt der Lösung der quadratischen Gleichung *Rückwärtsarbeiten*. Daneben wird auch hier gegenüber den Darstellungen in Schulbüchern der *Suchraum vergrößert*, indem wieder ein unüblicher Zugang betrachtet wird.

Der Koeffizientenvergleich der ausmultiplizierten Scheitelpunktsform mit der Normalform stellt das Nutzen zweier *Repräsentationen* desselben Sachverhaltes dar, wobei aus dieser Perspektive $b = -2a \cdot x_s$ und $c = a \cdot x_s^2 + y_s$ *Superzeichen* aus den Koordinaten des Scheitelpunktes sind. Bezogen auf das Vorgehen liegt hier eine *Analogie* zum vorigen Abschnitt vor: der Vergleich der geometrischen

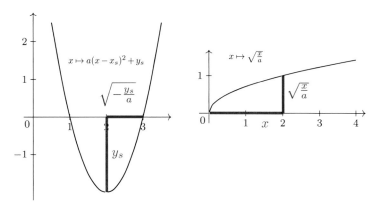

Abbildung 8.1.: Bedeutung der Diskriminante in funktionaler Repräsentation

und der algebraischen Repräsentation der Verschiebung der Parabel führt dort zur Erkenntnis $x_s = -\frac{b}{2a}$, hier führt der Vergleich zweier algebraischer Repräsentationen zur Lösungsformel.

Der Vergleich der Terme in Gleichung 8.29 kann ebenfalls in *analoger* Weise zu Einsichten führen: Gegenüber der klassischen $a - b - c$−Formel erscheinen hier $x_s = -\frac{b}{2a}$ und $y_s = -\frac{b^2 - 4ac}{4a}$ als Superzeichen, die den algebraischen Ausdrücken in der Lösungsformel eine geometrische Bedeutung geben. Dadurch wird ein tieferes Verständnis der Lösungsformel möglich.

8.2.4. Faktorisierte Form

Hier wird eine weitere *Repräsentationsform* der quadratischen Funktion untersucht, die hinsichtlich der Nullstellensuche das Problem optimal in zwei *Teilprobleme zerlegt*, so dass die Nullstellen direkt sichtbar sind.

Der Satz von Vieta wird zum Lösen von quadratischen Gleichungen mittels *systematischem Probieren* genutzt. Wichtiger ist jedoch die Verbindung zu den Aufgaben „Gegeben sind Summe und Produkt, finde die Zahlen": hier liegt aus Sicht der quadratischen Gleichungen eine *Erweiterung des Suchraumes* in Hinblick auf den Lösungskontext vor. Dadurch gelingt dann auch die Verbindung zu Fragestellungen ganz *anderer Repräsentation*, z. B. aus dem Bereich der Geometrie rechtwinkliger Dreiecke.

8.2.5. Ableitung mit der Lösungsformel

Hier wird mit der vorher entwickelten und damit *bekannten* Lösungsformel ein *neues Problem* gelöst. Dabei wird das geometrische Objekt „Tangente" algebraisch durch eine Funktion *repräsentiert*, so dass Wissen aus beiden Domänen verwendet werden kann: aus der Geometrie ist bekannt, dass eine Tangente einen einzelnen Berührpunkt hat, die Algebraisierung ermöglicht die Verwendung der Lösungsformel. Aus der Perspektive der Lösungsformel ist die Tangentensituation ein *symmetrischer Spezialfall*.

8.3. Schlussfolgerungen für den Unterricht

In der Schule ermöglichen es die hier dargestellten unterschiedlichen Lösungszugänge, Schülerinnen und Schülern die Wahl zwischen verschiedenen Vorgehensweisen anzubieten. Es ist sinnvoll, den Lerngruppen mehrere Zugänge anzubieten und gemeinsam die Vor- und Nachteile der einzelnen Zugänge zu klären. So kann deutlich werden, dass Mathematik vielfältige Ansätze nutzen kann und bei der Anwendung auch Vorlieben eine Rolle spielen. Die Möglichkeit, selbst entscheiden zu können, welchen Algorithmus man nutzt, anstatt nur einen von der Lehrperson vorgegebenen verwenden zu müssen, verändert die Sichtweise auf Mathematik.

Die Ableitung mit der Lösungsformel kann propädeutisch für das Kalkül der Differentialrechnung verwendet werden und zeigt, dass bekannte Formeln auch wirkmächtig neue Probleme lösen können.

9. Figurierte Zahlen

Der Ausdruck „Figurierte Zahlen" steht für Zahlenfolgen oder Zahlen, die sowohl durch geometrische *Repräsentationen* dargestellt werden also auch durch die Systematik der Zahlenfolge oder durch die Struktur der Zahl beschrieben werden können. Durch den Vergleich der unterschiedlichen Repräsentationen können Formeln oder Bildungsgesetze gefunden werden. Aus streng mathematischer Sicht werden die Gesetzmäßigkeiten dadurch nicht bewiesen, es handelt sich jedoch um sehr überzeugende Argumentationen, die daher als präformale Beweise gelten. Aus Sicht der heuristischen Strategien stellen figurierte Zahlen eine Möglichkeit dar zu zeigen, wie Formeln durch den Vergleich von Repräsentationen *gefunden* werden können.

Die hier gezeigten figurierten Zahlen können jeweils durch *Iterationsprozesse* entstehen. Dabei wird hier für die Iterationsschritte die feste Farbreihenfolge „gelb, orange, rot, blau, grün, violett" verwendet, so dass auch in der fertigen Figur die einzelnen Iterationsschritte noch erkennbar sind. Darüber hinaus erleichtert diese feste Farbreihenfolge die Kommunikation, da sich so ohne Fachvokabular auf den 1., 2., 3., ... Iterationsschritt bezogen werden kann.

Die hier gezeigten figurierten Zahlen wurden zum großen Teil im Unterricht des Jahrgangs fünf oder sechs mehrfach eingesetzt[1]. Dabei wurden die figure*n von den Schülerinnen und Schülern gezeichnet und weitere Fragen dazu beantwortet.

9.1. Fraktale

Fraktale erweitern die Sicht auf geometrische Objekte um besonders interessante Figuren mit teils überraschenden Eigenschaften und *vergrößern* damit gegenüber der traditionellen Geometrie den *Suchraum*. Viele Fraktale können durch *Iterationsprozesse* angenähert werden. Einfache Beispiele können zeichnerisch entwickelt werden. Das Fraktal selbst ist dabei das Objekt das entsteht, wenn man die Iteration unendlich lange fortsetzt. Fraktale werden dementsprechend oft als Ergebnisse einer Grenzwertbildung beschrieben, die realisierten Zeichnungen *approximieren* diese Grenzwerte. Mit der Betrachtung von Fraktalen kann dabei auch eine Vorstellung des Unendlichkeitsbegriffs angelegt werden: es ist sehr eingängig, sich den Iterationsprozess als nicht abbrechend vorzustellen.

---

[1]In höheren Klassenstufen ist es deutlich schwieriger, die Schülerinnen und Schüler für diese umfangreichen Zeichentätigkeiten zu motivieren.

© Der/die Autor(en), exklusiv lizenziert durch
Springer-Verlag GmbH, DE, ein Teil von Springer Nature 2021
P. Stender, *Heuristische Strategien in der Schulmathematik*,
https://doi.org/10.1007/978-3-662-64079-1_9

9.1.1. Sierpinski-Dreieck

Das Sierpinski-Dreieck ist ein fraktales Objekt, das 1915 von Wacław Sierpińsk beschrieben wurde. Hier lautet der Arbeitsauftrag an die Schülerinnen und Schüler ein Dreieck zu zeichnen, dessen erste Kante 16 cm lang ist und waagerecht entlang der Rechenkästchen verläuft. Die zweite Kante steht senkrecht darauf und ist 8 cm lang. Die dritte Kante ergibt sich dann durch verbinden der Endpunkte. Nun werden von allen drei Kanten die Mitten markiert und verbunden, so dass ein weiteres Dreieck entsteht. Dieses wird gelb coloriert. Dann wird mit den drei verbleibenden Dreiecken genauso verfahren, wobei die genannte Farbreihenfolge verwendet wird. Für den Unterricht ist es sinnvoll, den ersten Iterationsschritt an der Tafel zu realisieren, da die reine Sprachform für viele Schülerinnen und Schüler sehr abstrakt ist.

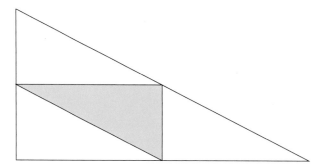

Abbildung 9.1.: Sierpinksi Dreieck – 1. Iterationsschritt - Tafelbild

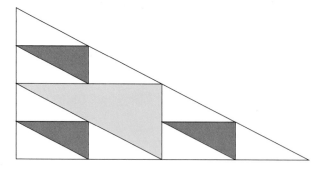

Abbildung 9.2.: Sierpinksi Dreieck – 2. Iterationsschritt

Mögliche Fragestellungen:

- Wie viel der Fläche des Startdreiecks bleibt weiß, wenn man nie aufhört zu zeichnen?

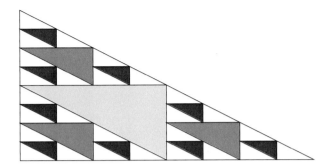

Abbildung 9.3.: Sierpinksi Dreieck – 3. Iterationsschritt

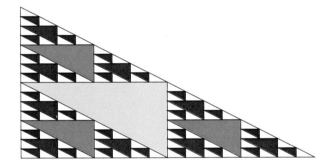

Abbildung 9.4.: Sierpinksi Dreieck – 4. Iterationsschritt

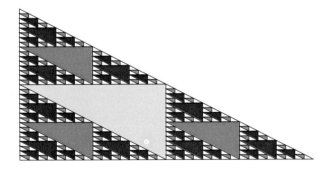

Abbildung 9.5.: Sierpinksi Dreieck – 5. Iterationsschritt

- Wie viele Dreiecke werden in den einzelnen Farben gezeichnet?

- Wie groß ist der Flächeninhalt eines Dreiecks in gelb, orange, rot, …? Wie groß ist der Gesamtflächeninhalt in der jeweiligen Farbe?

- Welchen gesamten Umfang haben die Dreiecke in gelb, orange, rot, ..., also wie lang sind die insgesamt gezeichneten Bleistiftstriche in jedem Iterationsschritt?

Verbleibende Fläche Offensichtlich bleibt bei jedem Iterationsschritt ein immer kleinerer Teil des Startdreiecks weiß. Wenn man unendlich lange zeichnet, wird das Startdreieck also vollständig farbig ausgefüllt. Rechnerisch (für die Lehrperson): die verbleibende weiße Fläche wird in jedem Schritt mit dem Faktor $\frac{3}{4}$ multipliziert: von vier entstehenden Teildreiecken bleiben drei weiß. Die Folge $a_n = \left(\frac{3}{4}\right)^n$ konvergiert gegen Null.

Die hier realisierte Zeichnung ist eine Variante des originalen Sierpinski-Dreiecks: dort wird ein gleichseitiges Dreieck verwendet und nicht coloriert. Die Grenzfigur besteht dann aus den Rändern der gezeichneten Dreiecke und der Flächeninhalt des Sierpinski-Dreiecks ist Null, also das Komplement der colorierten Menge.

Abbildung 9.6.: Sierpinksi Dreieck – Entwicklung der Anzahl der Dreiecke

Anzahl der Dreieecke In jedem Schritt verdreifacht sich die Anzahl der Dreiecke. Die entstehende Zahlenfolge lautet also: $1, 3, 9, 27, 81, \ldots = 3^0, 3^1, 3^2, 3^3, 3^4, \ldots$. Diese Zahlenfolge ist damit ein Anlass, die Potenzschreibweise einzuführen. Dabei machen auch die Spezialfälle 3^0 und 3^1 Sinn. Nutzt man dann einen Taschenrechner[2], kann man auch die Frage stellen, wie viele Dreiecke im zehnten Schritt gezeichnet werden müssten – oder ab welchem Iterationsscbritt der Taschenrechner das nicht mehr ausrechnen kann.

Flächeninhalt der Dreiecke Da hier rechtwinklige Dreiecke vorliegen, kann der Flächeninhalt auch ohne Kenntnis einer Formel für Dreiecksflächen bestimmt werden: das erste Dreieck ist 16 cm breit und 8 cm hoch und hat offensichtlich den halben Flächeninhalt wie ein Rechteck mit diesen Maßen. Damit hat das erste Dreieck den Flächeninhalt 64 cm^2.

Der Flächeninhalt des gelben Rechtecks ist offensichtlich ein Viertel davon also 16 cm^2. Dann hat in der Iterationsfolge wiederum jedes einzelne Dreick ein Viertel des Flächeninhalts des Vorgängers. Für die Gesamtfläche aller Dreiecke muss noch in dem Schritt mit drei, insgesamt also mit $\frac{3}{4}$, multipliziert werden.

Hier können die ersten Rechenschritte ohne Bruchkalkül realisiert werden. Danach hilft der Taschenrechner oder die Fragestellung ist Anreiz, den Umgang mit Brüchen

---

[2]Der Autor ist der Auffassung, dass Taschenrechner schon ab Jahrgang fünf sinnhaft eingesetzt werden kann und sollte. Dabei muss immer thematisiert werden, dass man den Taschenrechner nicht in Konkurrenz zum Kopfrechnen verwendet, sondern als Alternative zu aufwändigen schriftlichen Rechnungen. Dann kann ein sinnvoller Einsatz des Taschenrechners und gutes Kopfrechnen nebeneinander bestehen.

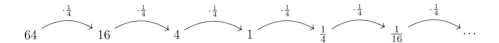

Abbildung 9.7.: Sierpinksi Dreieck – Entwicklung des Flächeninhaltes der einzelnen
Dreiecke

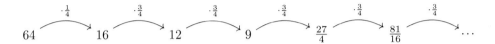

Abbildung 9.8.: Sierpinksi Dreieck – Entwicklung des Flächeninhaltes aller Dreiecke
einer Farbe

zu verstehen oder kann bei vorhandenem Bruchkalkül als Übung dienen. Mit dem
Taschenrechner können dann wiederum unter Verwendung der Potenzschreibweise
die bei weiteren Iterationsschritten entstehenden Flächeninhalte berechnet werden.

Umfang der Dreiecke Die Lehrperson kann hier mit dem Satz des Pythagoras
rechnen: für das Startdreieck gilt $U = 16$ cm$+8$ cm$+\sqrt{16^2+8^2}$ cm ≈ 16 cm$+8$ cm$+$
18 cm $= 42$ cm. Schülerinnen und Schüler messen die Kantenlänge 18 cm aus.

Der gesamte Umfang der nächsten Dreiecke ergibt sich daraus, dass sich der
Umfang eines einzelnen Dreiecks in jedem Iterationsschritt halbiert: jede einzelne
Kante ist halb so lang wie die der Dreiecke im vorherigen Iterationsschritt. Zusätzlich
muss wieder die Anzahl der entstehenden Dreiecke berücksichtigt werden. Es muss
also in jedem Iterationsschritt mit $\frac{3}{2}$ multipliziert werden. Diese Frage sollte nur
bei Verwendung des Taschenrechners gestellt werden oder als Übung schriftlichen
Multiplizierens von Dezimalzahlen oder Brüchen, wenn diese bereits bekannt sind.

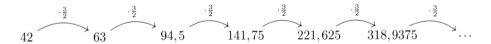

Abbildung 9.9.: Sierpinksi Dreieck – Entwicklung des Umfangs

Die Zahlen sind eindrucksvoll: bereits für die grünen Dreiecke müssen insgesamt mehr als drei Meter lange Umfangslinien gezeichnet werden. Die numerischen
Betrachtungen zum Sierpinski-Dreieck verwenden allesamt exponentielles Wachs-
tum/Zerfall und sind damit eine gute Propädeutik für solche Prozesse.

Im Grenzwert gilt damit, dass die gezeichnete Strecken insgesamt unendlich lang
sind. Diese Strecken stellen das eigentliche Sierpinski-Dreieck dar: unendlich lange
Kanten, Flächeninhalt Null. Diese scheinbar widersprüchlichen Eigenschaften realisieren sich bei vielen Fraktalen. Dies führte in der Mathematik zur Einführung eines

neuen Dimensionsbegriffs, der nicht nur ganze Zahlen (Dimension Strecke: Eins, Dimension Fäche: Zwei) zulässt, sondern auch Werte dazwischen. Dem Sierpinski-Dreieck wird dabei die Dimension $d = \frac{\ln(3)}{\ln(2)} \approx 1,585$ zugewiesen. Die Kanten decken die Fläche mehr ab, als eine eindimensionale Linie, aber weniger als eine durchgehende Fläche.

Das Wichtigste im Umgang mit Fraktalen ist sicherlich die Tatsache, dass hier interessante Objekte basierend auf Grenzwerten entstehen. Dies ist wesentlich eindrucksvoller als Nullfolgen in der Oberstufe, wobei der Grenzwertbegriff ausschließlich verwendet wird, um die bekannte Zahl Null zu beschreiben. Grenzwerte werden verwendet, um mathematische Objekte, die nicht direkt beschrieben werden können, durch beliebig gute *Approximation* zu erfassen. Der Umgang mit Fraktalen kann hier propädeutisch wesentliche Einsichten für diese Strategie vermitteln.

9.1.2. Sierpinski-Teppich

Nach dem Einstiegsbeispiel ist es sinnvoll, weitere ähnlich gelagerte Beispiele zu betrachten, an die dieselben Fragen gestellt werden können. Der Sierpinski-Teppich ist eine Variante, bei der statt der Dreiecke Quadrate verwendet werden. Dabei wird mit dem Faktor $\frac{1}{3}$ verkleinert und die Anzahl der Quadrate verachtfacht. Der hier gezeigte 5. Iterationsschritt ist daher für die Schule mit 4683 gezeichneten Quadraten nicht realisierbar, kann aber in der Schule von der Lehrperson nach der Bearbeitung durch Schülerinnen und Schüler präsentiert werden. Die möglichen Fragestellungen sind *analog* zu den Fragen beim Sierpinski-Dreieck. Die Anzahl der Quadrate in den einzelnen Farben beträgt $1, 8, 64, 512, 4096, \ldots = 8^0, 8^1, 8^2, 8^3, 8^4, \ldots$.

Abbildung 9.10.: Sierpinksi Teppich - Entwicklung der Anzahl der Quadrate

Startet man mit einen äußeren Quadrat der Kantenlänge 27 cm so betragen die Flächeninhalte der einzelnen gefärbten Quadrate $81 \text{ cm}^2, 9 \text{ cm}^2, 1 \text{ cm}^2, \ldots = 9^2 \text{ cm}^2, 3^2 \text{ cm}^2, 1^2 \text{ cm}^2, \ldots$.

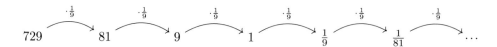

Abbildung 9.11.: Sierpinksi Teppich – Entwicklung der Flächeninhalte der einzelnen Quadrate

Der Umfang des gelben Quadrats beträgt dann $4 \cdot 9 \text{ cm} = 36 \text{ cm}$ und der Umfang drittelt sich in jedem Iterationsschritt: $36 \text{ cm}, 12 \text{ cm}, 4 \text{ cm}, \frac{4}{3} \text{ cm}, \ldots$.

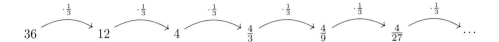

Abbildung 9.12.: Sierpinksi Teppich – Entwicklung des Umfangs der einzelnen Quadrate

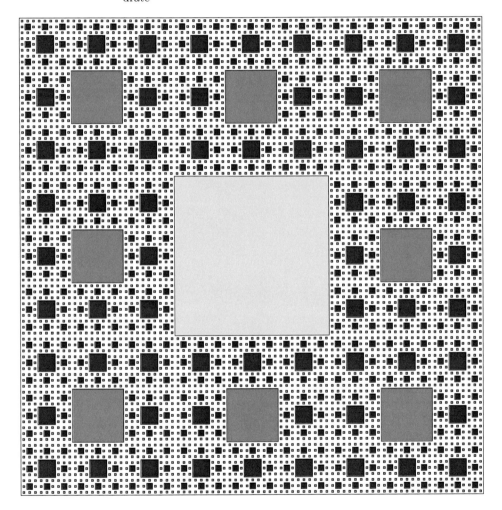

Abbildung 9.13.: Sierpinksi Teppich – 5. Iterationsschritt

9.1.3. Pythagorasbaum

Abbildung 9.14.: Baum – 6. Iterationsschritt

Der Pythagorasbaum kann gezeichnet werden, sobald die Schülerinnen und Schüler einfache Winkel zeichnen können, der Satz des Pythagoras muss dafür noch nicht bekannt sein. Damit die Kanten nicht zu kurz werden, sollte großformatiges Papier und ein hinreichend großes Startquadrat verwendet werden. In Abbildung 9.14 erkennt man, dass sich im sechsten Iterationsschritt Quadrate überlappen. Weiter sollte hier daher nicht gezeichnet werden.

Beim Umgang mit dem Pythagorasbaum kann die Tatsache entdeckt werden, dass alle Quadrate derselben Farbe zusammen immer denselben Flächeninhalt haben. Die Kantenlängen werden dafür ausgemessen, da die Faktoren zwischen den Kantenlängen jeweils der Sinus und der Kosinus des verwendeten Winkels ist (hier: $a = \sin(30°) \approx 0,866$ und $b = \cos(30°) = 0,5$), der in der angesprochenen Klassenstufe nicht berechnet werden kann. Für die entsprechenden Rechnungen zu den Flächeninhalten ist der Einsatz eines Taschenrechners sinnvoll, da hier jeweils mehrstellige Dezimalzahlen multipliziert werden müssen.

Die Anzahl der Quadrate verdoppelt sich in jedem Iterationsschritt, so dass die wichtige Zahlenfolge $1, 2, 4, 8, 16, \ldots = 2^0, 2^1, 2^2, 2^3, 2^4, \ldots$ entsteht.

Abbildung 9.15.: Pythagorasbaum – Entwicklung der Anzahl der Quadrate

In jedem Iterationsschritt entstehen verschieden große Quadrate. Zählt man die Quadrate der gleichen Größe und Farbe und ordnet dies Zahlen geeignet (*Organisieren von Material*), entsteht ein (bekanntes) Zahlenmuster (Abbildung 9.16).

gelb					1				
orange					1	1			
rot				1	2	1			
blau			1	3	3	1		
grün		1	4	6	4	1	
violett	1	5	10	10	6	1

Abbildung 9.16.: Anzahlen der verschieden großen Quadrate je Farbe nach Größe

Die Umfänge der Quadrate entwickeln sich in der Iteration sehr vielfältig. Es entstehen Muster, die für die angesprochenen Jahrgänge eher zu komplex sind. Es wird hier aber für die Lehrperson als Hintergrundwissen dargestellt.

Die Kantenlängen der Quadrate werden in jedem Schritt nach links mit $a = \sin(30°) \approx 0,866$ und nach rechts mit $b = \cos(30°) = 0,5$ multipliziert. Normiert man die Kantenlänge des gelben Quadrats auf Eins, so entstehen in den folgenden Iterationsschritten die Kantenlängen wie in Abbildung 9.17 dargestellt.

gelb					1				
orange					a	b			
rot				a^2	ab	b^2			
blau			a^3	a^2b	ab^2	b^3		
grün		a^4	a^3b	a^2b^2	ab^3	b^4	
violett	a^5	a^4b	a^3b^2	a^2b^3	ab^4	b^5

Abbildung 9.17.: Kantenlängen der verschieden großen Quadrate je Farbe

Kombiniert man die Information aus den Abbildungen 9.16 und 9.17, so kann man (nach Multiplikation mit vier) die Gesamtlänge aller Umfänge der Quadrate einer Farbe als Formel angeben:

$$\text{Gesamtumfang}_{\text{violett}} = 4 \cdot \left(a^5 + 5a^4b + 10a^3b^2 + 10a^2b^3 + 5ab^4 + b^5\right) = 4 \cdot (a+b)^5$$

Für die anderen Farben ergeben sich die entsprechenden Potenzen von $(a+b)$. Dementsprechend wächst der Gesamtumfang des Quadrate in jedem Iterationsschritt mit dem Faktor $(a+b) = \sin(30°) + \cos(30°) \approx 1,366$.

Bei Herleitung dieser Betrachtungen traten einige zusätzliche heuristische Strategien auf: der Autor hatte zunächst die falsche Vermutung, dass angesichts der vielen unterschiedlich großen Quadrate vermutlich *kein* einheitlicher Faktor zwischen den Gesamtkantenlängen auftritt. Um diese zu Verifizieren, wurden die entsprechenden Kantenlängen rechnerisch bestimmt, also *systematisch probiert*, eigentlich mit dem Ziel, ein Gegenbeispiel zu finden. Dabei fiel dann auf, dass die Anzahlen der Quadrate gleicher Farbe und Größe Binomialkoeffizienten sein müssen. Überraschenderweise waren dann die Quotienten der Gesamtkantenlängen aufeinanderfolgender Iterationsschritte *invariant*. Der Schlüssel zur Erklärung dieser Invarianz gelang dann durch *Rückwärtsarbeiten*, indem die auftretenden Summen mit Hilfe des Binomialsatzes faktorisiert wurden. Diese *Repräsentation* der Gesamtkantenlängen durch Potenzen gleicher Basis (dies ist die *Invariante*) und gleichmäßig anwachsender Exponenten erlaubt es, den Wachstumsfaktor zu identifizieren. Im Vergleich zur konkreten Zeichnung half noch die Verallgemeinerung: an konkreten Zahlen ist das Muster zwar beim systematischen Probieren zu finden, nicht jedoch zu verstehen. Die *verallgemeinerte Repräsentation* mit den Parametern a und b weckt die Assoziation zu den verallgemeinerten Binomischen Formel. Die *Analogien* im Zusammenhang mit den Binomialkoeffizienten sind weitgehend, eine ausführliche Analyse ist an dieser Stelle jedoch nicht sinnvoll.

9.1.4. Fraktaler Baum

Der Baum in Abbildung 9.18 ist ein Prototyp für eine ganze Klasse ähnlicher Fraktale, bei denen teilweise sehr realitätsnahe Bilder von Bäumen oder Büschen entstehen. Diese Fraktale wurden 1968 von Astrid Lindenmayer eingeführt und werden oft als „L-Systeme" bezeichnet. Dabei werden im Vergleich zum hier gezeigten Baum die Winkel und Verkürzungsfaktoren verändert, händisches Zeichnen ist daher leider sehr anspruchsvoll. Dieser Baum ist gleichzeitig der Einstig in eine weitere Gruppe von figurierten Zahlen, die Baumdiagramme aus der Wahrscheinlichkeitsrechnung rein zeichnerisch nutzt und die im nächsten Abschnitt betrachtet werden.

Die hier auftretenden Anzahlen und Kantenlängen entsprechen denen beim Sierpinski-Dreieck. Da auch hier in jedem Schritt halbiert wird, ist es wie dort sinnvoll, für die Länge der erste Strecke eine Zweierpotenz, z. B. 16 cm zu verwenden. Die Beziehungen zum Sierpinski-Dreieck sind noch tiefgründiger: Peitgen et al. (1992) beschreiben eine ganze Familie von Fraktalen mit ähnlichen Bauplänen (Sierpinski-Verwandte: Streckfaktor $\frac{1}{2}$ und Verdreifachung der Anzahl), von denen das Sierpinski-Dreieck das Exemplar mit höchsten Symmetrie ist. Die Grenzfigur zum hier gezeigten Baum gehört zu dieser Familie. Streckfaktor k und Vervielfältigungsfaktor n sind für die hier gezeigten Fraktale jeweils *Invarianten* und charakterisieren daher wichtige Eigenschaften dieser Fraktale. So wird die oben angesprochene fraktale Selbstähnlichkeitsdimension d_S mit diesen Kennwerten definiert $d_S = \frac{\ln(n)}{\ln(\frac{1}{k})}$. Es ist

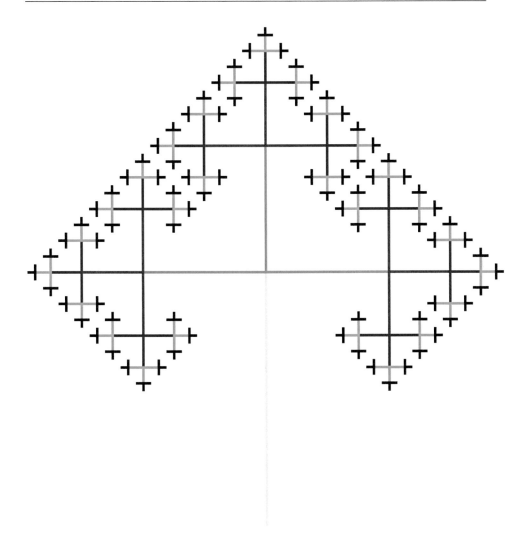

Abbildung 9.18.: Baum – 6. Iterationsschritt

typisch für die Mathematik, Eigenschaften von mathematischen Objekten mit Hilfe von Invarianten zu definieren.

9.2. Baumdiagramme

Baumdiagramme dienen in der Wahrscheinlichkeitsrechnung dazu, mehrstufige Zufallsexperimente zu strukturieren. Häufig stellen diese Diagramme dabei selbst eine hohe Schwierigkeit für Schülerinnen und Schüler dar, so dass das Hilfsmittel eher zum zusätzlichen Problem wird. Im Rahmen einer rein zeichnerischen Betrachtung kann das Erstellen von Baumdiagrammen im Kontext figurierter Zahlen geübt werden und analoge Fragen wie bisher untersucht werden. Beim Zeichnen entsteht dabei für Schülerinnen und Schüler immer wieder das Problem, die Baumdiagramme mit exponentiell wachsender Anzahl von Zweigen sachgerecht auf dem Zeichenblatt anzuordnen. Damit dies gelingt, muss abwechselnd *vorwärts und rückwärts* gearbeitet werden: zunächst muss *vorwärts* im Kopf oder durch Rechnung überlegt werden, wie viele Zweige in der untersten Ebene enden und wie lang und breit dementsprechend die Zeichnung wird. Dann wird die untere Ebene zuerst gezeichnet und von dort aus wird *rückwärts* gearbeitet.

Hier werden vier Beispiele gezeigt. Das Einstiegsbeispiel sollte den Schülerinnen und Schülern präsentiert werden, um die im Vergleich zu den Fraktalen neue Situation zu klären. Dann ist das Zeichnen der folgenden Diagramme für die Schülerinnen und Schüler zwar immer noch schwierig, aber mit Hilfen realisierbar. Die Rechnungen für die Anzahl der Zweige sind *analog* zu den Recchnungen aus Abschnitt 9.1. Die vertikalen Abstände sind jetzt eine *Invariante* und damit einfacher zu behandeln. Das Vorwissen aus dem Umgang mit den Fraktalen ermöglicht den Schülerinnen und Schülern das mentale Vorwärtsarbeiten zum Strukturieren der Zeichnung und führt somit *Neues auf Bekanntes* zurück. Gleichzeitig wird mit diesen Bäumen im Vergleich zum fraktalen Baum der *Suchraum vergrößert*, in dem geometrische Objekte leben.

Mit dem Baum in Abbildung 9.22 variiert das Schema etwas im Vergleich zu den ersten drei Bäumen: statt Potenzen tritt jetzt die Fakultät auf und zwingt wiederum dazu, den *Suchraum zu vergrößern*. Hier kann die Frage gestellt werden, wie groß das Papier sein müsste, um mit fünf, sechs oder sieben Strecken zu beginnen.

Abbildung 9.19.: Einstiegsbeispiel Baumdiagramm – 3. Iterationsschritt

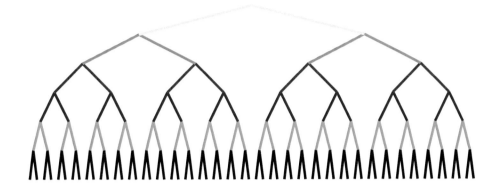

Abbildung 9.20.: Binäres Baumdiagramm – 6. Iterationsschritt

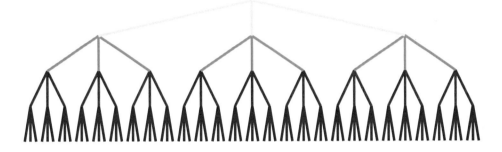

Abbildung 9.21.: Triadisches Baumdiagramm –s 4. Iterationsschritt

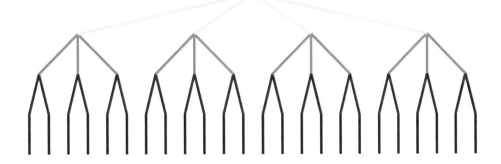

Abbildung 9.22.: Verjüngendes Baumdiagramm – 4. Iterationsschritt

9.3. Zahlenfolgen

Zahlenfolgen können durch geometrische Objekte repräsentiert werden, bei den Fraktalen beispielsweise die Folgen von Potenzen bei konstanter Basis. Hier werden Summen von einer wachsenden Anzahl von Objekten betrachtet. Dabei ist zentral, dass die Objekte in jedem Iterationsschritt jeweils zwei Repräsentationen enthalten: mit der einen Repräsentation wird eine Summe von Zahlen gebildet, um den Flächeninhalt des Objekts zu beschreiben, in der anderen Repräsentation wird ein Produkt verwendet. Da beide Repräsentationen den Flächeninhalt desselben Objekts beschreiben, müssen die Rechenterme gleich sein.

Diese Analysen führen zu klassischen Summenformeln, die vielfach mit vollständiger Induktion bewiesen werden. Hier handelt es sich um präformale Beweise, die zuweilen auch als „Backblechbeweise" bezeichnet werden, da die Anordnung der Objekte an Kekse auf einem Backblech erinnern kann (Bauer & Partheil, 2009). Die geometrische Repräsentation der Zahlenfolgen zeigt, wie man auf die Idee entsprechender Formeln kommen kann.

9.3.1. Quadratzahlen

Die Folge von Quadratzahlen kann einfach durch quadratische Muster von Plättchen dargestellt werden. Der Argumentation von Abschnitt 5.1.3 folgend, werden hier quadratische Plättchen gezeichnet. Stehen entsprechende Plättchen oder Würfel zur Verfügung, können die folgenden Muster auch durch Legen erstellt werden, so dass ein enaktiver Zugang realisiert wird.

Zeichnet man die Folge von Quadraten mit ansteigender Kantenlänge $n \in \mathbb{N}$ und färbt in der gewohnten Weise, so entsteht die Darstellung aus Abbildung 9.23. Hier entsteht einerseits die Folge der Quadratzahlen $1, 4, 9, 16, 25, \dots$ und andererseits wird durch die Färbung sichtbar, dass die Zahlenfolge $1, 1+3, 1+3+5, 1+3+5+7, 1+3+5+7+9, \dots$ entsteht. Die Folgenglieder müssen paarweise gleich sein.

Abbildung 9.23.: Quadratzahlen – 5 Iterationsschritte

Das Resultat der Untersuchung von Abbildung 9.23 kann abhängig vom Stand der mathematischen Kenntnisse unterschiedlich formuliert werden:

- Eine Quadratzahl ist immer die Summe aufeinanderfolgender ungerader Zahlen.

- Addiert man beginnend bei Eins eine Anzahl aufeinanderfolgender ungerader Zahlen, so ist das Ergebnis die Anzahl zum Quadrat.

- Addiert man die ersten n ungeraden Zahlen so lautet die Summe n^2.

- $\sum_{i=1}^{n}(2i-1) = n^2$

In der Universität wird diese Formel mit vollständiger Induktion bewiesen. Dies ist eine typische Beweissituation: wenn ein Sachverhalt durch Iteration erzeugt wird, werden die mit dem Sachverhalt korrespondierenden Aussagen oft mit vollständiger Induktion bewiesen. Der Induktionsschritt in dem Beweis verwendet dabei den Iterationsschritt für die beiden Seiten der Formel. In diesem Fall einerseits der Übergang von $n^2 \rightarrow (n+1)^2$ von einem Quadrat zum nächsten und andererseits die Addition der nächsten ungeraden Zahl. Im Induktionsbeweis muss dann gezeigt werden, dass beide Übergänge denselben Effekt haben, was hier offensichtlich der Fall ist: die Summe wird um $2n+1$ ergänzt (zwei Quadratkanten und ein einzelnes Plättchen), für das Produkt gilt $(n+1)^2 - n^2 = n^2 + 2n + 1 - n^2 = 2n + 1$. So kann eine geometrische Repräsentation helfen, einen Induktionsbeweis zu finden oder zu verstehen.

9.3.2. Rechteckzahlen

Nach der Betrachtung der Summe der ungeraden Zahlen liegt es nahe, die Summe der geraden Zahlen zu untersuchen, beginnend bei der kleinsten geraden Zahl Zwei. Als Muster entstehen Rechtecke, bei denen eine Seite um Eins länger ist, als die andere.

Abbildung 9.24.: Rechteckzahlen – 5 Iterationsschritte

Wieder kann man unterschiedlich formulieren:

- Addiert man beginnend bei Zwei eine Anzahl aufeinanderfolgender gerader Zahlen, so ist da Ergebnis die Anzahl mal der um eins erhöhten Anzahl.

- Addiert man die ersten n geraden Zahlen so lautet die Summe $n \cdot (n+1)$.

- $\sum_{i=1}^{n}(2i) = n \cdot (n+1)$

9.3.3. Dreieckszahlen

Ebenso kann man fragen, wie die Summe einer Anzahl von natürlichen Zahlen lauten. Die entsprechende Geschichte, wie Carl Friedrich Gauß als Schüler die ersten hundert natürlichen Zahlen in sehr kurzer Zeit berechnete ist wohlbekannt. Hier wird diese Fragestellung durch Dreieckszahlen repräsentiert.

Abbildung 9.25.: Dreieckszahlen – 5 Iterationsschritte

- Addiert man beginnend bei Eins eine Anzahl aufeinanderfolgender natürlicher Zahlen, so ist da Ergebnis die Hälfte der entsprechenden Rechteckzahl.

- Addiert man beginnend bei Eins eine Anzahl aufeinanderfolgender natürlicher Zahlen, so ist da Ergebnis die Hälfte von der Anzahl mal der um eins erhöhten Anzahl.

- Addiert man die ersten n natürlichen Zahlen so lautet die Summe $\frac{n \cdot (n+1)}{2}$.

- $\sum_{i=1}^{n} i = \frac{n(n+1)}{2}$

Gauß verwendete eine etwas andere Perspektive zum Lösen der Aufgabe: er addierte die größte Zahl zur kleinsten, die zweitgrößte Zahl zur zweitkleinsten etc.. Geometrisch entspricht dies einer umgefärbten Version der Rechteckzahlen, hier wurden die beiden verwendeten Blöcke von Dreieckszahlen zur besseren Strukturierung voneinander abgesetzt dargestellt.

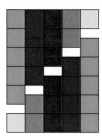

Abbildung 9.26.: Dreieckszahlen nach Gauß

9.3.4. Summe der Quadratzahlen

Die Summe der Quadratzahlen ist ein deutlich anspruchsvolleres Beispiel, als die bisherigen Zahlenfolgen. Die entsprechenden Darstellung werden hier eher für die Lehrperson gezeigt, oder als Angebot an Schülerinnen und Schüler, die sonst unterfordert sind.

Eine erste sinnvolle Repräsentation im Sinne des bisherigen Vorgehens zeigt Abbildung 9.27. Dabei dienen die Abstände zwischen den unterschiedlich gefärbten Quadraten lediglich der besseren Übersicht. Diese Repräsentation führt leider nicht zu Einsichten hinsichtlich einer vereinfachten Rechnung, da kein geometrisches Objekt entsteht, dessen Flächeninhalt direkt berechnet werden kann. Daher wird für Abbildung 9.28 die Darstellung aus Abbildung 9.23 mit integriert, also *Neues auf Bekanntes* zurückgeführt.

Abbildung 9.27.: Quadratzahlen Summieren 1. Ansatz – 5. Iterationsschritt

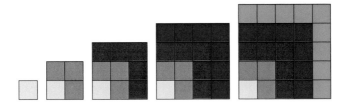

Abbildung 9.28.: Quadratzahlen Summieren 2. Ansatz – 5. Iterationsschritt

Eine sinnvolle Nutzung der Abbildung 9.23 ist das Sortieren nach Farben, also eine andere *Repräsentation* zu wählen. Als hilfreich erweist es sich dabei, die entstehenden Flächen nebeneinander so anzuordnen, dass die Treppenstruktur aus 9.28 wieder entsteht, *analog* zu Abbildung 9.26. Dann passen die Repräsentation aus Abbildung 9.28 und Abbildung 9.29 gut zueinander.

Nun kann man erkennen, dass die Anordnung aus Abbildung 9.29 und zwei Versionen von Abbildung 9.28, bei denen eine vertikal gespiegelt wird (*Symmetrie*), so zusammen passen, dass ein Rechteck entsteht. Dieses Rechteck hat für die Addition der ersten n Quadratzahlen als eine Kantenlänge die Dreieckszahl von n und als andere Kantenlänge den Wert $2n + 1$. Dieses Rechteck enthält die gesuchte Summe dreimal.

Dies führt zu den folgenden Formulierungen:

- Addiert man beginnend bei Eins eine Anzahl aufeinanderfolgender Quadratzahlen, so ist das Ergebnis die Dreieckszahl der Anzahl mal dem um eins erhöhten doppelten der Anzahl geteilt durch drei.

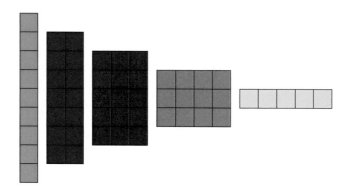

Abbildung 9.29.: Quadratzahlen Summieren Repräsentationswechsel – 5. Iterationsschritt

Abbildung 9.30.: Quadratzahlen Summieren – 5. Iterationsschritt

- Addiert man die ersten n Quadratzahlen so lautet die Summe $\frac{n \cdot (n+1)}{2} \cdot \frac{2n+1}{3}$.

- $\sum_{i=1}^{n} \left(i^2 \right) = \frac{n \cdot (n+1) \cdot (2n+1)}{6}$

9.4. Zusammenfassung

In der dargestellten Unterrichtseinheit werden mehrere verschiedene mathematische Fertigkeiten in einem sinnstiftenden Kontext kennen gelernt bzw. geübt: vielfältige Rechenübungen – Multiplikation in unterschiedlichen Zahlenräumen, Potenzieren, Fakultäten und in Bezug zur Geometrie Umfangs- und Flächeninhaltsberechnungen.

Dabei wird die Verwendung mehrerer heuristischer Strategien stimuliert: Iteration, Approximation, Neues auf Bekanntes zurückführen und das Ausnutzen von Invarianten. Durch die wiederholte Vergrößerung des Suchraums entstehen immer wieder neue Einsichten oder es werden gegenüber den bereits behandelten Beispielen weitere Fertigkeiten genutzt. Die zentrale Strategie ist dabei das Nutzen *verschiedener Repräsentationen für denselben Gegenstand*, um aus dem Vergleich *zweier Repräsentationen* weitere Vorgehensweisen oder neue Rechenverfahren abzuleiten. Die wichtige Standardrepräsentation der Multiplikation, der Flächeninhalt von Rechtecken, wird dabei intensiv genutzt. Durch die farbliche Gestaltung werden jeweils mehrere gleichartige Objekte zu einem Konzept zusammengefasst (z. B. „alle roten Dreiecke") und so in intuitiver Weise Superzeichen gebildet und in den weiteren Überlegungen verwendet.

Hier wurde eine Unterrichtseinheit entwickelt, die nicht von der Fachsystematik getragen ist. Damit wird einerseits vermieden, dass Vorratslernen betrieben wird, vielmehr werden neu erlernte Rechenmethoden durch die untersuchten Gegenstände begründet und jeweils in weiteren Beispielen sofort sinnvoll genutzt. Die untersuchten geometrischen Objekte haben dabei eine ansprechende Ästhetik, was die Befassung dieser Objekte motiviert und zu einer guten Erinnerung der Objekte und damit der entsprechenden Lerninhalte führen kann.

10. Kreiszahl π -– Näherungsverfahren von Archimedes

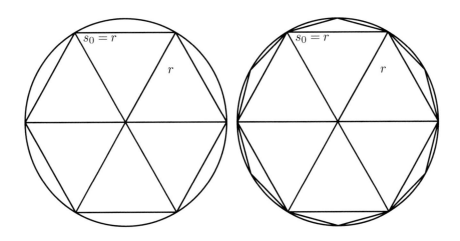

Abbildung 10.1.: Archimedes: Startfigur und Ziel der ersten Rechnung

Die Berechnung des Umfangs und des Flächeninhaltes eines Kreises ist traditionell ein zentraler Unterrichtsgegenstand in der Mathematik. Dabei steht nicht nur die praktische Bedeutung im Rahmen der Geometrie im Fokus, sondern auch historische Aspekte und die einzigartige *Symmetrie* des Kreises.

Bei der Behandlung von Kreisfläche und Kreisumfang müssen die folgenden Aspekte geklärt werden:

- Der Umfang eines Kreises ist proportional zum Durchmesser.

- Der Flächeninhalt eines Kreises ist proportional zum Quadrat des Radius.

- Die beiden Proportionalitätsfaktoren sind gleich, was die Definition von π erlaubt.

- Der Wert von π wird näherungsweise bestimmt.

Hier wird nur der vierte Punkt betrachtet.

© Der/die Autor(en), exklusiv lizenziert durch
Springer-Verlag GmbH, DE, ein Teil von Springer Nature 2021
P. Stender, *Heuristische Strategien in der Schulmathematik*,
https://doi.org/10.1007/978-3-662-64079-1_10

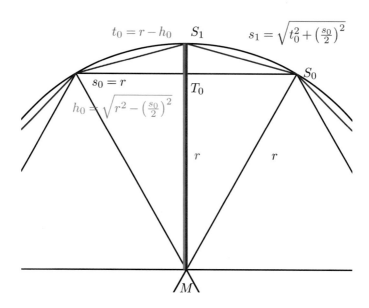

Abbildung 10.2.: Rechnungen vom Sechseck zum Zwölfeck

10.1. Das Verfahren

In der folgenden Darstellung werden allgemeine Formeln entwickelt. In der Schule ist es sinnvoll, zunächst mit konkreten Zahlen ($r = 1$) zu rechnen und dann die Systematik aus dieser Rechnung zu entwickeln.

1. Als Startsituation wird in einen Kreis mit Radius r ein gleichseitiges Vieleck (Anzahl der Ecken: n_0) einbeschrieben, so dass der Kreis der Umkreis des Vielecks ist. Man beginnt mit einem Quadrat oder gleichseitigen Sechseck. Das Sechseck führt zur einfacheren Situation, daher wird dieses hier verwendet, also $n_0 = 6$.

2. Der Umfang des Sechsecks wird bestimmt und ist der erste Näherungswert U_0 für den Kreisumfang. Damit lautet der erste Näherungswert $\pi \approx 3$, da die Kantenlänge s_0 eines regelmäßigen Secksecks gleich r ist, denn ein regelmäßiges Sechseck besteht aus sechs gleichseitigen Dreiecken.

3. Zur Verbesserung des Näherungswertes wird ein neues gleichseitiges Vieleck mit doppelt so vielen Ecken unter Verwendung der bereits gewonnenen Information in den Kreis einbeschrieben. Dazu wird ein regelmäßiges Zwölfeck ($n_1 = 12 = 2 \cdot n_0$) so gezeichnet, dass die Ecken des Secksecks auch Ecken des Zwölfecks sind.

4. Die Kantenlänge s_1 des Zwölfecks wird bestimmt:

a) Der Radius zu einer der neuen Ecken wird eingezeichnet (in Abbildung 10.2 rot eingetragen). Dadurch entstehen zwei rechtwinklige Dreiecke: $T_0 M S_0$ und $T_0 S_0 S_1$ wobei T_0 der Schnittpunkt des Radius mit der Sechseckkante ist und S_1 der neue Eckpunkt des Zwölfecks.

b) In dem Dreieck $M T_0 S_0$ sind zwei Kanten bekannt, der Radius r und die halbe Kante des Sechsecks $\frac{s_0}{2}$. Die dritte Kante wird mit h_0 bezeichnet und kann mit dem Satz des Pythagoras berechnet werden: $h_0 = \sqrt{r^2 - \left(\frac{s_0}{2}\right)^2}$

c) In dem Dreieck $T_0 S_0 S_1$ liegt die gesuchte Kante $s_1 := \overline{S_0 S_1}$ und die bekannte Kante s_0. Die dritte Kante $t_0 := \overline{T_0 S_1}$ kann mit $t_0 = r - h_0$ berechnet werden.

d) Nun kann s_1 mit dem Satz des Pythagoras berechnet werden: $s_1 = \sqrt{t_0^2 + \left(\frac{s_0}{2}\right)^2}$.

e) Der Umfang des Zwölfecks lautet dann $U_1 = n_1 \cdot s_1 \approx 6,21$. Damit lautet der zweite Näherungswert $\pi \approx 3,15$.

5. Diese fünf Teilschritte werden wiederholt ausgeführt, so dass nacheinander die Umfänge von Vielecken mit $n_2 = 24, n_3 = 48, n_4 = 96, \ldots$ Ecken bestimmt werden und so immer genauere Näherungswerte für π bestimmt werden.

Aus mathematischer Sicht wird eine monoton steigende Folge von Umfängen U_i berechnet, die durch den Kreisumfang beschränkt ist. Damit konvergiert diese Folge. Für die Mittelstufe ist diese Argumentation ausreichend, da sichtbar ist, dass der Unterschied zwischen den Vielecken und dem Kreis mit steigender Eckenzahl immer kleiner wird.

Fachlicher präzise muss noch geklärt werden, dass die Folge U_i tatsächlich gegen den Umfang des Kreises konvergiert und nicht gegen einen kleineren Wert. Dafür kann man das Verfahren mit umschreibenden gleichseitigen Vielecken wiederholen, was eine monoton fallende Folge von Umfängen liefern. Die Rechnungen mit umschreibenden Vielecken ist anspruchsvoller. Geht man vor wie bisher, muss jeweils eine quadratische Gleichung gelöst werden, um die Kantenlängen des jeweils nächsten Vielecks zu bestimmen. Alternativ können die Längen der Kanten des umschreibenden Vielecks mit Hilfe zentrischer Streckung aus den zuvor beschriebenen Kantenlängen berechnet werden. In beiden Fällen muss noch gezeigt werden, dass die Differenzfolge von umschreibenden und einbeschriebenen Vielecken eine Nullfolge ist, was beim zweiten Vorgehen einfacher ist. Diese Betrachtungen sind in der Mittelstufe eher zu anspruchsvoll.

10.2. Heuristische Strategien

Das Verfahren von Archimedes ist ein *iteratives* Verfahren, mit dem immer bessere Näherungswerte für π berechnet werden, es wird also *approximiert*. Der zur Approximation in jedem Schritt verwendete Umfang ist dabei bezogen auf die berechneten einzelnen Kanten ein *Superzeichen*

Im ersten Schritt wird die Situation durch eine Zeichnung dargestellt und damit eine sinnvolle *Repräsentation* gewählt. In den nachfolgenden Arbeitsschritten werden die zeichnerischen Ansätze mehrfach in Rechnungen übersetzt. Das Verfahren wird ähnlich wie bei den figurierten Zahlen durch mehrfachen Wechsel zwischen der Zeichnung und den Rechnungen entwickelt.

Der Kreis wird durch ein einbeschriebenes Sechseck *diskretisiert*. Mit dem Sechseck wird dabei eine besonders *symmetrische* Form verwendet, wodurch mit $s_0 = r$ die erste Kantenlänge einfach bestimmt werden kann. Die *Symmetrie* des gleichseitigen Vielecks wird dadurch ausgenutzt, dass nur noch eine Kante des Vielecks betrachtet wird – alle anderen sind gleich lang (Abbildung 10.2).

Die Berechnung des Umfangs des $2n$-Ecks aus dem Umfang des n-Ecks ist der Iterationsschritt, der selbst wiederum aus fünf Schritten besteht. Damit ist der Iterationsschritt ein *Prozesssuperzeichen*.

In 4a) wird *Symmetrie* geschaffen und verwendet: Der Kreisbogen über der Sekante wird in der Mitte markiert und zwei neue gleich lange Sekanten eingezeichnet. Der dann eingezeichnete Radius ist für die betrachtete Teilfigur eine Symmetrieachse. Dann werden zwei rechtwinklige Dreiecke identifiziert (eigentlich vier, aber wegen der *Symmetrie* muss man nur zwei betrachten). Hierfür muss *bekanntes Wissen* aktiviert werden (in rechtwinkligen Dreiecken können Längen mit Hilfe des Satzes von Pythagoras berechnet werden).

Die Kantenlänge des 12-Ecks wird aus der Länge der 6-Eck-Seite in *drei Teilschritten* berechnet (4b, 4c, 4d). Damit wird das Problem in *drei Teilprobleme* zerlegt. Gelingen kann diese Rechnung durch den mehrfachen Repräsentationswechsel zwischen der Zeichnung und den Rechenausdrücken. Der Satz des Pythagoras muss dabei umgestellt werden (*Repräsentationswechsel*) und zum Schluss die drei Einzelschritte zu einem Ergebnis zusammengefügt werden (*Superposition*). Der Rückgriff auf den Satz des Pythagoras ist dabei das *Zurückführen von Neuem auf Bekanntes*.

Der erste oder auch der zweite Iterationsschritt wird in der Schule sinnvollerweise mit Zahlen gerechnet werden. Danach ist ein Übergang auf Formeln sinnvoll, die Rechnung wird damit *verallgemeinert* für den Schritt vom n-Eck zum $2n$-Eck. Dafür muss erkannt werden, dass die einzelnen Schritte jeweils *analog* ablaufen und sich dies für größere n fortsetzt.

Ist der *Iterationsschritt* als *Prozesssuperzeichen* formuliert, kann er als *Algorithmus* verwendet werden, um immer bessere Näherungswerte für π zu bestimmen. Für die Berechnungen mit dem Algorithmus selbst sollte man einen Computer einsetzen, eine Tabellenkalkulation bietet sich an. Dafür muss die Rechnung in eine weitere *Repräsentation* übertrage werden. Die Spalten einer Tabellenkalkulation unterstützen

	A	B	C	D	E	F	G
1	Schritt	n	s	h	t	U	π
2	1	6	1	=WURZEL(1-(C2/2)^2)	=1-D2	=B2*C2	=F2/2
3	=A2+1	=2*B2	=WURZEL((C2/2)^2+E2^2)	=WURZEL(1-(C3/2)^2)	=1-D3	=B3*C3	=F3/2
4	=A3+1	=2*B3	=WURZEL((C3/2)^2+E3^2)	=WURZEL(1-(C4/2)^2)	=1-D4	=B4*C4	=F4/2

Tabelle 10.1.: Exceltabelle zum Verfahren des Archimedes

dabei besonders gut die *Zerlegung* des Iterationsschrittes in *Teilprobleme*. Die einzelnen Rechenschritte des Algorithmus können sinnvoll in nebeneinanderliegenden Zellen realisiert werden (Tabelle 10.1).

Anmerkungen Es gibt bessere Verfahren zur Berechnung von π, wenn man sehr viele Stellen berechnen will. Es gibt aber auch sehr viel schlechtere: versucht man den Flächeninhalt eines Kreises (in der Praxis Viertelkreis mit dem Ausnutzen der *Symmetrie*) für die Bestimmung von π mit Riemannsummen zu berechnen, so muss man sehr fein unterteilen, um eine akzeptable Näherung zu erhalten. Dies führt dann zu erheblich längeren Rechnungen zum Erreichen der gleichen Genauigkeit.

Die Analyse des Verfahrens zeigt, dass eine große Zahl heuristischer Strategien verwendet werden und sehr viel Ähnlichkeit mit Abläufen bei den figurierten Zahlen auftreten. Daher stellen die figurierten Zahlen eine sehr gute Vorbereitung auf die Verwendung komplexerer iterativer Algorithmen dar, da die entsprechenden Denkverfahren an einfachen Beispielen entwickelt werden. Im komplexeren Algorithmus kann sich dann auf die neuen Aspekte konzentriert werden. Der Archimedische Algorithmus kann direkt nach der Behandlung des Satzes von Pythagoras entwickelt werden und stellt dann eine wichtige Anwendung des Satzes von Pythagoras dar.

11. Modellieren

Heuristische Strategien treten beim Modellieren vielfach auf (Stender & Kaiser, 2016, 2017; Stender, 2018a, 2018b, 2019a, 2019c). Hier wird ein einfaches Beispiel analysiert:

> *Herr Stein wohnt in Trier nahe der Grenze zu Luxemburg. Dort ist Benzin preiswerter als in Trier. Deshalb fährt er mit seinem VW Golf zum Tanken nach Luxemburg.*
>
> *Lohnt sich die Fahrt für Herrn Stein? Begründe.* (Nach Blum und Leiß (2005))

11.1. Beispielhafter Lösungsprozess

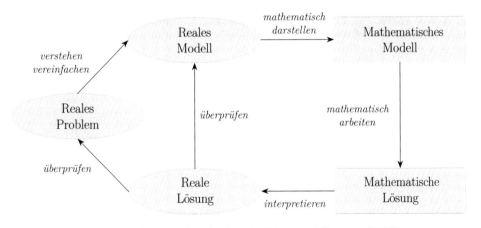

Abbildung 11.1.: Modellierungskreislauf nach Kaiser und Stender (2013)

Die Beschreibung eines möglichen Lösungsprozesses wird mit Hilfe des Modellierungskreislaufs nach Kaiser und Stender (2013) strukturiert, wobei mehrere Durchläufe durch den Modellierungskreislauf dargestellt werden.

1. Durchlauf durch den Modellierungskreislauf Zunächst wird die reale Situation geklärt, indem mögliche Einflussfaktoren gesammelt werden.

- Das Tanken in Luxemburg ist preiswerter als in Trier.

© Der/die Autor(en), exklusiv lizenziert durch
Springer-Verlag GmbH, DE, ein Teil von Springer Nature 2021
P. Stender, *Heuristische Strategien in der Schulmathematik*,
https://doi.org/10.1007/978-3-662-64079-1_11

- Die Fahrt von Trier nach Luxemburg kostet Geld:
  - Auf der Fahrt selbst wird Benzin verbraucht.
  - Neben dem Benzinverbrauch treten beim Autofahren zusätzliche Verbrauchskosten auf.
  - Neben den Verbrauchskosten treten beim Autofahren noch Fixkosten auf, die üblicherweise auf die Kilometerkosten umgelegt werden.
- Die Fahrt nach Luxemburg kostet Zeit.
- Die Fahrt nach Luxemburg belastet die Umwelt.

Für die ersten realen Modelle werden nur die einfach zu bestimmenden Kosten berücksichtigt.

- Wie teuer ist die Fahrt nach Luxemburg und zurück?
- Wie viel Geld kann durch den niedrigeren Benzinpreis gespart werden?

Beide Fragen sind direkt nicht beantwortbar, weil noch Informationen fehlen. Daher muss das reale Modell neu formuliert werden.

2. Durchlauf durch den Modellierungskreislauf Reales Modell: es werden nur die Kosten für die Fahrt bestimmt, diese basieren auf den Benzinverbrauch in $\frac{1}{100\,\text{km}}$ und der Fahrtstrecke.

Dafür müssen folgende Größen recherchiert werden:

- Fahrtstrecke von Trier nach Luxemburg, bzw. der dort nächstgelegenen Tankstelle.
- Kraftstoffverbrauch des Fahrzeugs pro 100 km.
- Preise für den Kraftstoff.

Die Recherche ergibt:

- Fahrstrecke: Die erste Tankstelle hinter der Grenze liegt in der Rue Gabriel Lippmann. Ein Routenplaner liefert für die Strecke „Trier nach Rue Gabriel Lippmann, Luxemburg" die Distanz $s_e = 43$ km.
- Eine Internetrecherche ergibt für VW-Golf Fahrzeuge der Baujahre 2015 bis 2017 einen durchschnittlichen in der Fahrpraxis ermittelten Benzinverbrauch von $B_V = 6$ Litern Super-95 auf 100 km.
- Bei der Tankstelle in der Rue Gabriel Lippmann kostet der Kraftstoff Super-95 E10 $P_L = 1,17$ €. (E5 nicht verfügbar. Daten vom 26.01.2021)

Das mathematische Modell enthält die folgenden Rechnungen:
Die zum Tanken zusätzlich gefahrene Strecke umfasst die Hin- und Rückfahrt.

$$s = 2 \cdot s_e = 2 \cdot 43 \text{ km} = 86 \text{ km} \tag{11.1}$$

Benzinverbrauch auf dieser Strecke:

$$V = s \cdot B_V = 86 \text{ km} \cdot 6 \frac{\text{l}}{100 \text{ km}} = 5,16 \text{ l} \tag{11.2}$$

Die Kosten für die Fahrt werden mit dem Benzinpreis P_L aus Luxemburg berechnet und betragen dann:

$$K = V \cdot P_L = 5,16 \text{ l} \cdot 1,17 \frac{\text{€}}{\text{l}} \approx 6,04 \text{ €} \tag{11.3}$$

3. Durchlauf durch den Modellierungskreislauf Reales Modell: es wird die Ersparnis durch das Tanken in Luxemburg gegenüber Trier bestimmt, diese ergibt sich durch die Preisdifferenz und die getankte Menge. Die getankte Menge basiert auf dem Tankvolumen des PKW.
Dafür müssen folgende Größen recherchiert werden:

- Zusätzlich zu dem Preis für den Kraftstoff in Luxemburg wird der Preis in Trier benötigt.

- Tankvolumen des PKW.

Die Recherche ergibt:

- Der Kraftstoff Super-95 E10 kostet am 26.01.2021 in Trier $P_L = 1,53$ €.

- Das Tankvolumen eines VW-Golf beträgt $V_T = 50$ Liter.

Das mathematische Modell enthält die folgenden Rechnungen:
Die Preisdifferenz zwischen den Tankstellen in Trier und Luxemburg beträgt

$$\Delta P = P_T - P_L = 1,52 \frac{\text{€}}{\text{l}} - 1,17 \frac{\text{€}}{\text{l}} = 0,35 \frac{\text{€}}{\text{l}} \tag{11.4}$$

Das Tankvolumen von 50 Litern kann nicht ganz ausgenutzt werden, da einerseits der Tank bei der Rückankunft in Trier nicht mehr voll ist und andererseits nicht mit zu wenig Benzin für die Hinfahrt kalkuliert werden darf, der Tank bei Ankunft an der Tankstelle also nicht komplett leer ist. Daher wird mit einer Tankmenge von $T = 40$ Litern gerechnet. Dann beträgt die Ersparnis für die Tankfüllung

$$E = T \cdot \Delta P = 40 \text{ l} \cdot 0,35 \frac{\text{€}}{\text{l}} = 14 \text{ €} \tag{11.5}$$

Reale Lösung und Interpretation: Das Tanken kosteten Herrn Stein für dieselbe Menge Benzin in Luxemburg 14 € weniger als in Trier.

4. Durchlauf durch den Modellierungskreislauf Reales Modell: Ersparnis und Kosten werden verglichen.

Die Differenz zwischen Ersparnis beim Tanken und Fahrtkosten beträgt

$$D = E - K = 14 \, \text{€} - 6,04 \, \text{€} = 7,96 \, \text{€} \tag{11.6}$$

Das reale Ergebnis lautet dann, dass Herr Stein durch die Fahrt nach Luxemburg 7,96 € spart.

5. Durchlauf durch den Modellierungskreislauf Reales Modell: Basierend auf ersten Betrachtungen zu möglichen Einflussfaktoren wird nun die Zeit als zusätzlicher Aspekt einbezogen. Im realen Modell wird der Zeitbedarf für die Fahrt über eine Durchschnittsgeschwindigkeit für die gesamte Strecke bestimmt. Die Fahrt verläuft teilweise über Landstraßen und teilweise über eine Autobahn. Daher wird die Durchschnittsgeschwindigkeit $\bar{v} = 80\frac{\text{km}}{\text{h}}$ angenommen[1].

Mathematisches Modell: die Fahrtdauer wird auf Baisis der Durchschnittsgeschwindigkeit und der Fahrstrecke bestimmt.

$$\bar{v} = \frac{s}{t} \Leftrightarrow t = \frac{s}{\bar{v}} = \frac{86 \, \text{km}}{80\frac{\text{km}}{\text{h}}} \approx 1,08 \, \text{h} \approx 65 \, \text{min} \tag{11.7}$$

Reale Lösung: Neben den Fahrtkosten tritt ein Zeitaufwand von mehr als einer Stunde auf.

6. Durchlauf durch den Modellierungskreislauf Reales Modell: der Zeitaufwand muss mit der Geldersparnis verglichen werden. Dazu wird der Stundenlohn bestimmt, den Herr Stein durch die Fahrt verdient.

$$\text{Stundenlohn} = \frac{7,96 \, \text{€}}{1,08 \, \text{h}} \approx 7,37\frac{\text{€}}{\text{h}} \tag{11.8}$$

Herr Stein verdient durch die Fahrt nach Luxemburg $7,37\frac{\text{€}}{\text{h}}$. Dies ist weniger als der aktuelle Mindestlohn. Wenn der finanzielle Vorteil im Vordergrund steht und es mögliche ist, sollte Herr Stein in dieser Zeit eher durch bezahlte Arbeit Geld verdienen.

7. Durchlauf durch den Modellierungskreislauf Reales Modell: neben den bisher betrachteten Kosten treten noch weitere Kosten bei der Fahrt auf. Hier werden nur die Verschleißkosten berücksichtigt, da Herr Stein die Fixkosten auch beim Tanken in Trier tragen würde und die Differenz daher beim Vergleich entfällt.

Eine Internetrecherche ergibt neben dem Kraftstoff Kosten von ca. $K_V = 0,02\frac{\text{€}}{\text{km}}$ beim Autofahren. Zusätzliche Fahrtkosten auf dieser Strecke:

$$K_2 = 86 \, \text{km} \cdot 0,02\frac{\text{€}}{\text{km}} = 1,72 \, \text{€} \tag{11.9}$$

---

[1] Alternativ könnte die Fahrtzeit über eine Recherche mit einem Routingprogramm erfolgen. Dann können die Rechnungen jedoch in den folgenden Schritten nicht so gut verallgemeinert werden. Daher wird hier eine geschätzte Durchschnittsgeschwindigkeit verwendet.

Der Vorteil für das Tanken in Luxemburg verringert sich durch Berücksichtigung der Verschleißkosten um $1,72$ € auf $6,24$ €. Der Stundenlohn verringert sich demenstsprechend auf $5,78\frac{€}{h}$.

8. Durchlauf durch den Modellierungskreislauf Möglicherweise ist für andere Personen das Tanken in Luxemburg sinnvoll, wenn sie beispielsweise näher an der Grenze wohnen. Es ist daher sinnvoll, diese Frage nicht für eine bestimmte Situation zu untersuchen, sondern mit Formeln zu beschreiben. Dann kann für ähnliche Situationen die Rechnung in einem Schritt realisiert werden.

Mathematisches Modell: Es werden nacheinander die bisher verwendeten Formeln ineinander eingesetzt.

Kostenformel:

$$K_{ges} = K + K_2 = V \cdot P_L + s \cdot K_V = s \cdot \frac{B_V}{100} \cdot P_L + sK_V = s(\frac{B_V}{100} \cdot P_L + K_V)$$

$$= 2s_e(\frac{B_V}{100} \cdot P_L + K_V) \tag{11.10}$$

Ersparnisformel:

$$E = T \cdot \Delta P = T \cdot (P_T - P_L) \tag{11.11}$$

Für die Differenz folgt damit

$$D = E - K = T \cdot (P_T - P_L) - 2s_e(\frac{B_V}{100} \cdot P_L + K_V) \tag{11.12}$$

Die benötigte Zeit beträgt

$$t = \frac{s}{\bar{v}} = \frac{2s_e}{\bar{v}} \tag{11.13}$$

und damit der realisierte Stundenlohn

$$\text{Stundenlohn} = \frac{D}{t} = \frac{T \cdot (P_T - P_L) - 2s_e(\frac{B_V}{100} \cdot P_L + K_V)}{\frac{2s_e}{\bar{v}}}$$

$$= \bar{v}\left(\frac{T \cdot (P_T - P_L)}{2s_e} - \frac{B_V}{100} \cdot P_L - K_V\right) \tag{11.14}$$

Dabei ist B_V der Benzinverbrauch des PKW pro 100 km, T die Tankmenge, $\bar{v}$ die Durchschnittsgeschwindigkeit bei der Fahrt zum Tanken, s_e die einfache Entfernung zur Tankstelle, $P_T - P_L$ die Differenz der Preise und K_V die Verschleißkosten pro Kilometer.

In der Formel (11.14) können jeweils alle Größen bis auf eine durch konkrete Zahlen ersetzt werden und dann ein funktionaler Zusammenhang betrachtet werden. Damit kann eingeschätzt werden, für welche Konstellationen dem Zeitaufwand ein angemessener finanzieller Ertrag entgegen steht.

9. Durchlauf durch den Modellierungskreislauf In der Formel (11.14) werden alle Größen bis auf die Distanz zur Tankstelle durch die oben verwendeten Werte ersetzt und der funktionale Zusammenhang betrachtet[2].

$$\text{Stundenlohn} = 80 \left(\frac{40 \cdot (1,52 - 1,17)}{2s_e} - \frac{6}{100} \cdot 1,17 - 0,02 \right) \frac{\text{€}}{\text{h}} = \left(\frac{560}{s_e} - 7,216 \right) \frac{\text{€}}{\text{h}}$$

(11.15)

Der Funktionsgraph in Abbildung 11.2 veranschaulicht diesen Zusammenhang.

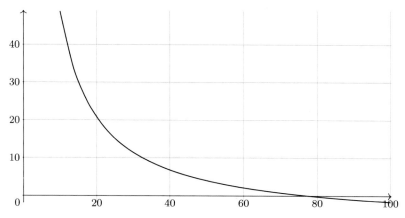

Abbildung 11.2.: Stundenlohn in Abhängigkeit von der Entfernnung

Reale Lösung: unter den gegebenen Bedingungen mit dem Kriterium „Stundenlohn" lohnt die Fahrt nach Luxemburg etwa, wenn die Tankstelle in Luxemburg weniger als 25 km entfernt ist. Dabei muss individuell entschieden werden, welchen Stundenlohn man für akzeptabel hält.

10. Durchlauf durch den Modellierungskreislauf Bezieht man die Umweltbelastung durch die zusätzliche Fahrt mit ein, so ist die Umweltbilanz auf jeden Fall negativ. Man kann auch diesen Aspekt monetarisieren, indem man noch Kosten für CO_2 Zertifikate und andere Umweltbelastungen in die Kostenformel integriert. Dies wird hier nicht mehr realisiert. Solche Betrachtungen führen in der Regel aber dazu, dass weite Fahrten mit dem Ziel, eine Ware billiger einzukaufen, nicht sinnvoll sind.

11.2. Verwendete heuristische Strategien

Wie in allen Modellierungsprozessen, bei denen die Komplexität der Fragestellung zu mehrfachem Durchlaufen des Modellierungskreislaufs führt, wird die Bearbeitung des *Problems in Teilprobleme* zerlegt. In jedem Durchlauf durch den Modellierungskreislauf wird dementsprechend ein Teilproblem bearbeitet. Dabei sind auch hier die

---

[2]s_e muss hier ohne Einheiten eingesetzt werden.

Rechnungen zu den einzelnen Durchläufen durch den Kreislauf mehrschrittig, müssen also ebenfalls in die *Teilschritte zerlegt* werden, die den einzelnen dargestellten Formeln entsprechen.

Die Fragestellung und die realen Modelle liegen in Normalsprache vor und müssen bei der Übersetzung ins mathematische Modell in Formalsprache übersetzt werden. Dieser *Repräsentationswechsel* ist damit auch jeder mathematischen Modellierung immanent und eine der großen Herausforderungen der Anwendung von Mathematik auf reale Probleme.

Im vierten Durchlauf durch den Modellierungskreislauf wird dann eine Lösung aus den Ergebnissen des zweiten und dritten Durchlaufs durch *Superposition* zusammengesetzt. Dabei haben die Ausdrücke „Kosten" und „Ersparnis" die Eigenschaft je eines Superzeichens, die jeweils die Rechnungen aus beiden vorherigen Modellierungsschritten umfassen.

Für Personen, die für die Fragestellung nur den finanziellen Aspekt im Blick hatten, ist die Einbeziehung des Zeitaspekts im fünften Durchlauf eine *Vergrößerung des Suchraumes*. Bei der Verwendung des Durchschnittswertes für die Geschwindigkeit wird das Geschwindigkeitsprofil der gesamten Fahrt in einem einzelnen Wert zusammengefasst, also wiederum ein *Superzeichen* gebildet und genutzt.

Mit dem berechneten Stundenlohn wird ein weiteres *Superzeichen* eingeführt, das die Aspekte „Zeitverbrauch" und „Geldersparnis" durch *Superposition* in einer Kenngröße zusammenfasst.

Mit der Einbeziehung der Verschleißkosten wird erneut der *Suchraum* der berücksichtigten Aspekte *vergrößert*.

Im achten Modellierungsdurchlauf wird die konkrete Rechnung durch den Übergang auf Variablen *verallgemeinert*. Dafür wird *analog* zur konkreten Rechnung vorgegangen und dementsprechend das Problem wieder in viele *Teilschritte zerlegt*. Dann wird durch ineinander Einsetzen der Formeln durch *Superposition* eine Gesamtlösung erstellt. Aus diesem Modell wird dann durch Einsetzen von Zahlen ein *Spezialfall* betrachtet, wobei die Darstellung als Funktionsgraph ein instruktiver *Repräsentationswechsel* gegenüber dem Funktionsterm ist.

Es wird deutlich, dass bei der Bearbeitung des hier untersuchten Modellierungsproblems eine große Anzahl heuristischer Strategien verwendet wird. Dies spiegelt die Komplexität der Fragestellung für Schülerinnen und Schüler wieder. Insbesondere das Zerlegen des Problems in Teilproblem zu Beginn des Modellierungsprozesses, das den Beginn des inhaltlichen Arbeitens überhaupt ermöglicht, stellt häufig eine zentrale Hürde im Problemlöseprozess dar, wie der Kommentar von Leibnitz aus Abschnitt 2.2.9 deutlich macht:

> *„Diese Regel Descartes ist von geringem Nutzen, so lange die Kunst des Zerlegens ... unerklärt bleibt... Durch die Zerlegung seiner Aufgabe in ungeeignete Teile könnte der unerfahrene Aufgabenlöser seine Schwierigkeit erhöhen." Leibnitz: Philosophische Schriften, herausgeg. von Gerhardt, Bd. IV, S. 331.*

12. Ein trigonometrisches Problem

Mit der folgenden Fragestellung wird der Lösungsprozess für ein komplexes eher innermathematisches Problem beschrieben. Der Einsatz in der Schule sollte auf besonders interessierte Schülergruppen beschränkt werden, für die Lehrerbildung stellt das Problem eine anspruchsvolle Fragestellung dar. Das Auftreten von heuristischen Strategien in klassischen mathematischen Problemen ist eigentlich selbstverständlich und wird hier durch dieses Beispiel nochmals illustriert. Dabei adressiert dieses Beispiel eher Leser, die auch Freude an umfangreichen formalen Arbeitsschritten haben.

12.1. Aufgabenstellung

Die Aufgabenstellung stammt aus einem Mittelstufenmathematikbuch (Wolff & Athen, 1969), das in der ersten Auflage 1965 erschienen ist. In dem Unterrichtsgang sind an dieser Stelle der Sinussatz und der Kosinussatz eingeführt, nicht jedoch Additionssätze der Trigonometrie oder Kegelschnitte. Vorangegangen sind mehrere Übungsaufgaben zur Landvermessung, darunter ein Standardverfahren zur Höhenbestimmung, bei dem von zwei Punkten auf einer Standlinie bekannter Länge zwei Höhenwinkel bekannt sind sowie die horizontal liegenden Winkel zum Fußpunkt des Gegenstandes, dessen Höhe bestimmt werden soll.

> *Von den Punkten A, B und C einer horizontalen Standlinie, in welcher $\overline{AB} = a$ und $\overline{BC} = b$ gegeben sind, sind die Höhenwinkel zu der Spitze S eines Gebäudes α, β und γ gemessen. Bestimme die Höhe $\overline{SF} = h$ des Gebäudes!*

$a = 50$ m, $b = 30$ m, $\alpha = 21{,}979°$, $\beta = 46{,}637°$, $\gamma = 23{,}778°$ [1].

Zusätzlich zu den in der Aufgabenstellung vorgegebenen Bezeichnungen werden hier noch die folgenden verwendet: $\overline{AS} = l$, $\overline{BS} = m$, $\overline{CS} = n$, $\overline{AF} = u$, $\overline{BF} = v$ und $\overline{CF} = w$.

12.2. Erste Annäherung an das Problem

Im Gegensatz zu den Aufgaben, die im Lehrbuch vorangegangen waren und als Standardverfahren in der Landvermessung bezeichnet wurden, gibt es hier keine

---

[1] Die Winkel sind gegenüber der Originalausgabe leicht verändert. Diese Winkel entstehen, wenn man rückwärts rechnet ausgehend von 18 m Gebäudehöhe und sind dann leicht gerundet. Damit lautet die Antwort zur Aufgabe „18 m". Von Interesse ist jedoch der Lösungsweg.

© Der/die Autor(en), exklusiv lizenziert durch
Springer-Verlag GmbH, DE, ein Teil von Springer Nature 2021
P. Stender, *Heuristische Strategien in der Schulmathematik*,
https://doi.org/10.1007/978-3-662-64079-1_12

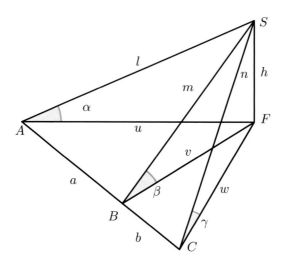

Abbildung 12.1.: Illustration der Aufgabenstellung

Winkel in der Ebene. Die drei gegebenen Höhenwinkel liegen alle in drei unterschiedlichen Dreiecken, für die darüber hinaus keine einzige Kante bekannt ist. Die bekannten Längen a und b liegen den Dreiecken ABF, ABS, ACF, ACS, BCF sowie BCS. Es gibt also in der ganzen Situation kein einziges Dreieck, in dem mehr als eine Größe bekannt ist.

Es fällt auf, dass die Situation einige *Symmetrien* aufweist: Die Punkte A und C könnte man vertauschen, ohne etwas zu verändern. Dem Punkt B kommt somit eine Sonderrolle zu, ähnlich einem Symmetriezentrum. Ebenso liegen die Dreiecke ABF, ACF, BCF symmetrisch zu den Dreiecken ABS, BCS, ACS. Sowohl von den gegebenen wie auch von den gesuchten Größen her werden alle Rechnungen in gleicher Weise mit der ersten oder der zweiten Gruppe von Dreiecken gemacht werden können. Vermutlich wird es sinnvoll sein, sich auf eine der Gruppen z. B. ABF, ACF, BCF zu konzentrieren.

Rückwärtsarbeiten: Kennt man eine der Strecken u, v oder w, so ist das Problem gelöst. Man kann dann z. B. mit $v \cdot \tan(\beta) = h$ die gesuchte Höhe bestimmen.

Vorwärtsarbeiten: die gegebenen Größen a und b sind offensichtlich für die Aufgabenlösung unverzichtbar, ohne diese lägen nicht genügend Daten für eine eindeutige Höhenbestimmung vor, da Winkel allein nur zu ähnlichen, aber nicht zu kongruenten Situationen führen. Man wird also die Dreiecke ABF, ACF, BCF verwenden müssen. Ziel muss also sein, mit Hilfe dieser Dreiecke eine der Längen u, v oder w zu bestimmen.

Erste Zweifel entstehen angesichts der Situation: genügen die gegebenen Daten wirklich, um die Aufgabenstellung zu lösen? Hier ist etwas Kopfgeomtrie gefragt. Wenn ich von einem einzelnen Punkt aus nur einen Höhenwinkel messe, wo könnte dann überall das angepeilte Objekt liegen? Der Peilstrahl kann von dem Messpunkt aus in alle Richtungen zeigen, nur der Höhenwinkel bleibt gleich – das liefert einen Kegel. Mache ich zwei solche Messungen von unterschiedlichen Punkten aus, so habe ich zwei Kegel mit unterschiedlichen Öffnungswinkeln. Der angepeilte Punkt liegt also irgendwo auf der Kegelschnittlinie der beiden Kegel, eine Kurve im Raum. Mit einer dritten Messung entsteht ein dritter Kegel, der von dieser Raumkurve geschnitten wird. Aus Symmetriegründen wird es zwei Schnittpunkte geben. Ist also die Aufgabe unterbestimmt? Nein, denn symmetrisch zur Linie $\overline{AC}$ kann es mit den gegebenen Messwerten allein ein zweites Gebäude mit gleicher Höhe geben, was in der Kegelbetrachtung die zweite Lösung ergibt, jedoch mit derselben Höhe h.

Diese Überlegungen sind vermutlich auch für Schülerinnen und Schüler aus dem Jahr 1965 zu anspruchsvoll gewesen, zumal sie Kegel in dem Lehrgang nur als Objekte der Volumenbestimmung kannten. Heute haben wir glücklicherweise die Möglichkeiten dynamischer Geometriesoftware, so dass der Sachverhalt zumindest von Lehrerhand veranschaulicht werden kann.

Organisieren von Material: Was wissen wir über die Situation in formaler Sprache? Die gegebenen Winkel liefern in den Dreiecken mit F und S:

$$\tan(\alpha) = \frac{h}{u} \approx 0{,}4036, \ \tan(\beta) = \frac{h}{v} \approx 1{,}0588, \ \tan(\gamma) = \frac{h}{w} \approx 0{,}4406 \qquad (12.1)$$

Für die Darstellung der Information, die die Strecken a und b enthalten, müssen noch die Winkel in den Dreiecken ABF und BCF bezeichnet werden. Es sei $\angle FAB = \delta$, $\angle FBA = \epsilon$, $\angle FCB = \phi$ sowie $\angle AFB = \lambda$ und $\angle BFC = \mu$. Dann gilt mit dem Sinussatz

$$\begin{aligned}
\frac{v}{\sin(\delta)} &= \frac{u}{\sin(\epsilon)} = \frac{a}{\sin(\lambda)} \\
\frac{v}{\sin(\phi)} &= \frac{w}{\sin(180° - \epsilon)} = \frac{w}{\sin(\epsilon)} = \frac{b}{\sin(\mu)} \\
\frac{w}{\sin(\delta)} &= \frac{u}{\sin(\phi)} = \frac{a+b}{\sin(\lambda+\mu)} = \frac{a+b}{\sin(\lambda)\cos(\mu) + \cos(\lambda)\sin(\mu)}
\end{aligned} \qquad (12.2)$$

Der cos-Satz liefert:

$$\begin{aligned}
a^2 &= u^2 + v^2 - 2uv\cos(\lambda) \\
b^2 &= w^2 + v^2 - 2wv\cos(\mu) \\
(a+b)^2 &= u^2 + w^2 - 2uv\cos(\lambda+\mu) = u^2 + w^2 - 2uv(\cos(\lambda)\cos(\mu) - \sin(\lambda)\sin(\mu))
\end{aligned} \qquad (12.3)$$

12.3. Erster Lösungsversuch

In diese Gleichungen (12.2) und (12.3) kann man durch Einsetzen (*Substituieren*, dies ist eine Form des Nutzens von *Superzeichen* – hier wird ein Superzeichen aufgefaltet) von (12.1) u, v, und w elimienieren und erhält zwei Gleichungssysteme. Aus (12.2) entstehen drei Gleichungen mit den Variablen h, λ, μ, δ, ϕ, ϵ. Aus

(12.3) entstehen drei Gleichungen mit den Variablen h, λ, μ. Letzteres erscheint hoffnungsvoller:

$$2500 = h^2 \cdot 0,4036^2 + h^2 \cdot 1,0588^2 - h^2 \cdot 0,4036 \cdot 1,0588 \cos(\lambda)$$
$$900 = h^2 \cdot 0,4406^2 + h^2 \cdot 1,0588^2 - h^2 \cdot 0,4406 \cdot 1,0588 \cos(\mu) \tag{12.4}$$
$$6400 = h^2 \cdot 0,4406^2 + h^2 \cdot 0,4036^2 - h^2 \cdot 0,4406 \cdot 0,4036 \cos(\lambda + \mu)$$

Für diese drei kann man die linke Seite auf Eins normieren und auf der rechten Seite h^2 ausklammern und das Zahlenrechnen durchführen. Dies ergibt

$$1 = h^2(0,00051358 - 0,000170933 \cos(\lambda))$$
$$1 = h^2(0,001461318 - 0,000518341 \cos(\mu)) \tag{12.5}$$
$$1 = h^2(0,0000557846 - 0,0000277853 \cos(\lambda + \mu))$$

Dies sieht nun doch sehr unangenehm aus. Trigonometrische Gleichungen dieser Art sind nicht einfach zu lösen. Dabei hätten Schülerinnen und Schüler 1965 nicht die hier verwendeten elektronischen Rechenmethoden zur Verfügung gehabt und mit Rechenschieber deutlich mehr runden müssen. Auch die in (12.3) schon versuchte Verwendung der Additionstheoreme scheint es nicht einfacher zu machen, da dann die sin-Funktion zusätzlich auftritt.

Vielleicht hilft es doch, zusätzlich (12.2) zu verwenden? Das sieht alles nicht zielführend aus, ein anderer Ansatz muss her!

12.4. Zweiter Lösungsversuch

Jetzt soll zunächst überhaupt eine Lösung gefunden werden (*Erweiterung des Suchraumes*). Auch wenn Kegel als Hilfsmittel in dem Lehrgang des Schulbuches noch nicht zur Verfügung standen, wird untersucht, ob hiermit die Situation gelöst werden kann. Damit verwenden wir eine komplett andere *Repräsentation*.

Zur Darstellung von Kegeln müssen wir *koordinatisieren!*. Wir definieren also ein Koordinatensystem. Die oben angesprochene besonders *symmetrische* Lage von B legt es nahe, B in den Koordinatenursprung zu legen, A und C dann links und rechts davon auf die x-Achse (auch dies ist eine Form von *Symmetrie*, da damit jeweils zwei Koordinaten der Punkte zu Null werden).

Die drei Kegel haben dann die Gleichungen

$$(x + 50)^2 + y^2 = \left(\frac{z}{\tan(\alpha)}\right)^2$$
$$x^2 + y^2 = \left(\frac{z}{\tan(\beta)}\right)^2 \tag{12.6}$$
$$(x - 30)^2 + y^2 = \left(\frac{z}{\tan(\gamma)}\right)^2$$

Die Differenzen aus erster und zweiter sowie dritter und zweiter Gleichung eliminieren y:

$$(x+50)^2 - x^2 = \left(\frac{z}{\tan(\alpha)}\right)^2 - \left(\frac{z}{\tan(\beta)}\right)^2 \qquad (12.7)$$

$$(x-30)^2 - x^2 = \left(\frac{z}{\tan(\gamma)}\right)^2 - \left(\frac{z}{\tan(\beta)}\right)^2$$

Ausmultiplizieren und zusammenfassen ergibt

$$100x + 2500 = z^2 \left(\frac{1}{\tan^2(\alpha)} - \frac{1}{\tan^2(\beta)}\right) \qquad (12.8)$$

$$-60x + 900 = z^2 \left(\frac{1}{\tan^2(\gamma)} - \frac{1}{\tan^2(\beta)}\right)$$

Die z-Koordinate des gesuchten Schnittpunktes liefert die gesuchte Höhe, also wird x eliminiert. Teilen der Gleichungen durch 100 bzw. 60 und addieren der Gleichungen liefert:

$$40 = z^2 \left(\frac{1}{100\tan^2(\alpha)} - \frac{1}{100\tan^2(\beta)} + \frac{1}{60\tan^2(\gamma)} - \frac{1}{60\tan^2(\beta)}\right) \qquad (12.9)$$

Da nur die positive Lösung sinnvoll ist erhalten wir:

$$h = z = \sqrt{\frac{40}{\frac{1}{100\tan^2(\alpha)} - \frac{1}{100\tan^2(\beta)} + \frac{1}{60\tan^2(\gamma)} - \frac{1}{60\tan^2(\beta)}}} = 18 \qquad (12.10)$$

Die verwendete Mathematik für diesen Ansatz erscheint auf den ersten Blick als anspruchsvoller, führt dann aber zu einem erstaunlich einfachen Lösungsweg. Es beruhigt zumindest, für das Problem überhaupt eine Lösung gefunden zu haben. Wie bereits betont, stand dieser Lösungsweg damals Schülerinnen und Schülern nicht zur Verfügung. Es muss also eine gangbare Lösung mit Hilfe von Trigonometrie geben.

12.5. Dritter Lösungsversuch

Im ersten Ansatz haben wir u, v und w eliminiert und sind auf einen Satz Gleichungen gestoßen, der nicht gut lösbar war. Also ist es vielleicht sinnvoll, u, v und w weiter zu verwenden und zu sehen, was man über diese in Erfahrung bringen kann.

Eliminiert man in (12.1) h, indem man jeweils zwei der drei Gleichungen kombiniert, erhält man

$$\frac{u}{v} = \frac{\tan(\beta)}{\tan(\alpha)} = \frac{1,0588}{0,4036} = 2,623\ldots$$

$$\frac{w}{v} = \frac{\tan(\beta)}{\tan(\gamma)} = \frac{1,0588}{0,4406} = 2,403\ldots \tag{12.11}$$

$$\frac{u}{w} = \frac{\tan(\gamma)}{\tan(\alpha)} = \frac{0,4406}{0,4036} = 1,091\ldots$$

Wir kennen also aufgrund der Messergebnisse die Längenverhältnisse der Strecken u, v und w, nicht aber die wirklichen Längen.

Repräsentation: Wir betrachten die Situation aus der Perspektive von F. Von hier aus gehen drei Strecken aus, deren Längenverhältnisse wir kennen. Zwischen die Endpunkte müssen die Strecken a und b konstruiert werden. (Dies ist *Rückwärtsarbeiten*, in Wirklichkeit ging der Prozess ja mit a und b los.)

Hier gibts jetzt aber zwei Freiheitsgrade: wir können die drei Strecken (proportional) länger oder kürzer machen, oder deren Winkel (das sind λ und μ) ändern.

Wir konzentrieren uns zunächst auf die Variation der Winkel: Dann gibt die Strecke v mit dem Endpunkt B' vor (die ist ja die ausgezeichnete mit der besonderen *Symmetrie*-Position) und nach links (von F aus gucken) verläuft w mit einer bestimmten Länge (2,403 mal so lang, wie v gewählt wurde) und alle Möglichen Endpunkte C' liegen auf einem Kreis um F. Analog liegen die möglichen Punkte für A' auf einem Kreis um F mit bekannter Länge.

Jetzt sucht man Punkte auf den Kreisen, so dass $\frac{\overline{A'B'}}{\overline{B'C'}} = \frac{5}{3}$. Aber: hat man C' gewählt, dann liegt A' zusätzlich so, dass A', B' und C' auf einer Geraden liegen! Die Standlinie ist ja eine Gerade!

Wenn wir eine Gerade beschreiben wollen, sollten wir wieder *koordinatisieren*. Lege F in den Koordinatenursprung. Da wir die Länge von v nicht kennen, können wir sie als Eins wählen und legen $B' = (0,1)$ fest. Um $F = (0,0)$ verlaufen jetzt zwei Kreise (k_1, k_2) mit den Radien 2,623 und 2,403, die von der Geraden geschnitten werden. Wir müssen jetzt die Gerade so wählen, dass die Abstände der Schnittpunkte von B' sich wie drei zu fünf verhalten.

Eine Zeichnung, also ein *Repräsentationswechsel*, hilft (Abbildung 12.2).

Durch Veränderung der Steigung der Geraden durch B' kann nun das Verhältnis von a zu b verändert werden und damit die Lage von C' und A' festgelegt werden.

Nun wird es wieder algebraisch (*Repräsentationswechsel*). Die beiden Kreise und die Gerade werden durch Gleichungen beschrieben[2].

$$g : y = mx + 1$$
$$k_1 : x^2 + y^2 = 6,88 \tag{12.12}$$
$$k_2 : x^2 + y^2 = 5,77$$

---

[2]Gerechnet wird im Folgenden, ohne zwischendurch zu runden. Angegeben werden jedoch nur zwei Nachkommastellen.

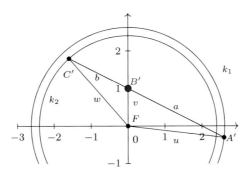

Abbildung 12.2.: Kreise

Durch Einsetzen der Geradengleichung in die Kreisgleichungen erhält man die Schnittpunkte (a_1, a_2) und (c_1, c_2). Wir benötigen eigentlich die Längen a und b, um deren Verhältnis mit fünf zu drei zu fixieren. a_1 und c_1 stehen jedoch in demselben Seitenverhältnis wie a und b. Um das einzusehen, zeichnet man zwei rechtwinklige Dreiecke mit den Hypothenusen a und b und Katheten parallel zu den Achsen und verwendet dann den Strahlensatz (neue *Repräsentation*) zum Zentrum B'. Es genügt also zunächst a_1 und c_1 zu betrachten.

g in k_1 und k_2 einsetzen (*Substituieren*):

$$x^2 + m^2 x^2 + 2mx + 1 = 6{,}88 \qquad (12.13)$$

$$x^2 + m^2 x^2 + 2mx + 1 = 5{,}77$$

Für k_1 benötigen wir die positive Lösung, für k_2 die negative (Zeichnung). Die Lösungsformel für quadratische Gleichungen liefert:

$$a_1 = \frac{-2m + \sqrt{4m^2 - 4(m^2+1)(1 - 2{,}62^2)}}{2(m^2+1)} = \frac{-m + \sqrt{6{,}88 m^2 + 5{,}88}}{(m^2+1)} \qquad (12.14)$$

$$c_1 = \frac{-2m - \sqrt{4m^2 - 4(m^2+1)(1 + 2{,}40^2)}}{2(m^2+1)} = \frac{-m - \sqrt{5{,}77 m^2 + 4{,}77}}{(m^2+1)}$$

Nun kann das Verhältnis von a_1 zu c_1 betrachtet werden um m zu bestimmen, dabei ist zu beachten, dass c_1 negativ ist und a_1 positiv:

$$-\frac{50}{30} = \frac{a_1}{c_1} = \frac{-m + \sqrt{6{,}88 m^2 + 5{,}88}}{-m - \sqrt{5{,}77 m^2 + 4{,}77}} \qquad (12.15)$$

Das sieht ungemütlich aus, aber machbar[3]. Zunächst mit dem Nenner multiplizieren:

---

[3]Diese Art von Gleichungen war in der Tat 1965 noch ein beliebtes Übungsfeld, wenn auch nicht mit derart unangenehmen Zahlen. Das folgende ist sehr technisch und kann leicht zu vielen kleinen Fehlern führen, die man dann nur findet, wenn man die Lösung schon kennt. Dies ist so geschehen bei der Entwicklung dieser Lösung.

$$\frac{5m}{3} + \frac{5}{3}\sqrt{5,77m^2 + 4,77} = -m + \sqrt{6,88m^2 + 5,88} \qquad (12.16)$$

Sortieren und quadrieren und wieder sortieren:

$$\frac{64m^2}{9} = \left(\sqrt{6,88m^2 + 5,88} - \frac{5}{3}\sqrt{5,77m^2 + 4,77} \right)^2$$

$$\frac{64m^2}{9} = 22,92m^2 + 19,15 - \frac{10}{3}\sqrt{6,88m^2 + 5,88}\sqrt{5,77m^2 + 4,77} \qquad (12.17)$$

$$4,74m^2 + 5,74 = \sqrt{6,88m^2 + 5,88}\sqrt{5,77m^2 + 4,77}$$

Erneut quadrieren und ausmultiplizieren und wieder sortieren, dann normieren:

$$22,50m^4 - 54,50m^2 + 32,99 = 39,74m^4 + 66,83m^2 + 28,09$$

$$-17,24m^4 - 12,33m^2 + 4,90 = 0 \qquad (12.18)$$

$$m^4 + 0,72m^2 - 0,28 = 0$$

Diese Gleichung hat zwei Lösungen für m^2, nämlich $0,28$ und -1. Demnach sind $\pm\sqrt{0,28}$ die möglichen Lösungen für m. Einsetzen in (15) oder geometrische Überlegungen führen zu $m \approx -0,53$.

Dies kann man jetzt in (14) einsetzen und erhält:

$$a_1 = \frac{0,53 + \sqrt{-6,88 \cdot 0,53^2 + 5,88}}{(0,53^2 + 1)} \approx 2,60 \qquad (12.19)$$

$$c_1 = \frac{0,53 - \sqrt{-5,77 \cdot 0,53^2 + 4,77}}{(0,53^2 + 1)} \approx -1,56$$

Die y-Koordinaten können dann mit der Geradengleichung bestimmt werden und man erhält $A' \approx (2,60, -0,38)$ und $C' \approx (-1,56, 1,83)$.

Jetzt gibt es unterschiedliche Möglichkeiten, um zum Abschluss zu kommen. Die Figur in der Abbildung ist ja ähnlich zu der ursprünglichen Grundrissfigur. Es können also im Koodinatensystem jetzt die benötigten Winkel in der Ebene bestimmt werden und dann mit den Gleichungen (12.2) oder (12.3) die Größen u, v oder w bestimmt werden.

Alternativ kann im Koordinatensystem die Länge $a' \approx 2,94$ als Abstand der Punkte B' und A' bestimmt werden. Der Streckfaktor zwischen a' und $a = 50$ m beträgt also 17, was damit der Länge v entspricht. Nun kann (12.1) verwendet werden und man erhält

$$h = v\tan(\beta) = 17 \text{ m}\tan(46,637°) = 18 \text{ m}. \qquad (12.20)$$

12.6. Weitere Herangehensweisen

Die bisherigen Überlegungen basierten auf mathematischen Verfahren, wie sie auch 1965, als diese Aufgabe im Schulbuch stand, zur Verfügung standen. Dabei sind die einzelnen Rechenschritte aufgrund der auftretenden Dezimalzahlen deutlich aufwändiger unter Verwendung von schriftlicher Multiplikation oder Rechenschieber als aktuell beim Einsatz von Taschenrechnern oder Computer. Heute können mit elektronischen Hilfsmitteln ganz andere *Repräsentationen* und damit ganz andere Zugänge genutzt werden.

Eine Visualisierung der dreidimensionalen Situation im 3D-Modul einer dynamischen Geometriesoftware ermöglicht zunächst die Situation besser zu verstehen. Realisiert man die Position der Punkte auf Basis von Variablen (Schiebereglern), so kann man sich die in der Aufgabe gegebenen Winkel anzeigen lassen und durch *systematisches Probieren* eine Lösung der Aufgabe finden. Hierdurch würden sehr intensive Erfahrung dahingehend gemacht werden, wie sich die Position und Höhe des Gebäudes auf die Winkelgrößen auswirkt

Vergleichbare Ansätze können für die lange Rechnung im dritten Lösungsversuch realisert werden. Einerseits könnte die Gleichung (12.15) einfach mit Hilfe einer Tabellenkalkulation gelöst werden, indem man die rechte Seite mit einer Wertetabelle auswertet und nach dem Wert auf der linken Seite sucht. Eine Verfeinerung der Wertetabelle ermöglicht es, beliebig viele Nachkommastellen zu bestimmen.

Die Grafik, die zu den Ansätzen (12.12) führte, kann ebenfalls mit einer dynamischen Geometriesoftware erstellt werden und durch Verschieben des Ankerpunktes A' die Gerade bewegt werden. Hierbei wird der *Perspektivwechsel* im Vorgehen besonders deutlich, denn die Standlinie ist ja ursprünglich die feste Ausgangssituation für die Problemstellung. Man kann dann die Streckenlängen a' und b' sowie deren Verhältnis anzeigen lassen und so die gesuchte Steigung durch *systematisches Probieren* finden.

Eine dynamische Geomtriesoftware ermöglicht es auch, die Kegelsituation zur veranschaulichen.

12.7. Vierter Lösungsversuch

Die vorhandenen Lösungen haben den Autor letztlich aber immer noch nicht zufrieden gestellt, da die Rechnung im dritten Versuch sehr vielschrittig und fehleranfällig ist. Nach einiger Zeit des Grübelns entstand daher ein weitere Ansatz.

Im dritten Versuch waren die gemessenen Winkel bestimmt worden, um die Verhältnisse zwischen den Seiten u, v und w zu bestimmen (12.1). Jetzt wird dieses Wissen in dem Koordinatensystem aus dem zweiten Lösungsversuch verwendet, also mit $A = (-50,0)$, $B = (0,0)$ und $C = (30,0)$.

Liegt jetzt F auf einem Kreis mit dem Radius r um B, so liegt F auch auf einem Kreis um A mit dem Radius $r_A = 2{,}623r$ und auf einem Kreis um C mit dem Radius $r_B = 2{,}403r$.

Die drei entsprechenden Kreisgleichungen lauten:

$$(x+50)^2 + y^2 = (2{,}623r)^2$$
$$x^2 + y^2 = r^2 \qquad\qquad (12.21)$$
$$(x-30)^2 + y^2 = (2{,}403r)^2$$

Dies sieht nun genau so aus wie (12.5)! Es ist auch die gleiche Idee: es werden Kreise variiert und ein gemeinsamer Schnittpunkt von drei Kreisen gesucht. Nur lagen die Kreise im zweiten Versuch übereinander im Raum und bildeten Kegel, hier denken wir die Kreise als Schaaren in der Ebene und sind somit im Bereich der Mathematik der Mittelstufe im Jahr 1965.

Da die Gleichungen in (12.6) und (12.21) gleich aussehen, ist der Lösungsweg auch identisch beziehungsweise die Rechnung ist *analog*. Die Lösungen liefern dann aber nicht direkt die Höhe sondern $v = r$, so dass anschließend noch mit (12.1) die Höhe bestimmt werden muss. Da sowohl Rechenweg als auch Ergebnis schon vorliegen, wird dies hier nicht wiederholt.

Durch die Kombination aus den Überlegungen und *Repräsentationen* des zweiten und dritten Ansatzes entstand hier also die finale Idee, die tatsächlich so gestaltet ist, dass sie in der Mittelstufe gegebenenfalls als Lösung in betreuter Gruppenarbeit von besonders interessierten Schülerinnen und Schülern gefunden werden kann.

13. Universitärer Ausblick – Jordansche Normalform

Die Jordansche Normalform ist ein wichtiger Meilenstein in dem Modul „Lineare Algebra" im Mathematikstudium, das regelhaft auch Studienbestandteil des gymnasialen Lehramts ist. Die Jordansche Normalform hat dabei einerseits eine große mathematische Bedeutung, da große Teile der vorangegangenen Fachinhalte hier verwendet werden, andererseits wird die Nutzung eines sehr großen Anteils der in Abschnitt 2 beschriebenen heuristischen Strategien hier wirksam.

13.1. Mathematischer Sachverhalt

Die Jordansche Normalform macht eine Aussage über die Darstellung und Strukturierung einer linearen Abbildung von einem Vektorraum in denselben Vektorraum (Endomorphismus).

Voraussetzung V ist ein endlichdimensionaler Vektorraum und $h : V \rightarrow V$ ist ein Endomorphismus. Das charakteristische Polynom von h zerfällt vollständig in Linearfaktoren.

Inhalt des Satzes Es gibt eine Basis B des Vektorraums V, so dass die darstellende Matrix $A_{B;B;h}$ (abgekürzt A) des Endomorphismus h nur aus „Jordanblöcken" auf der Diagonalen besteht und außerhalb der Jordanblöcke aus Nullen. Die Jordanblöcke selbst bestehen nur aus Eigenwerten auf der Diagonalen, Einsen direkt oberhalb der Diagonalen und sonst Nullen (Abbildung 13.1).

Die Jordan Normalform ist eindeutig, bis auf die Reihenfolge der Blöcke.

Bemerkungen

- Zu einem Eigenwert kann es mehrere Jordanblöcke geben. Ordnet man diese in der Jordanschen Normalform hintereinander an, wirkt das optisch wie ein einziger Jordanblock mit fehlenden Einsen. Jede Sequenz aus Einsen konstituiert jedoch einen eigenen Jordanblock.

- Der Ausdruck „Normalform" bezeichnet in der Mathematik eine (nahezu) eindeutige Darstellung unterschiedlicher Objekte. Diese Objekte können hinsichtlich der Kriterien der Darstellung zu einer Äquivalenzklasse zusammengefasst werden.

© Der/die Autor(en), exklusiv lizenziert durch
Springer-Verlag GmbH, DE, ein Teil von Springer Nature 2021
P. Stender, *Heuristische Strategien in der Schulmathematik*,
https://doi.org/10.1007/978-3-662-64079-1_13

$$\left(\begin{array}{cccc}
\begin{bmatrix} \lambda_1 & 1 & & \\ & \lambda_1 & 1 & \\ & & \ddots & \ddots \\ 0 & & & \lambda_1 & 1 \\ & & & & \lambda_1 \end{bmatrix} & & & 0 \\
& \begin{bmatrix} \lambda_2 & 1 & & \\ & \lambda_2 & 1 & \\ & & \ddots & \ddots \\ 0 & & & \lambda_2 & 1 \\ & & & & \lambda_2 \end{bmatrix} & & \\
& & \ddots & \\
0 & & & \begin{bmatrix} \lambda_n & 1 & & \\ & \lambda_n & 1 & \\ & & \ddots & \ddots \\ 0 & & & \lambda_n & 1 \\ & & & & \lambda_n \end{bmatrix}
\end{array}\right)$$

Abbildung 13.1.: Jordansche Normalform

Hier bilden alle Matrizen mit gleicher Jordanscher Normalform eine Äquivalenz-klasse: sie beschreiben dieselbe lineare Abbildung bezüglich unterschiedlicher Basen. In der Schulmathematik ist beispielsweise der gekürzte Bruch die Normalform bei der Angabe von Brüchen.

Spezialfälle

* Eine Diagonalmatrix ist bereits in Jordanscher Normalform. Hier haben sämtliche Jordanblöcke die Größe Eins, daher treten keine Einsen oberhalb der Diagonalen auf.

* Ein Jordanblock zum Eigenwert Null enthält nur die Einsen oberhalb der Diagonalmatrix. Eine Matrix dieser Gestalt heißt nilpotent.

Schreibweisen Für einen Jordanblock $J \in \mathbb{R}^{m \times m}$ zu einem Eigenwert λ wird hier die Bezeichnung $J_m(\lambda)$ verwendet (Abbildung 13.2).

Eine Diagonalmatrix $D \in \mathbb{R}^{m \times m}$ wird mit D_m bezeichnet, tritt nur ein Diagonalelement λ auf, wird $D_m(\lambda)$ geschrieben (Abbildung 13.3).

Eine nilpotente Matrix $N \in \mathbb{R}^{m \times m}$, die nur Einsen über der Hautdiagonalen hat, wird mit N_m bezeichnet (Abbildung 13.4).

$$J_m(\lambda) = \begin{pmatrix} \lambda & 1 & & & 0 \\ & \lambda & 1 & & \\ & & \ddots & \ddots & \\ & & & \lambda & 1 \\ 0 & & & & \lambda \end{pmatrix}$$

$$\underbrace{}_{m \text{ Spalten}}$$

Abbildung 13.2.: Jordanblock der Länge m

$$D_m = \begin{pmatrix} \lambda_1 & & & 0 \\ & \lambda_2 & & \\ & & \ddots & \\ 0 & & \lambda_{m-1} & \\ & & & \lambda_m \end{pmatrix}$$

$$\underbrace{}_{m \text{ Spalten}}$$

Abbildung 13.3.: Diagonalmatrix der Länge m

$$N_m = \begin{pmatrix} 0 & 1 & & & 0 \\ & 0 & 1 & & \\ & & \ddots & \ddots & \\ & & & 0 & 1 \\ 0 & & & & 0 \end{pmatrix}$$

$$\underbrace{}_{m \text{ Spalten}}$$

Abbildung 13.4.: Nilpotente Matrix der Länge m

13.2. Heuristische Strategien beim Umgang mit der Jordan Normalform

Wie bei vielen mathematischen Sätzen ist es für das Verständnis hilfreich, zunächst eine normalsprachliche Formulierung zu realisieren (*Repräsentationswechsel*)

> *Wenn man das richtige Koordinatensystem wählt, so wird die Matrix zu einer linearen Abbildung besonders einfach.*

Die Existenz einer Basis, die man für die Realisierung der Jordan Normalform benötigt, wird hier als Wahl eines Koordinatensystems[1] gelesen. Dadurch wird die Analogie zur Schulmathematik deutlich, wo man ähnlich vorgeht: wenn man mit einer quadratischen Funktion/einer Parabel einen realen Sachverhalt beschreibt (z. B. parabelförmiger Tunnelquerschnitt) dann wird die quadratische Funktion besonders einfach, wenn man das Koordinatensystem so wählt, dass der Scheitel der Parabel auf der y−Achse liegt.

Die Formulierung „besonders einfach" umfasst bei der Jordanschen Normalform die folgende Eigenschaften:

1. Die Jordansche Normalform besteht zum großen Anteil aus Nullen. Da bei der Anwendung einer Matrix zur Berechnung von Werten des Endomorphismus multipliziert wird ($h(x) = A \cdot x$), reduzieren die Nullen den Rechenaufwand erheblich.

2. Die Strukturierung mit Jordanblöcken macht die Matrix besonders übersichtlich und erlaubt es, weiter Struktureigenschaften zu erschließen.

3. Die Eindeutigkeit (bis auf Blockreihenfolge) ermöglicht eine Ordnung von Endomorphismen: ein Endomorphismus ist eindeutig beschrieben durch Anzahl und Größe der Blöcke zusammen mit den Eigenwerten. Diese Größen sind *Invarianten* aller Matrixdarstellungen einer linearen Abbildung.

Die Jordan Normalform ist also eine besonders gelungene Repräsentation eines Endomorphismus, die die wesentlichen *Invarianten* dieser Abbildung zur Strukturierung der Matrix nutzt und diese Invarianten dabei direkt ablesbar macht.

Jede Matrix ist ein *Superzeichen*, das die Einträge der Matrix zu einem neuen Objekt zusammenfasst. Matrizen in der Jordanschen Normalform sind *Superzeichen*, die besonders einfache *Spezialfälle* von Matrizen darstellen (Abbildung 13.1). Matrizen in der Jordanschen Normalform können dabei zusätzlich als *Superzeichen* aufgefasst werden, die die Jordanblöcke zu einem Objekt zusammenfassen: bei der Jordanschen Normalform fokussiert man in der Regel nicht mehr auf die einzelnen Einträge, sondern auf die Blöcke.

Die Jordanblöcke selbst sind ebenfalls gut strukturierte *Superzeichen*, die die in $J_m(\lambda)$ enthaltenen Informationen übersichtlich darstellen. Die abbildende Matrix A wird nicht mehr durch eine große Anzahl einzelner Werte beschrieben, sondern durch die Angabe der Jordanblöcke. Die Matrix A ist dann wiederum eine *Superposition* aus den Jordanblöcken. Die Jordanblöcke *zerlegen* dabei *das Problem* (die Darstellung der linearen Abbildung) in *Teilprobleme*: Jeder Jordanblock bildet einen Unterraum $U_k \subset V$ auf sich selbst ab: will man die Abbildung h verstehen, kann man nacheinander die einzelnen Jordanblöcke betrachten und erhält so die gesamte relevante Information

---

[1]Die Konzepte „Basis eines Vektorraumes" und „Koordinatensystem" sind nicht exakt identisch, daher stellt diese Formulierung eine Vereinfachung dar. Die Analogie gilt für Basen des $\mathbb{R}^n$ und gradlinige Koordinatensysteme. Bei einem Vektorraum, dessen Elemente Polynome sind, wird nicht von einem Koordinatensystem gesprochen. Andererseits sind Polarkoordinatensysteme nicht als Basen formulierbar. Für ein qualitatives Verständnis der Situation ist die Analogie vertretbar.

über h. Die Unterräume U_k sind dabei gleichzeitig *Invarianten* unter der Abbildung h, so dass die Jordansche Normalform auch den Vektorraum V in Teile zerlegt, nämlich in die zu den einzelnen Jordanblöcken gehörenden Unterräume. Damit strukturiert die Jordansche Normalform den Vektorraum V hinsichtlich der linearen Abbildung h: die Anzahl der Jordanblöcke ist gleich der Anzahl der Unterräume, die Dimensionen der Unterräume sind die Längen der Jordanblöcke.

Die Jordansche Normalform ist eine *symmetrische* Darstellung der Abbildungsmatrix: alle Jordanblöcke haben die gleiche Struktur, können also in weiteren mathematischen Überlegungen in der gleichen Weise behandelte werden, was Pólyas Definition von Symmetrie entspricht.

Die einzelnen Jordanblöcke nutzen ebenfalls mit den Eigenwerten zentrale *Invarianten* von linearen Abbildungen. Daneben können sie gewinnbringend als *Superposition* einer Diagonalmatrix und einer nilpotenten Matrix dargestellt werden (Repräsentationswechsel in Abbildung 13.5).

$$J_m(\lambda) = D_m(\lambda) + N_m =$$

$$\begin{pmatrix} \lambda & 1 & & & 0 \\ & \lambda & 1 & & \\ & & \ddots & \ddots & \\ 0 & & & \lambda & 1 \\ & & & & \lambda \end{pmatrix} = \begin{pmatrix} \lambda & & & 0 \\ & \lambda & & \\ & & \ddots & \\ 0 & & & \lambda \\ & & & & \lambda \end{pmatrix} + \begin{pmatrix} 0 & 1 & & & 0 \\ & 0 & 1 & & \\ & & \ddots & \ddots & \\ 0 & & & 0 & 1 \\ & & & & 0 \end{pmatrix}$$

Abbildung 13.5.: Jordanblock als Superposition von Diagonalmatrix und nilpotenter Matrix

Die Darstellung aus 13.5 erlaubt es, besonders einfach Potenzen der Jordanmatrix zu bestimmen. Hier gilt die folgende *Analogie*:

• Wenn man die Nullstellen eines Polynoms dritten Grades bestimmen soll und dafür gefragt wird, in welcher Form man das Polynom präsentiert bekommen möchte, lautet die kluge Antwort „Produktform".

• Wenn man Potenzen der darstellenden Matrix einer linaren Abbildung berechnen soll und dafür gefragt wird, zu welcher Basis man die Matrix präsentiert bekommen möchte, lautet die kluge Antwort „die Basis, zu der die Matrix als Jordansche Normalform vorliegt".

In beiden Fällen erleichtert die Wahl der günstigen *Repräsentation* die Lösung der Aufgabe sehr[2].

---

[2]Dabei ist die Beziehung der Beispiele noch weitergehender: man muss für die Bestimmung der Jordanschen Normalform zu einer beliebigen quadratischen Matrix die Nullstellen des charakteristischen Polynoms bestimmen, dabei ist es wiederum günstig, wenn dieses in Produktform vorliegt. Schreibt man das charakteristische Polynom zu einer Jordanschen Normalform hin, so ist dies der Fall.

Dazu stellt sich die Frage, warum man überhaupt Matrizen potenzieren sollte. Die Antwort zu dieser Frage stellt eine Einbettung der Jordanschen Normalform in weiterführende Teile der Mathematik dar. Diese Art der Einbettung ist ein wichtiger Aspekt für das Verständnis eines mathematischen Gegenstandes! Das Potenzieren der Matrix entspricht der mehrfachen *iterativen* Anwendung der zugehörigen linearen Abbildung auf einen Startwert, was unter anderem auftritt, wenn eine lineare Abbildung eine Populationsentwicklung modelliert (Leslie-Matrizen). Aber auch innermathematisch sind Matrizenpotenzen zentral: die Exponentialfunktion kann mit Hilfe einer Taylorreihe basierend auf Potenzen des Arguments definiert werden. Diese Definition wird sinnvoll auf Matrizen als Argumente übertragen und damit beispielsweise die Lösung von linearen Differentialgleichungssystemen analytisch angegeben. Dabei treten dann die Potenzen der Matrix im Argument auf.

Die Darstellung aus 13.5 erlaubt es, besonders einfach Potenzen der Jordanmatrix zu bestimmen: einerseits sind die Potenzen einer Diagonalmatrix besonders einfach, es müssen nur die Diagonalelemente potenziert werden; andererseits sind auch die Potenzen einer nilpotenten Matrix besonders einfach , wie das Beispiel mit N_4 in Abbildung 13.6 zeigt. Es gilt allgemein: $N_m^m = 0$

$$N_4 = \begin{pmatrix} 0 & 1 & 0 & 0 \\ 0 & 0 & 1 & 0 \\ 0 & 0 & 0 & 1 \\ 0 & 0 & 0 & 0 \end{pmatrix} N_4^2 = \begin{pmatrix} 0 & 0 & 1 & 0 \\ 0 & 0 & 0 & 1 \\ 0 & 0 & 0 & 0 \\ 0 & 0 & 0 & 0 \end{pmatrix}$$

$$N_4^3 = \begin{pmatrix} 0 & 0 & 0 & 1 \\ 0 & 0 & 0 & 0 \\ 0 & 0 & 0 & 0 \\ 0 & 0 & 0 & 0 \end{pmatrix} N_4^4 = \begin{pmatrix} 0 & 0 & 0 & 0 \\ 0 & 0 & 0 & 0 \\ 0 & 0 & 0 & 0 \\ 0 & 0 & 0 & 0 \end{pmatrix}$$

Abbildung 13.6.: Potenzen einer nilpotenten Matrix der Länge 4

Mit Hilfe der *Superposition* aus Abbildung 13.5 und des binomischen Lehrsatzes kann eine beliebige Potenz des Jordanblocks analytisch bestimmt werden, wobei die Anzahl der Summanden durch $N_m^k = 0$ für $k \geq m$ reduziert wird. Die Einträge in den Potenzen eines einzelnen Jordanblocks sind in den Diagonalen *invariant* (hier wirkt die innere *Symmetrie* der Jordanblöcke) und haben alle die Gestalt $\lambda^k \cdot \binom{n}{k}$ für $k = n, \ldots, n - m + 1$. Abbildung 13.8 zeigt ein Beispiel für die Anwendung der Regel.

Neben den genannten heuristischen Strategien tritt hier sehr ausgeprägt die Strategie *Führe Neues auf Bekanntes zurück* auf, da bei der Formulierung der Jordanschen Normalform fast alle zuvor behandelten Inhalte des Moduls lineare Algebra genutzt werden. Dies wird in der folgenden Aufzählung dokumentiert:

- Der Begriff des Vektorraums ist grundlegend für die Betrachtungen, da Abbildungen zwischen Vektorräumen strukturiert werden. Dabei tritt auch Zerlegung

$$J_m^n(\lambda) = (D_m(\lambda) + N_m)^n = \sum_{k=1}^{n} \binom{n}{k} D_m^k(\lambda) \cdot N_m^{n-k} = \sum_{k=n-m+1}^{n} \binom{n}{k} D_m^k(\lambda) \cdot N_m^{n-k}$$

Abbildung 13.7.: Potenzen eines Jordanblocks

$$J_4^{10}(\lambda) = \begin{pmatrix} \lambda & 1 & 0 & 0 & 0 \\ 0 & \lambda & 1 & 0 & 0 \\ 0 & 0 & \lambda & 1 & 0 \\ 0 & 0 & 0 & \lambda & 1 \\ 0 & 0 & 0 & 0 & \lambda \end{pmatrix}^{10} = \begin{pmatrix} \lambda^{10} & 10\lambda^9 & 45\lambda^8 & 120\lambda^7 & 210\lambda^6 \\ 0 & \lambda^{10} & 10\lambda^9 & 45\lambda^8 & 120\lambda^7 \\ 0 & 0 & \lambda^{10} & 10\lambda^9 & 45\lambda^8 \\ 0 & 0 & 0 & \lambda^{10} & 10\lambda^9 \\ 0 & 0 & 0 & 0 & \lambda^{10} \end{pmatrix}^{10}$$

Abbildung 13.8.: Zehnte Potenz eines Jordanblocks

eines Vektorraums in Unterräume auf.

- Unverzichtbar ist der Begriff der Basis eines Vektorraums mit der Möglichkeit, zwischen verschiedenen Basen für einen Vektorraum zu wechseln.

- Betrachtet werden Vektorraumhomomorphismen und Matrizen, die diese beschreiben. Dabei ist wiederum zentral, dass sich durch Basiswechsel auch die darstellende Matrix verändert.

- Eigenwerte gehen an prominenter Stelle in die Jordansche Normalform ein. Da Eigenwerte mit Hilfe des charakteristischen Polynoms bestimmt werden, wird auch auf die Theorie der Polynome (Zerfall in Linearfaktoren in einem vollständigen Raum, Polynomdivision/Euklidischer Algorithmus) zurückgegriffen. Das charakteristische Polynom entsteht mit Hilfe einer Determinanten, die wiederum den Begriff der Permutation erfordert.

- Betrachtet man die Konstruktion der Unterräume, die durch die Jordansche Normalform induziert wird, so ist der Begriff des Kerns des Homomorphismus erforderlich. Dieser Aspekt wurde in der hier gezeigten Darstellung nur bei den nilpotenten Matrizen indirekt sichtbar.

- Für die konkrete Konstruktion einer Jordanschen Normalform sind lineare Gleichungssysteme zu lösen.

Die Formulierung der Jordanschen Normalform begründet also weite Teile der Inhalte des Moduls „Lineare Algebra". Dies wird für Studierende leider meist nicht sichtbar, da die Zusammenhänge erst im Rückblick erkannt werden können. Ebenso stellt die Jordansche Normalform häufig den Abschluss einer Lerneinheit dar und wird meist nicht (beispielsweise zum Potenzieren) genutzt. Dadurch erkennen viele

Studierende den Sinn der Jordanschen Normalform und ihre Bedeutung in der Fachsystematik oft nicht oder erst sehr viel später im Studium.

Man sieht, dass die Jordansche Normalform sowohl von der Zusammenführung mathematischer Fachinhalte als auch vom Auftreten heuristischer Strategien her ein sehr reichhaltiger Gegenstand ist, an dem somit viele Aspekte mathematischen Denkens deutlich werden können – wenn diese Reichhaltigkeit und Bedeutung in der Lehre bewusst gemacht wird. Dabei wird dann auch deutlich, dass analoge Denkweisen in der Schulmathematik wirksam werden. Ähnliche Analysen können auch für andere Studieninhalte die umfangreiche Nutzung heuristischer Strategien zeigen. Weitere Beispiele finden sich in Stender (2016b, 2021b).

Teil III.

Heuristische Strategien: Relevanz für Theorie und Praxis des Unterrichts

Bereits in Abschnitt I aber auch bei der Analyse der Unterrichtsinhalte wurde deutlich, dass die Heuristischen Strategien eine vielfältige Bedeutung für den Unterricht entfalten können. In Abschnitt 4.1 wurde dargestellt, wie mit den heuristischen Strategien mathematische Kompetenzen differenzierter dargestellt werden. Der Blick auf die heuristischen Strategien als wesentlicher Teil der mathematischen Methoden ist ein weiterer Aspekt, der die Relevanz der heuristischen Strategien unterstreicht. In den folgenden Abschnitten wird das Bedeutungsspektrum der heuristischen Strategien für den Unterricht noch um einige Gesichtspunkte erweitert. Dabei werden sowohl konzeptionelle Betrachtungen vorgestellt als auch konkretere Konsequenzen für den Mathematikunterricht.

14. Bedeutung der heuristischen Strategien für das Bild von Mathematik und deren Lehre

Betrachtet man Mathematik auf Basis einer mit heuristischen Strategien strukturierten Sichtweise, so treten gegenüber einer eher fachsystematisch geprägten Sichtweise weitere Aspekte in den Vordergrund, die für die Lehre der Mathematik Konsequenzen haben können.

14.1. Heuristische Strategien als übergreifende Invariante in der Mathematik

Die heuristischen Strategien konnten im Abschnitt II für Unterrichtsinhalte der Grundschule, der weiterführenden Schule und der Universität rekonstruiert werden. Dabei traten die Strategien in ganz unterschiedlichen Fachinhalten auf. Auf diese Weise werden Gemeinsamkeiten der Mathematik von der schriftliche Addition bis zur der Jordanschen Normalform sichtbar. Die Verwendung heuristischer Strategien stellt damit eine *Invariante* der Mathematik in ganz unterschiedlichen Fachinhalten dar, die an ganz unterschiedlichen Lernorten gelehrt werden.

Im Projekt *ProfaLe* (Professionelles Lehrerhandeln zur Förderung fachlichen Lernens unter sich verändernden gesellschaftlichen Bedingungen) wurde diese Invarianz der heuristischen Strategien über mehrere Jahre erfolgreich eingesetzt, um Studierenden des Lehramtes Verbindungen zwischen dem Fachstudium und der Schulmathematik deutlich zu machen (Höttecke et al., 2018). Durch Befragungen der Studierenden wurde dabei deutlich, dass die Wahrnehmung der heuristischen Strategien als wesentlicher Teil von Mathematik auch die Einstellung der Studierenden zur Mathematik veränderte. Studierende äußerten, dass durch die Auseinandersetzung mit den heuristischen Strategien in Bezug auf Universitätsmathematik und Schulmathematik deutlich wurde, dass „Mathematik lernen heißt, Denken zu lernen" und dabei wesentliche Denkprozesse durch die heuristischen Strategien beschrieben werden können[1].

Die Sichtweise der heuristischen Strategien als wesentlicher Teil der Methode der Mathematik wird durch diese Analyse ebenfalls gestärkt: die Methoden der Mathematik sollten unabhängig von den Fachinhalten sein und somit bei Fachinhalten aus allen Wissensebenen, also von der Grundschule bis in die Universität, und in

---

[1] Paraphrasierte Äußerung von Studierenden in freiformulierten Antworten eines Fragebogens.

© Der/die Autor(en), exklusiv lizenziert durch
Springer-Verlag GmbH, DE, ein Teil von Springer Nature 2021
P. Stender, *Heuristische Strategien in der Schulmathematik*,
https://doi.org/10.1007/978-3-662-64079-1_14

allen Stoffgebieten (Arithmetik, Geometrie, Analysis, Algebra etc.) zur Anwendung
kommen. Die vorgestellten Analysen zeigen dies an vielen Beispielen.

14.2. Metakognition

Der Vergleich der Definition von Metakognition nach Weinert (1994) und heuristischen Strategien nach Dörner (1976) zeigt, dass hier sehr ähnliche Konzepte
beschrieben werden:

> *Dabei versteht man unter Metakognition im allgemeinen jene Kennt-*
> *nisse, Fertigkeiten und Einstellungen, die vorhanden, notwendig oder*
> *hilfreich sind, um beim Lernen oder Denken (implizite wie explizite)*
> *Strategieentscheidungen zu treffen und deren handlungsmäßige Reali-*
> *sierung zu initiieren, zu organisieren und zu kontrollieren (Weinert,*
> *1994, S. 193).*

> *Diejenige Struktur, die einen solchen (Problemlöse-) Prozeß, wie er*
> *soeben dargestellt wurde, organisiert und kontrolliert, nennen wir einen*
> *Heurismus, ein Verfahren zur Lösungsfindung (Dörner, 1976, S. 38).*

Dabei ist Metakognition immer unter zwei Perspektiven zu betrachten[2]:

- Metakognition bzw. heuristische Strategien dienen der **Handlungssteuerung**,
  mit heuristischen Strategien werden die Entscheidungen getroffen (organisiert,
  kontrolliert), wie weiter gearbeitet wird.

- Mit Metakognition und heuristische Strategien können realisierte Handlungen in
  Bezug auf die **Strategieentscheidungen** rekonstruiert werden.

Lerntheoretisch interessant ist die Frage *Was geschieht (mata-)kognitiv im Moment
des Problemlösens?* Dies entzieht sich jedoch prinzipiell der Beobachtung: wenn
Forschung versucht dies zu erfassen, ist man immer auf die nachträgliche reflektierte
Beschreibung der Problemlöserin bzw. des Problemlösers über das eigene Denken an-
gewiesen (lautes Denken). Damit ist jede Beschreibung von Metakognition letztlich
rekonstruktiv. Dies schmälert jedoch nicht die Bedeutung der Metakognition: durch
die Rekonstruktion werden unbewusst also implizit getroffene Strategieentscheidungen explizit. Die Trennlinie zwischen Metakognition und Kognition kann dabei
unterschiedlich gezogen werden. Wird z.B. „Rückwärtsarbeiten" verwendet, werden
teilweise alle dabei realisierten einzelnen Arbeitsschritte (also z. B. Umformungen
von Gleichungen) zum Rückwärtsarbeiten gezählt. Im Sinne der Definition ist jedoch nur die *Strategieenscheidung* selbst der metakognitive bzw. heuristische Akt,
die Umsetzung der Strategieentscheidung in einzelnen Arbeitsschritten selbst ist
dann nicht metakognitiv. Diese Position wird hier verfolgt, was z. B. schon bei der

---

[2]Aus Sicht der heuristischen Strategien sind dies zwei Repräsentationen desselben Aspekts,
wobei hier die Konzepte des Vorwärtsarbeitens und des Rückwärtsarbeitens realisiert werden.

Darstellung der Strategien in Abschnitt 2 wirksam wurde: dort wurde beispielsweise Vorwärtsarbeiten und Rückwärtsarbeiten zusammen als eine Strategie beschrieben, die letztlich lautet: „Wechsle die Arbeitsrichtung".

Der Abschnitt II ist vollständig als Akt rekonstruierender Metakognition auf Basis der heuristischen Strategien entstanden. Die heuristischen Strategien bildeten damit den Begriffsrahmen für Metakognition und machten so die Metakognition mathematischen Handelns unter einem einheitlichen Sprachgebrauch von der Grundschule bis in die Universität möglich.

14.3. Mathematik als Prozess

„Mathematik als Prozess" ist eine wichtige Perspektive auf die Mathematik, die u. a. von Leuders et al. (2005) auch unter Bezug auf die dritte Wintersche Grunderfahrung formulierte wurde. Die dritte Wintersche Grunderfahrung formuliert dabei explizit die Beziehung zu den heuristischen Strategien:

> *Der Mathematikunterricht sollte anstreben, die folgenden drei Grunderfahrungen, die vielfältig miteinander verknüpft sind, zu ermöglichen:*
>
> 1. *Erscheinungen der Welt um uns, die uns alle angehen oder angehen sollten, aus Natur, Gesellschaft und Kultur, in einer spezifischen Art wahrzunehmen und zu verstehen,*
>
> 2. *mathematische Gegenstände und Sachverhalte, repräsentiert in Sprache, Symbolen, Bildern und Formeln, als geistige Schöpfungen, als eine deduktiv geordnete Welt eigener Art kennen zu lernen und zu begreifen,*
>
> 3. *in der Auseinandersetzung mit Aufgaben Problemlösefähigkeiten, die über die Mathematik hinaus gehen, (heuristische Fähigkeiten) zu erwerben (Winter, 1995).*

Aus Sicht der dritten Winterschen Grunderfahrung kann die Analyse aus Abschnitt II als Explizierung der dritten Grunderfahrung in Hinblick auf die mathematischen Fachinhalte aufgefasst werden. Die zweite Grunderfahrung umfasst dabei den Ansatz vielfältiger Repräsentationswechsel, die erste Grunderfahrung fokussiert die Modellierung als zentrale Kompetenz.

Da Winter (1995) mit den Grunderfahrungen den Bildungsaspekt von Mathematik adressiert, ist die Thematisierung der heuristischen Strategien offensichtlich zentral für die Mathematik als Bildungsbeitrag. Dies wurde bereits in Abschnitt 4 aus der Perspektive der Kompetenzorientierung diskutiert. In Bildungsplänen (z. B. Behörde für Schule und Berufsbildung, 2018) wird Bildung implizit über eine Aufzählung von Kompetenzen in unterschiedlichen Fächern definiert. Folgt man diesem Konzept, so kann die Kompetenzdefinition von Weinert (2001) zu einer Definition des Bidlungsbegriffs erweitert werden:

> *Kompetenzen sind die bei Individuen verfügbaren oder durch sie erlern-*
> *baren kognitiven Fähigkeiten und Fertigkeiten, um bestimmte Probleme*
> *zu lösen, sowie die damit verbundenen motivationalen, (Weinert, 2001)*

Die **einzelne** Kompetenz befähigt dazu, **bestimmte** Probleme zu lösen. Verfügt
eine Person über ein breites Spektrum an Kompetenzen, wie es in den Bildungsplänen angelegt ist, so kann und will diese Person im Sinne der Definition von
Weinert (2001) problemhaltige Situationen in einem weiten Spektrum erfolgreich
und verantwortungsvoll lösen.

Dies führt zum folgenden Vorschlag für eine Definition des Begriffs *Bildung*:

> *Eine Person ist gebildet, wenn sie über vielfältige kognitiven Fähigkei-*
> *ten und Fertigkeiten verfügt, um in ganz unterschiedlichen Situationen*
> *Probleme kognitiv zu bewältigen. Dies umfasst die Fähigkeit zur Pro-*
> *blemlösung auf kognitiver Basis ebenso wie die volitionalen und sozialen*
> *Bereitschaften, um die Problemlösungen verantwortungsvoll zu nutzen.*

Diese Sichtweise auf Kompetenzen und Bildung fokussiert auf Problemlösekompetenz und damit auf die beim Problemlösen auftretenden Denkprozesse. Für
Mathematik sind das per Definition die heuristischen Strategien. Verallgemeinert
man diesen Ansatz auf alle Fächer, so muss man die Methoden des jeweiligen
Faches thematisieren. Konstituierend für den Beitrag zur Bildung sind in diesem
Sinne also die Methoden der einzelnen Fächer, nicht das Fachwissen! In den Bildungsplänen schlägt sich dies insofern nieder, als die Lernziele als Handlungen
formuliert sind und damit die Befähigung formulieren, *Prozesse* zu realisieren. Da
umfassende Handlungskompetenzen in vielfältigen Bereichen adressiert werden, hat
die mathematische Modellierung hier einen zentralen Stellenwert, da in realitätsbezogenen Anwendungen die mathematischen Kompetenzen in besonderer Breite
genutzt werden (Abschnitt 4.3.4).

Die Betonung der Fachmethode gegenüber dem Fachwissen[3] sollte jedoch nicht
bedeuten, dass Fachwissen vernachlässigt werden kann. Bereits Dörner (1976, S.
26, 27) betont, das es sowohl der „Heuristischen Struktur" (HS) (also der Prozes-
sessteuerung) als auch der epistemischen Struktur (ES) (also der Wissensstruktur)
bedarf, um erfolgreich Problemsituationen zu bewältigen. Sprichwörtlich findet sich
diese Sichtweise wieder in der Aussage „Es gibt kein Stricken ohne Wolle!". Dabei
sollte die Wolle aber auch nicht überbetont werden. Man stelle sich zwei *Spezialfälle*
vor: eine Person, die Wolle in der Hand hat, aber nicht stricken kann und eine
Person, die stricken kann, aber gerade keine passende Wolle hat. Gerade in Zeiten
des Internets ist die Beschaffung der Wolle eine geringe Hürde (sowohl buchstäblich
als auch metaphorisch) als das Erlernen des Strickens.

---

[3]Der Begriff „Wissen" wird hier verwendet für alle Kenntnisse, die man durch *Auswendiglernen*
allein erwerben kann. Auch Wissen kann als Kompetenz (besser: operationalisiert) formuliert
werden: „Person A kann den Satz des Pythagoras aufsagen" sagt aus, dass A weiß, was der Satz
des Pythagoras besagt. Dies entspricht der epistemischen Struktur (ES) von Dörner (1976, S. 26,
27), das „aus dem Gedächtnis abgerufen werden kann".

Für einen bildungsorientierten Unterricht bedeutet dies, dass sowohl Wissen, das auswendig gelernt werden kann, als auch Problemlösekompetenz erworben werden muss. Für den vorrangigen Erwerb von Problemlösekompetenz (also Bildunsorientiertung) sollten mit einem überschaubaren Wissenskanon möglichst viel verschiedenartige Fragestellungen behandelt werden – im Kontrast zu möglichst vielen unterschiedlichen Kalkülen, mit denen jeweils nur spezielle Fragestellungen behandelt werden. So können beispielsweise mit Matrizen in der Oberstufe unterschiedliche Themen behandelt werden:

- Populationsentwicklungen auf Basis des Leslie-Modells.

- Geometrische Abbildung im $\mathbb{R}^2$ und $\mathbb{R}^3$ (Drehungen, Spiegelungen, Streckungen, etc.).

- Markov-Ketten (diskret, endlich, homogen) .

- Beschreibung von linearen Gleichungssytemen.

- Formale Behandlung linearer Abbildungen.

In so einer Herangehensweise wird das Matrizenkalkül einmal befasst und vielfältig genutzt.

Die in Abschnitt 3 ausgeführten Beweisstrategien, die ebenso Prozesse der Mathematik beschreiben, und die für die Nutzung dieser Beweisstrategien notwendige Beherrschung formalsprachlichen mathematischen Denkens hat außerhalb der Mathematik wenig Bedeutung und trägt daher nur bedingt zu einer übergreifenden Bildung bei. Im Sinne der zweiten Winterschen Grunderfahrung ist es wichtig, Mathematik als formalsprachliches System zu *verstehen*, dies muss jedoch nicht *beherrscht* werden. Die Beweisstrategien und die Beherrschung der formalen mathematischen Sprachen ist jedoch unerlässlich für ein erfolgreiches Absolvieren eines MINT-Studiums. Im Gegensatz zum Bildungsziel müssen für dieses Ausbildungsziel möglichst viele unterschiedliche mathematische Kalküle gekonnt und beherrscht werden. Damit stehen sich die Ziele von MINT-Studienvorbereitung und mathematischem Bildungsanteil mit konträren Handlungszielen für den Unterricht gegenüber! Entsprechender Unterricht sollte dementsprechend in verschiedenen Lernräumen realisiert werden. In einigen kanadischen Provinzen (z. B. Ontario) wird dies ab Jahrgang 8 sinnvoll realisiert.

Die Betrachtung von Mathematik aus der Perspektive mathematischer Prozesse, konzeptualisiert durch die heuristischen Strategien, kann auf Basis der hier ausgeführten Aspekte also deutliche Auswirkungen auf Gestaltung von Bildungsplänen haben.

14.4. Grundvorstellungen

Der Begriff der Grundvorstellung wurde von vom Hofe (1995) in die Fachdidaktik eingeführt. Griesel et al. (2019) geben eine aktuelle Beschreibung des Konzepts.

Hier wird sich darauf beschränkt, einen möglichen Beitrag zum Verständnis des Konzepts aus Sicht der heuristischen Strategien zu leisten.

Griesel et al. (2019) unterscheiden zwischen normativen und deskriptiven Grundvorstellungen. Als deskriptive Grundvorstellungen werden die mentalen Repräsentationen verstanden, die Schülerinnen und Schüler tatsächlich beim Umgang mit Mathematik nutzen. Normative Grundvorstellungen sind solche, die isomorph zu den mathematischen Gegenständen sind. Normative Grundvorstellungen können dementsprechend aus den mathematischen Gegenständen analytisch abgeleitet werden. Die Kommunikation über Grundvorstellungen wird in diesem Konzept dadurch erschwert, dass diese als *mentale* Repräsentationen verstanden werden. Jede Kommunikation über mentale Repräsentationen erfordert eine Verbalisierung, Verschriftlichung oder Darstellung als Zeichnung oder materielles Modell, also einen Repräsentationswechsel in die beobachtbare Welt außerhalb des mentalen Prozesses. Verzichtet man auf die Fokussierung auf *mentale* Repräsentationen, so stellen aus Sicht heuristischer Strategien normative Grundvorstellungen eine Menge von Repräsentationen dar, die die Struktur des mathematischen Gegenstandes gut darstellen. Dies wurde in Abschnitt 7 für den Funktionsbegriff und in Abschnitt 6.2 für Brüche dargestellt. Bereits dort wurde herausgestellt, dass neben den verschiedenen Repräsentationen eines Begriffs auch sämtliche möglichen Repräsentationswechsel beherrscht werden müssen: nur wenn man in der Lage ist, den Repräsentationswechsel vom Funktionsterm zum Funktionsgraphen zu realisieren, ist die Grundvorstellung gesichert, dass beide Repräsentationen denselben mathematischen Gegenstand darstellen – für sich genommen sind eine Zeichnung und ein Term ja ganz unterschiedliche mathematische Gegenstände. In der Schule sind neben den Repräsentationen, die für den Umgang mit dem mathematischen Gegenstand zentral sind, auch solche Repräsentation wichtig, die für den Lernprozess, also Erklärungen und Herleitungen wichtig sind. So tritt die Repräsentation von Brüchen durch Kreisteile in den Hintergrund, wenn souverän mit dem Bruchkalkül operiert wird, in der Schule ist diese Repräsentation jedoch unverzichtbar und gehört damit zu den normativen Grundvorstellungen.

Damit kann aus Perspektive der heuristischen Strategien die folgende Beschreibung des Konzepts der normativen Grundvorstellung formuliert werden:

> *Normative Grundvorstellungen umfassen all diejenigen sachgerechten[4] Repräsentationen eines mathematischen Gegenstandes, die für das mathematische Arbeiten mit dem Gegenstand erforderlich sind als auch die Repräsentationen, die im Lernprozess verwendet werden sowie alle möglichen Repräsentationswechsel zwischen den auftretenden Repräsentationen.*

Wenn es um Grundvorstellungen von Prozessen geht, beispielsweise dem Verfahren der schriftlichen Addition (Abschnitt 5.2), müssen Vorstellungen von Handlungskonzepten (*Prozesssuperzeichen*) beschrieben werden. Die heuristischen Strategien

---

[4]Hier wird nicht der Begriff der Isomorphie verwendet, da dieser in der Mathematik starke formale Anforderungen mit sich bringt, die nicht für alle sachgerechten Repräsentationen einfach nachgewiesen werden können.

können dafür die Begrifflichkeit zur Verfügung stellen. Dabei ist nicht notwendig die Verwendung der Fachbegriffe gemeint: „eigentlich macht man immer wieder dasselbe" kann eine schülergerechte Formulierung der Strategie „Iterationen nutzen" sein. Lehrpersonen müssen für den sinnvollen Umgang mit Grundvorstellungen die zugrundeliegenden Repräsentationen und Prozesssuperzeichen *explizit* kennen, Analysen wie im Abschnitt II sind also vor dem Unterricht für jeden Unterrichtsgegenstand unverzichtbar.

Für den Unterricht ist es zudem wichtig, die tatsächlichen individuellen Vorstellungen der Schülerinnen und Schüler zu erfassen, also die deskriptiven Grundvorstellungen. Hier ist eine sensible Diagnostik und Wahrnehmung seitens der Lehrkraft notwendig. Dann müssen die deskriptiven und normativen Grundvorstellungen verglichen werden um festzustellen, ob die deskriptiven Grundvorstellungen tragfähig sind oder Fehlvorstellungen enthalten, auf die unterrichtlich reagiert werden muss.

15. Heuristische Strategien im Unterricht

15.1. Vermittlung heuristischer Strategien

Die Frage, wie heuristische Strategien vermittelt werden können, wurde schon vielfach thematisiert, z. B. von Dörner (1976), Schoenfeld (1985), Engel (1998), Bruder und Collet (2011) oder Grieser (2013), ohne dass sich dabei ein einfacher erfolgreicher Weg eindeutig abzeichnet.

Die Problematik des Umgangs mit heuristischen Strategien machte ja schon Leibnitz (zitiert nach Pólya (2010)) deutlich:

> *„Diese Regel Descartes ist von geringem Nutzen, so lange die Kunst des Zerlegens ... unerklärt bleibt... Durch die Zerlegung seiner Aufgabe in ungeeignete Teile könnte der unerfahrene Aufgabenlöser seine Schwierigkeit erhöhen." Leibnitz: Philosophische Schriften, herausgeg. von Gerhardt, Bd. IV, S. 331.*

Hier wird die heuristische Strategie „Zerlege dein Problem in Teilprobleme" als „Kunst" angesehen. Dies ist den heuristischen Strategien immanent: gäbe es eindeutige Regeln, wann welche Strategie in welcher Weise angewendet werden muss, um ein Problem zu lösen, wäre es im Sinne von Dörner (1976) kein Problem, sondern eine Aufgabe. Zum Lösen von Problemen kann es per Definition keine gut übbaren Standardverfahren geben, die Auswahl und Anwendung einer Strategie ist immer eine unsichere Entscheidung. Menschen mit viel Erfahrung im Problemlösen treffen solche Entscheidungen öfter gut als Novizen (Schoenfeld (1985, Introduction and Overview)), daher fließt hier offensichtlich analytisch kaum fassbares Erfahrungswissen ein, das in der Auseinandersetzung mit vielen mathematischen Problemen entstanden ist. Metaphorisch ist die Kompetenz zur sinnvollen Anwendung heuristischer Strategie eher mit der Fähigkeit zum Klavierpielen vergleichbar, als mit der Fähigkeit, ein großes lineares Gleichungssystem zu lösen: man kann einem Menschen in Bezug auf Klavierspielen einiges an analytischem Wissen vermitteln: wie funktioniert das Klavier, wie muss man die Tasten drücken damit unterschiedliche laute Töne in unterschiedlicher Klangfarbe entstehen, wie ist die Beziehung zwischen Tastaturaufbau und Notensystem etc.. Man weiß dann, wie man Klavier spielt, kann aber nicht Klavier spielen. Auch bei den heuristischen Strategien kann es hilfreich sein, diese analytisch zu kennen, für die erfolgreiche Anwendung beim Problemlösen reicht dies jedoch sicher nicht aus. Der Autor selbst hat bei der Lösung des Problems in Abschnitt (12) aber auch bei anderen Problemen einige der Ansätze

© Der/die Autor(en), exklusiv lizenziert durch
Springer-Verlag GmbH, DE, ein Teil von Springer Nature 2021
P. Stender, *Heuristische Strategien in der Schulmathematik*,
https://doi.org/10.1007/978-3-662-64079-1_15

(z. B. Perspektivwechsel) bewusst vorgenommen, wenn der Lösungsprozess zum Stillstand kam. Viele Strategieentscheidungen werden von routinierten Personen jedoch sicherlich implizit und unbewusst getroffen, im Lernprozess kann das anders sein, ebenso wie beim Lernen des Klavierspielens die analytischen Kenntnisse helfen können.

Dörner (1976, S. 129 ff.) stellt Ergebnisse von Laborstudien vor, bei denen drei Verschiedene Verfahren zum Lehren von heuristischen Strategien untersucht werden[1]:

1. Übungstraining. „Man gibt Individuen eine Reihe von Problemen vor, läßt sie diese lösen und hofft, daß sich dabei die algemeine Problemlösefähigkeit der Individuen verändert."

2. Taktisches Training. „Unter taktischem Training wollen wir Trainingsformen verstehen, die darin bestehen, daß Individuen einzelne Teilprozesse eines komplexen Denkaktes erlernen oder üben. Wenn man z. B. Abstrahieren lernt, den Hypothesenwechsel bei falscher Reaktion lernt, Konkretisieren (das Finden von Beispielen) übt usw., so nennen wir dies taktisches Training."

3. Strategisches Training. „Unter strategischem Training wollen wir eine Form der Einflußnahme auf die heuristische Struktur verstehen, die darin besteht, daß in gezielter Weise versucht wird, den Gesamtablauf des Denkens, die Gesamtstrategie oder den Gesamtplan zu beeinflussen."

Dörner (1976, S. 139 ff.) beschreibt als Ergebnis, dass sowohl mit dem taktischen Training als auch mit dem strategischem Training Erfolge erzielt werden konnten, wobei das strategische Training überlegen war. Als Ergebnis schlägt Dörner (1976) vor, eine Kombination aus strategischem und taktischem Training mit anschließendem Übungstraining zu realisieren.

Engel (1987, 1998) beschreibt eine Reihe von heuristischen Strategien, die zum Training der deutschen Nationalmannschaft für die Internationale Mathematikolympiade eingesetzt wurden. Dabei wurden die Strategien sowohl explizit vermittelt, als auch jeweils umfangreiche Übungen zu den Strategien durchgeführt.

Grieser (2013) stellt ein Vorlesungskonzept für die Mathematik-Lehramtsausbildung vor. In der Vorlesung werden heuristische Strategien erklärt und dann in kurzer Einzelarbeit kleine mathematische Probleme gelöst und die Lösungen dann zusammengetragen und diskutiert. Dies wurde kombiniert mit Metakognition zum Lösungsprozess sowie weiteren Übungsaufgaben.

Das Vorgehen von Engel (1998) und Grieser (2013) entspricht dem von Dörner vorgeschlagenen Training als Kombination der drei verschiedenen Trainingstypen.

Mögliches Vorgehen in der Schule Die Gemeinsamkeit der hier vorgestellten Ansätze ist die Kombination aus Metakognition und praktischen Übungen im

---

[1] Der zweite und dritte Ansatz entsprechen in etwa den Kategorien „atomistischer Ansatz" und „holistischer Ansatz", die beide beispielsweise im Unterricht zu Modellierungsproblemen ihre Berechtigung haben (Brand, 2014)

Problemlösen. Dabei muss beachtet werden, dass insbesondere die Gruppen von Engel und Grieser hoch selektiv sind: Lehramtsstudierende und die Nationalmannschaft der Mathematikolympiade stellen keinen Querschnitt von Lerngruppen in der Schule dar[2]. In der Schule muss von einem deutlich langsameren Lernfortschritt ausgegangen werden, dementsprechend muss man sicherlich einen sehr langfristig angelegten Weg gehen. Die folgenden Vorgehensweisen stellen Handlungsoptionen für die regelhafte Thematisierung heuristischer Strategien in der Schule dar:

- Bewusster Einsatz von Metakognition. Bei der Einführung neuer mathematischer Sachverhalte können die Vorgehensweisen mit der Begrifflichkeit der heuristischen Strategien[3] begründet werden. Damit wird jeweils die Frage beantwortet, „Wie kommt man darauf?". Metakognition dieser Art sollte auch im Rückblick auf Unterrichtseinheiten erfolgen: nun kennen die Schülerinnen und Schüler den Sachverhalt und die in den Übungsphasen implizit genutzten Strategien können bewusst gemacht werden.

- Vielfach kann beim Erklären von mathematischen Sachverhalten auf die Begrifflichkeit der heuristischen Strategien zurückgegriffen werden. „An dieser Stelle wird Symmetrie verwendet, dadurch wird die Aufgabe einfacher." „Hier rechnet man zunächst nur eine der beiden Einheiten um, dann die die andere (bei $\frac{m}{s}$ in $\frac{km}{h}$), man zerlegt das also in zwei Teilschritte."

Wird nur die inhaltliche Erklärung präsentiert, beispielsweise durch Vorrechnen von komplexeren Einheitenumwandlungen, so müssen Schülerinnen und Schüler selbstständig das Muster in dieser Handlung identifizieren, um die Handlung nachmachen zu können. Auch wenn dies implizit geschieht, erfordert dies kognitiv die Metakognition mit Hilfe der relevanten heuristischen Strategie! Die Schülerinnen und Schüler müssen also die heuristischen Strategien implizit selbstständig entwickeln, um solchen Erklärungen wirklich folgen zu können. Dies gelingt oft nur einer kleinen Gruppe, aus der dann erfolgreiche Mathematiker und Mathematikerinnen hervorgehen[4].

---

[2]Diese Selektivität wird leider bei vielen Argumentationen zu sinnvollen Lehr-Lern-Prozessen übersehen: Mathematiklehrerinnen und Mathematiklehrer sind eine sehr selektive Gruppe bezogen auf mathematisches Lernen: nur wer in der Schule recht erfolgreich in Mathematik war, studiert später dieses Fach. Der Schluss „der Unterricht, den ich erlebt habe, war gut für mich, also ist das der richtige Unterricht für alle" ist daher falsch. Analoges gilt, wenn Mathematikprofessoren oder Mathematikprofessorinnen die Lehre, die sie selbst als inspirierend wahrgenommen haben, als passend für die Studierenden ansehen - der Schluss ist nur gültig für künftige Professorinnen oder Professoren. Lehrerinnen und Lehrer sollten dementsprechend ihre Sichtweise auf die Lehre unter dem Aspekt der eigenen Lernerfahrungen an der Universität kritisch überdenken.

[3]Das Verwenden der Begrifflichkeit ist nicht gleichzusetzen mit dem Fachvokabular: statt „Iteration" kann normalsprachlich formuliert werden, „jetzt muss man dasselbe machen, nur mit *dieser* Zahl." Das Fachvokabular sollte eingeführt werden, wenn das Denkkonzept bekannt ist, dann erleichtert es die Kommunikation erheblich.

[4]Letztlich korrespondiert dieses Vorgehen mit dem reinen Übungstraining nach Dörner (1976), bei dem lediglich eine *Hoffnung* auf einen erfolgreichen Lernprozess existiert. Jeder Mathematiklehrer und jede Mathematiklehrerin hat dieses Vorgehen im Studium aus der Perspektive des Lernenden bei der Bearbeitung von Übungsaufgaben erlebt und kann daher gut einschätzen, wie Schülerinnen und Schüler das empfinden.

- Das Auffalten und Bilden von Superzeichen sowie die Verwendung von Prozesssuperzeichen und von Repräsentationswechseln durch die Lehrperson sollte an jeder Stelle bewusst thematisiert werden, insbesondere, wenn mit mathematischen Sachverhalten gearbeitet wird, die für Schülerinnen und Schüler neu sind: „Der Bruch besteht aus zwei Zahlen - auf dem Zahlenstrahl ist das aber nur eine Zahl." „Für das Lösen der Gleichung brauchen wir einen Plan. Zuerst sollen alle Nenner weg, damit wir nicht mehr mit Brüchen rechnen müssen." „Jetzt zeichnen wir die Wertetabelle in einem Koordinatensystem. Das sieht ganz anders aus, es ist aber dieselbe Information. Das ist wie ein Elefant: wenn wir den von vorn oder von hinten angucken, sieht er ganz unterschiedlich aus, ist aber derselbe Elefant.[5]"

- Sobald einzelne Methoden bzw. heuristische Strategien durch wiederholte Thematisierung bekannt sind, können Schülerinnen und Schüler z. B. bei der Einführung neuer mathematischer Sachverhalte dazu aufgefordert werden, einzelne Schritte mit einer explizit genannten Methode selbstständig zu realisieren (taktisches Training).

- Komplexere Probleme können in Gruppenarbeit bearbeitet werden. Treten hier Hürden auf, können Hinweise in Form heuristischer Strategien gegeben werden (Abschnitt 15.2) und so schrittweise auch die selbständige Anwendung der heuristischen Strategien geübt werden (strategisches Training).

Wird dieses Vorgehensweise konsequent für alle Fachinhalte durchgeführt, so wird im Laufe der Zeit deutlich, dass in unterschiedlichen Lerninhalten immer wieder gleiche Methoden bzw. heuristischen Strategien auftreten und wie diese angewendet werden. Ein sichtbarer Lernerfolg kann für diesen Prozess erst nach Jahren erwartet werden, wie das für den Versuch, „Bildung" zu vermitteln, sicherlich generell der Fall ist. Auch Klavierspielen lernt man nicht in einem Jahr.

Lehrerbildung   In der Lehrerbildung liegen Erfahrung mit unterschiedlichen Ansätzen zur Befassung der heuristischen Strategien vor: Im Rahmen des Projekts *ProfaLe* (Professionelles Lehrerhandeln zur Förderung fachlichen Lernens unter sich verändernden gesellschaftlichen Bedingungen) wurden in Tutorien zur linearen Algebra und zur Analysis heuristische Strategien in Form von Metakognition eingesetzt mit dem Ziel, die Beziehung von Lerninhalten der Universität zur Schulmathematik herzustellen (Stender, 2016b, 2017; Stender & Stuhlmann, 2018). Positive Effekte waren nach geraumer Zeit (mindestens zwei Semester) festzustellen, dahingehend, dass Studierende in eigenen Problemlöseprozessen im Nachhinein selbständig explizit die verwendeten Strategien benennen konnten[6]. Eine bewusste Verwendung von heuristische Strategien z. B. bei der Bearbeitung von Übungsaufgaben konnte nicht erhoben werden, wird aber auch nicht vermutet, da kein gezielter Übungsanteil im Sinne von Dörner (1976) realisiert werden konnte.

---

[5]Der Elefant wurde hier wegen des klassischen Gleichnisses verwendet. „Die blinden Männer und der Elefant" (Wikipedia).

[6]Leider liegt hierzu keine systematische Erhebung vor, die Effekte wurden in folgenden Lehrveranstaltungen zufällig sichtbar.

Ähnliche Effekte, aber mit Lernergebnissen innerhalb einer Woche, wurden in einem Tutorentraining erzielt. Dieses richtete sich an Studierende höheren Semesters, die jeweils nach Erklärung einer Anzahl von Strategien diese Strategien in universitären Übungsaufgaben in hohem Umfang rekonstruieren konnten. Die vorliegende intensive Erfahrung mit entsprechenden Problemlöseprozessen ermöglichte es hier offensichtlich sehr schnell, die Konzepte der heuristischen Strategien, die über Jahre bereits implizit genutzt werden, auch rekonstruktiv explizit anzuwenden.

In einer fachdidaktischen Vorlesung wurden die Strategien über vier Vorlesungen unter Verwendung vielfältiger Beispiele aus der Schulmathematik erläutert. Als Übungsaufgabe wurden beispielsweise der Text aus Abschnitt 8 in Hinblick auf heuristische Strategien analysiert. Die 44 Studierenden rekonstruierten zwischen 4 und 41, im Mittel 21 heuristische Strategien, wobei dies die erste Übung dieser Art war[7]. Dies war durchaus zufriedenstellend und zeigt, dass in Inhalten, die für den Personenkreis mathematisch einfach und vertraut sind, heuristische Strategien nach expliziter Befassung gut rekonstruiert werden können. Hausarbeiten zum Ende des Moduls mit der Analyse einer selbstgewählten Modellierungsfragestellung zeigten ähnlich positive Resultate.

Das Ziel, heuristische Strategien metakognitiv in vorliegendem Material rekonstruieren zu können, kann somit gut erreicht werden, wenn die im Input verwendeten Beispiele sich auf Mathematik beziehen, die in der Zielgruppe gut vertraut ist[8]. Diese Kompetenz ist für Lehrerinnen und Lehrer Voraussetzung dafür, Schülerinnen und Schülern im Unterricht heuristische Strategien näher zu bringen und Strategien beispielsweise zum Erklären oder Interventionen zu nutzen.

15.2. Interventionen beim Problemlösen

Ziel von Mathematikunterricht muss es sein, dass Schülerinnen und Schüler die erlernten Fachinhalte selbstständig in unterschiedlichen Kontexten nutzen können. Dabei sind für all diejenigen, die kein MINT-Studium anstreben, fast ausschließlich Anwendungskontexte also Modellierungsprobleme relevant. Spätere MINT-Studierende benötigen im Gegensatz dazu umfangreiche innermathematische Problemlösekompetenzen. Nur wenn Schülerinnen und Schüler die Fachinhalte wirklich *selbständig* nutzen können, war der Unterricht sinnvoll: es geschieht im späteren Leben nicht, dass eine quadratische Gleichung durch die Tür kommt und sagt „Lös mich!". Menschen werden in Kontexten mit Fragestellungen konfrontiert, bei denen die Verwendung von Mathematik nützlich sein kann. Dies muss aber erst erkannt werden, dann muss die passende Mathematik ausgewählt werden und dazu ein geeignetes Lösungsverfahren. Dann können beliebige Hilfsmittel (Taschenrechner,

---

[7]Dabei war die Anforderung an die Hausaufgabe nur, *dass* etwas eingereicht wurde. Eine Punktbewertung mit dem Ziel des Erreichens einer gewissen Punktzahl im Semester wurde nicht vorgenommen. Das führte bei einzelnen Studierenden sichtbar dazu, nur der formalen Anforderung gerecht werden zu wollen.

[8]Aus diesem Grund wurde in folgenden Durchgängen der Vorlesung die Analyse der Grundrechenarten (Abschnitt 5.2) als Übungsaufgabe gestellt.

Computer) eingesetzt werden, um das Lösungsverfahren zu realisieren. Und bei all dem hilft keine Lehrerin und kein Lehrer mehr, das Richtige zu tun. Die Fähigkeit zur *selbständigen* Arbeit ist damit oberstes Ziel von Schulbildung.

Soll im Unterricht selbstständiges Arbeiten erlernt und geübt werden, ist dies am sinnvollsten in Gruppenarbeit zu realisieren, in der Probleme (realitätsbezogen oder innermathematisch) gemeinsam bearbeitet werden. Auch hier ist eine Unterstützung durch Lehrerinnen und Lehrer unverzichtbar, die immer dann notwendig wird, wenn Schülerinnen und Schüler allein nicht mehr weiter arbeiten können. Dafür hat Zech (1996) ein Schema gestufter Lehrerinterventionen vorgelegt:

1. Motivationshilfe: reine Aufmunterung ohne jeglichen Bezug zur Fragestellung.

2. Rückmeldehilfe: Motivation durch Hinweis, dass der eingeschrittene Lösungsweg sinnvoll bzw. gangbar ist.

3. Strategische Hilfe: Hinweis für das weitere Vorgehen ohne Bezug auf inhaltliche Details.

4. Inhaltlich-strategische Hilfe: Hinweis auf das weitere Vorgehen mit inhaltlichen Aspekten.

5. Inhaltliche Hilfe: Erklären oder Anregen konkreter inhaltlicher Arbeitsschritte.

Diese Interventionen sollten nach Zech (1996) auf Basis einer Diagnose der Arbeit der Lerngruppe nacheinander realisiert werden, wobei die nächst Hilfeebene nur genutzt wird, wenn die vorangegangenen Hilfen die Schülerinnen und Schüler nicht zu weiterer Arbeit befähigte. Die Grundidee dieses Interventionsschemas finden sich schon bei Pólya (2010)[9]:

> *Der Schüler muss ein möglichst großes Maß an Selbständigkeit erwerben. Aber wenn er mit seiner Aufgabe allein gelassen wird, ohne Hilfe oder ohne ausreichende Hilfe, wird er gar keinen Fortschritt machen. Wenn der Lehrer dagegen zu viel hilft, bleibt nichts dem Schüler selbst überlassen. Der Lehrer soll wohl helfen, aber nicht zu viel und nicht zu wenig, so dass der Schüler einen vernünftigen Anteil an der Arbeit hat.*

Die ersten beiden Interventionen sind offensichtlich nur dann wirksam, wenn keine fachlichen sondern nur motivationale Hürden vorliegen. Die wichtigste fachliche Intervention ist damit die der strategischen Hilfe. Bei dieser Intervention wird zwar ein Hinweis zum weiteren Vorgehen gegeben, die konkreten Einzelschritte müssen jedoch selbstständig entwickelt werden. Dadurch wird mit dieser Intervention die Selbstständigkeit der Schülerinnen und Schüler maximal erhalten bei minimaler Intervention durch die Lehrkraft. Dies entspricht dem Prinzip der minimalen Hilfe nach Aebli (1961) bzw. stellt eine adaptive Intervention im Sinne von Leiß (2007) dar.

---

[9]Die erste englischsprachige Auflage des Werkes wurde 1945 veröffentlicht.

Strategische Interventionen können mit Hilfe heuristischer Strategien formuliert werden!. Dies wurde für Modellierungsaktivitäten inzwischen mehrfach ausführlich dargestellt (Stender & Kaiser, 2016; Stender, 2018a, 2018b, 2019a, 2019c), daher werden hier nur einzelne Beispiele gegeben.

Beispiele   Generell haben Schülerinnen und Schüler größere Schwierigkeiten, mehrschrittige Lösungswege zu realisieren. Dies liegt teilweise daran, dass das Bedürfnis besteht, vor Beginn des Lösungsprozesses den gesamten Arbeitsplan zu kennen – dies wird Schülerinnen und Schülern durch klassische Übungsaufgaben in Schulbüchern als typische mathematische Arbeitsweise nahegelegt. Lehrerinnen und Lehrer müssen an dieser Stelle erkennen, dass für die Schülerinnen und Schüler ein mehrschrittiges Problem vorliegt (oft besteht die Lösung für Lehrpersonen nur aus einem Schritt, jedoch aus einem Prozesssuperzeichen), also die Strategie *„Zerlege dein Problem in Teilprobleme"* verwendet werden muss. Möglich ist dann der Hinweis: „Das geht nicht in einem Schritt. Rechnet zunächst das aus, was ihr aufgrund der Information berechnen könnt und überlegt dann weiter."

Systematisches Probieren wird in der Schule oft nicht kultiviert, weil Kalküle geübt werden sollen, die analytische Lösungen liefern. Dabei sollte bei jeder Aufgabe in der Schule gelten: „Wenn einem nichts anderes einfällt, nimmt man zunächst verschiedene Zahlen und rechnet los!". Dies gilt bei Optimierungsfragen wie der Maximierung eines Flächeninhalts (Abbildung 2.7) ebenso wie bei klassischen Textaufgaben, die mit Gleichungssystemen gelöst werden bis hin zum Erkunden von bisher unbekannten Funktionstypen. „Wie sieht der Sinus eigentlich als Funktion aus?" (Nach der Behandlung der Trigonometrie in Dreiecken) – „Wir machen eine Wertetabelle und zeichnen das!" (Authentische Schülerantwort in diesem Kontext).

Der Hinweis „Macht euch eine Zeichnung!" ist sicherlich die bekannteste strategische Intervention, die die Strategie des *Repräsentationswechsels* anregt. Andere Interventionen, die auf dieser Strategie beruhen, sind „Organisiert die Information in einer Tabelle!", „Versucht einen allgemeinen Rechenterm zu formulieren!", „Legt euer Koordinatensystem anders!".

In der Schule wird *Symmetrie* in vielen Situationen genutzt. Wenn Zahlenmauern oder figurierte Zahlen erkundet werden, kann die Aufforderung, Symmetrie zu nutzen, zu selbständig realisierten Entdeckungen führen, auch wenn der Begriff selbst noch nicht ausgebildet ist „Wenn dieselbe Figur/dieselben Zahlen erneut auftauchen, dann müssen ihr nicht alles neu überlegen/rechnen!"

15.3. Unterrichtsplanung

Heuristische Strategien durchdringen die Mathematik und ihre Anwendung bilden einen wichtigen Teil des Bildungsinhaltes der Mathematik. Daher ist es sinnvoll bei der Stoffauswahl und der Unterrichtsplanung darauf zu achten, dass die heuristischen Strategien gut thematisiert werden können und von Schülerinnen und Schülern als hilfreich und nützlich empfunden werden. Dies kann sowohl bei der Planung ganzer

Curricula in Lehrplänen realisiert werden, als auch für einzelne Unterrichtseinheiten innerhalb bestehender Pläne.

Die Untersuchung figurierter Zahlen ist ein Beispiel, bei dem *Iteration* im Zentrum steht aber auch viele weitere heuristische Strategien genutzt werden. Dadurch werden die Denkstrukturen für andere iterative Prozesse (mehrstufige Zufallsexperimente, die mit Baumdiagrammen analysiert werden) vorbereitet. Ein vergleichbar reichhaltiges Beispiel sind die Zahlenmauern in der Grundschule: hier sollte keine Gelegenheit ausgelassen werden, heuristische Strategien an diesem Beispiel zu nutzen. Als reine Additionsübungen ist dieser Unterrichtsgegenstand viel zu schade.

Auf Curricularer Ebene ist es wichtig, Fachinhalte auf die verwendeten heuristischen Strategien hin zu analysieren, um heuristisch reichhaltige Themenbereiche gegenüber „ärmeren" Inhalten aufzuwerten. Die klassischen binomischen Formeln nehmen im Schulunterricht beispielsweise eine starke Rolle ein, die nur fachsystematisch durch vereinzelte spätere Nutzung (binomische Formel rückwärts bei der quadratischen Ergänzung – wie oben dargestellt gibt es alternative Ansätze) gerechtfertigt ist, nicht durch eine heuristische Denkschulung. In einem bildungsorientierten Mathematikunterricht sollte man hier andere Schwerpunkte setzen.

Ein Unterricht, der sich stark an der Entwicklung heuristischer Strategien orientiert, folgt oft nicht der Fachsystematik. So wurde in Abschnitt 7 nahegelegt, nicht die fachsystematisch begründete Lernreihenfolge „Termumformung, Gleichungslösen, Funktionen" zu verwenden, sondern zunächst die Grundvorstellungen des Funktionsbegriffs (Abschnitt 14.4) mit den erforderlichen Repräsentationswechseln zu entwickeln und danach erst die Kalkülanteile zu befassen. Die Fachsystematik wird im klassischen Unterrichts implizit deutlich, indem sie die Unterrichtsreihenfolge bestimmt[10]. In einem an heuristischen Strategien orientiertem Unterricht muss die Fachsystematik anders befasst werden: sie wird durch Metakognition am Ende von Unterrichtsabschnitten explizit betrachtet und trägt als nachträgliche Ordnung und Strukturierung zum tieferen Verständnis des behandelten Stoffs bei. Die Fachsystematik ist keine gute Lernsystematik. Auch historisch wurde Mathematik nicht fachsystematisch hierarchisch entwickelt, sondern die heute existierende Fachsystematik wurde als ordnende Rekonstruktion im Nachhinein formuliert. Für die aktuelle Universitätsmathematik wurden wesentliche Teile der Fachsystematik erst in der Mitte des zwanzigsten Jahrhunderts durch die Bourbaki-Gruppe realisiert. Aufschlussreich ist dabei das folgende Zitat eines Mitglieds der Gruppe:

> *Das Missverständnis war, dass viele Leute dachten, dass es auch so gelehrt werden sollte, wie es in den Büchern dargestellt war. Man kann sich die ersten Bücher von Bourbaki als eine Enzyklopädie der Mathematik vorstellen, die die gesamte nötige Information enthält. Das*

---

[10]Es ist zumindest die Hoffnung, die diesem systematischen Vorgehen in der Schule und in der Universität zugrunde liegt, dass die Lernenden die Fachsystematik wahrnehmen. Wie berechtigt die Hoffnung ist, kann jeder/jede für sich selbst durch Lesen des Abschnitts 13 prüfen: die Jordansche Normalform ist der krönende Abschluss eines fachsystematisch geprägten Lehrgangs durch die lineare Algebra. Wer das erkannt hat, hat die Fachsystematik in dem Lehrgang tatsächlich wahrgenommen.

ist eine gute Beschreibung. Wenn man es als Lehrbuch betrachtet, ist es eine Katastrophe (Pierre Cartier (1997) nach Wikipedia).

16. Zusammenfassung

Die Nutzung Heuristischer Strategien wurde hier in einem weiten Spektrum mathematisch fachwissenschaftlicher Inhalte rekonstruiert, wobei für die Universitätsmathematik noch weitere Beispiele in großem Umfang vorliegen. Mit weiteren Analysen von Fachinhalten kann die Verwendung heuristischer Strategien sicherlich durchgehend in der Mathematik nachgewiesen werden. Somit wird deutlich, dass heuristische Strategien ein zentraler Bestandteil der mathematischen Methode sind. Als relevanter Teil der Methode der Mathematik werden die heuristischen Strategien vielfältig in Lehr-Lern-Prozessen wirksam. Ein einzelner der betrachteten Aspekte würde nicht zwangsläufig die Notwendigkeit der intensiven Befassung der heuristischen Strategien begründen, die Vielzahl der Aspekte, in denen heuristische Strategien für die Lehre wirksam werden, macht die intensive Befassung mit diesem Konzept für jede Lehrperson verpflichtend.

Die bisher ausgeführten Aspekte, in denen die heuristischen Strategien wirksam werden, werden hier zusammenfassend nochmals aufgelistet:

1. Heuristische Strategien stellen einen wesentlichen Teil der *Methode* der Mathematik dar. Jede Wissenschaft wird durch ihren Gegenstand und ihre Methode definiert. Die Lehre von Mathematik muss aus der Perspektive des Faches zwingend beides fokussieren: Inhalte und Methode und damit heuristische Strategien (Abschnitt I).

2. Als Fachmethode sind die heuristischen Strategien eine *Invariante* über alle Fachinhalte hinweg. Sie treten in Inhalten der Mathematik von der Grundschule bis in die Universität auf und verbinden damit diese Inhalte als durchgängiges Konzept, umgangssprachlich als „Roter Faden durch die Mathematik". Damit sind die heuristischen Strategien sinnstiftend in der universitären Lehrerbildung: hier werden die in der Grundschule verwendeten Fachmethoden an anderen Inhalten befasst und entwickelt. Sinnstiftend ist dies jedoch nur, wenn es für die Lernenden sichtbar wird (Abschnitt 14.1).

3. Mathematische *Kompetenzen* beschreiben die Ziele von Mathematikunterricht. Die heuristischen Strategien treten in allen mathematischen Kompetenzen auf und beschreiben die Lernziele dabei detaillierter (Abschnitt 4).

4. Mathematisches *Denken* ist Kern aller in den Bildungsplänen konzeptionalisierten mathematischen Kompetenzen und wird weitgehend durch die heuristische Strategien beschrieben (Abschnitt 4.2).

© Der/die Autor(en), exklusiv lizenziert durch
Springer-Verlag GmbH, DE, ein Teil von Springer Nature 2021
P. Stender, *Heuristische Strategien in der Schulmathematik*,
https://doi.org/10.1007/978-3-662-64079-1_16

5. Mathematisches Denken beschreibt Mathematik als *Prozess*. Ein Unterricht, der mathematische Prozesse berücksichtigen will, muss heuristische Strategien fokussieren (Abschnitt 14.3).

6. Heuristische Strategien sind ein unverzichtbares Instrument für die *Metakognition* mathematischer Handlungen (Prozesse). Zentral ist hierbei die Domänenübergreifende Begrifflichkeit: vom Problemösen zum Modellieren bei Verwendung beliebiger Fachinhalte werden dieselben heuristische Strategien angewendet. Die Verwendung einer einheitlichen Sprache für die Metakognition ermöglicht es, Gemeinsamkeiten im Denken deutlich zu machen (Abschnitt 14.2).

7. Mathematische *Grundvorstellungen* sind ein zentrales Konzept für den Mathematikunterricht und können durch die Strategie *Repräsentationswechsel* genauer beschrieben werden (Abschnitt 14.4).

8. Die Verwendung der heuristischen *Strategien Repräsentationswechsel, Superzeichenbildung* oder von *Prozesssuperzeichen* deuten auf mathematische Prozesse mit erhöhter Komplexität hin[1]. Das Auftreten dieser heuristischen Strategien dient damit dem Identifizieren von besonderen Hürden im Lernprozess (Abschnitt 2.2.1 und 2.2.7).

9. Heuristische Strategien treten gleichermaßen beim Problemlösen und Modellieren auf. Mathematische Denkschulung kann dementsprechend ebenso beim Modellieren realitätsbezogener Sachverhalte entwickelt werden, wie beim Umgang mit innermathematischen Fragestellungen (Abschnitt 11 und 12).

10. Strategische Interventionen nach Zech (1996) können weitgehend mit heuristischen Strategien formuliert werden. Für die Lehre des selbständigen Umgangs mit komplexen Fragestellung ist für die Lehrperson die tiefe Kenntnis der jeweils involvierten heuristischen Strategien damit unverzichtbar (Abschnitt 15.2).

11. Für das Erklären eines mathematischen Sachverhalts ist die Beschreibung der zugrunde liegenden Handlungsprinzipien unverzichtbar. Diese Prinzipien werden in der Begrifflichkeit der heuristischen Strategien formuliert (Abschnitt 15.1).

12. Bei der Unterrichtsplanung muss die Entwicklung der Denkprozesse der Schülerinnen und Schüler fokussiert werden: diese stellen die Lernprozesse dar. Damit muss für die Planung von Unterricht immer die Entwicklung der involvierten heuristischen Strategien im Zentrum stehen (Abschnitt 15). Weitergehend kann Unterricht unter der Perspektive heuristischer Strategien geplant werden im Kontrast zur Orientierung an der Fachsystematik (Abschnitt 6.1.2, Abschnitt 7, Abschnitt 9, Abschnitt 15.3).

13. Da heuristische Strategien die mathematischen Kompetenzen detailliert beschreiben, konzeptualisieren sie den Begriff mathematischer Bildung und begründen damit die breite Befassung von Mathematik in der Schule (Abschnitt 14.3) ohne Rückgriff auf einzelne Kalküle.

---

[1] Dörner (1976) verwendet den Begriff „Komplexionsbildung".

Die Bedeutung der heuristischen Strategien in der Lehrerbildung ist mit dieser Aufzählung offensichtlich. Wichtige Konsequenzen sollen hier jedoch nochmals betont werden:

- Durch ein reines Übungstraining[2] wird letztlich nichts gelehrt: es wird nicht geholfen, die zu erworbenen Kompetenzen zu entwickeln, sondern nur *gehofft*, dass die Lernenden dies selbständig tun. Dies ist den Lehrpersonen einst selbst so gelungen, der Schluss von dieser selektiven Lerngruppe auf alle Schülerinnen und Schüler oder Studentinnen und Studenten ist jedoch nicht zulässig.

- Mit jeder Mathematik lässt sich denken lernen aber aus Sicht der Denkschulung gilt: wenige Kalküle lehren und viele verschiedene Dinge damit machen. Das hilft vernetzen, da dadurch dasselbe Kalkül in vielen unterschiedlichen Kontexten angewendet wird.

- In den Bildungsgängen, die nicht ins Studium führen (Hauptschule/Realschule oder vergleichbare Bildungsgänge) können mit den Grundrechenarten sowie wenigen weiteren Fertigkeiten und einem überschaubaren Repertoire an Repräsentationen (Wertetabellen, Koordinatensystem) eine große Fülle von inner- und außermathematischen Problemen befasst werden, und dabei mathematische Denkschulung betrieben werden. Voraussetzung dafür ist eine entsprechende Zielsetzung in Bildungsplänen und Lehrplänen.

- Studienvorbereitung für die MINT-Fächer und mathematische Bildung sind grundlegend unterschiedliche Ziele in der Schule. Dabei erfordern diese beiden Ziele oft konträres Vorgehen im Unterricht: Vorbereitung auf ein MINT-Studium erfordert vielfältige Kalkülanwendung, während diese Vielfalt zugunsten einer Denkschulung in einem bildungsorientiertem Mathematikunterricht möglichst weit reduziert werden sollte.

Das Erreichen der Ziele des Mathematikunterrichts wird derzeit durch unterschiedliche Testverfahren erhoben, mit denen Kompetenzen erhoben werden sollen. Damit wird implizit auch die Anwendung heuristischer Strategien erhoben, da diese in allen Fachinhalten und allen Kompetenzen implizit enthalten sind. Eine Analyse, wie die heuristischen Strategien in diesen Tests (und allen anderen zur Erhebung mathematischer Kompetenzen und von Lehrerprofessionswissen) tatsächlich zum Tragen kommen, wäre aufschlussreich.

Der Sinn von Mathematikunterricht besteht nicht nur darin „logisches Denken" zu entwickeln, sondern heuristisches Denken!

---

[2]Dies ist die Standardlehrform mit „Übungsaufgaben" im Mathematikstudium. Die Aufgaben dienen meist nicht der Übung erlernter Kompetenzen sondern der *Entwicklung* der Kompetenzen, also der heuristischen Strategien und der Beweisstrategien. In diesem Prozess ist dann keine Lehrperson anwesend.

Literatur

Aebli, H. (1961). *Grundformen des Lehrens: Eine allgemeine Didaktik auf kognitionspsychologischer Grundlage* (1. Aufl.). Klett-Cotta.

Amann, H. & Escher, J. (2010). *Analysis* (3. Auflage, 2. Nachdruck). Birkhäuser.

Bauer, T. & Partheil, U. (2009). Schnittstellenmodule in der Lehramtsausbildung im Fach Mathematik. *Mathematische Semesterberichte, 56*, 85–103.

Bauersfeld, H. (2001). Theorien zum Denken von Hochbegabten. *mathematica didactica, 24* (2), 3–20.

Bayerisches Staatsministerium für Unterricht und Kultus. (2009). *Lehrplan für das Gymnasium in Bayern.* Kastner.

Behörde für Schule und Berufsbildung. (2018). Bildungsplan Gymnasium Sekundarstufe I.

Bender, P. & Schreiber, A. (1985). *Operative Genese der Geometrie.* Teubner.

Biehler, R., Hofmann, T., Maxara, C. & Prömmel, A. (2006). *Fathom 2* (1. Aufl.). Springer-Verlag. http://gbv.eblib.com/patron/FullRecord.aspx?p=323533

Blum, W. & Leiß, D. (2005). Modellieren im Unterricht mit der "TankenAufgabe. *Mathematik Lehren*, (128), 18–21.

Brand, S. (2014). *Erwerb von Modellierungskompetenzen: Empirischer Vergleich eines holistischen und eines atomistischen Ansatzes zur Förderung von modellierungskompetenzen.* Springer Spektrum.

Braun, A. K. (Hrsg.). (2012). *Früh übt sich, wer ein Meister werden will: Neurobiologie des kindlichen Lernens ; eine Expertise der Weiterbildungsinitiative Frühpädagogische Fachkräfte (WiFF)* (Stand: Juni 2012, Bd. 26). DJI. http://www.khsb-berlin.de/fileadmin/user_upload/Bibliothek/Ebooks/1%20frei/Expertise_Braun.pdf

Bruder, R. & Collet, C. (2011). *Problemlösen lernen im Mathematikunterricht.* Cornelsen Scriptor.

Bruner, J. S. (Hrsg.). (1967). *Studies in cognitive growth: A collaboration at the Center for Cognitive Studies.* John Wiley & Sons Inc.

Bruner, J. S., Oliver, R. S. & Greenfield, P. M. (1971). *Studien zur kognitiven Entwicklung* (Kohlhammer).

Dörner, D. (1976). *Problemlösen als Informationsverarbeitung* (1. Aufl.). Kohlhammer.

Dreher, A. (2013). Den Wechsel von Darstellungsformen fördern und fordern oder vermeiden? Über ein Dilemma im Mathematikunterricht. In J. Sprenger, A. Wagner & M. Zimmermann (Hrsg.), *Mathematik lernen, darstellen, deuten, verstehen* (S. 215–225). Springer.

© Der/die Herausgeber bzw. der/die Autor(en), exklusiv lizenziert durch
Springer-Verlag GmbH, DE, ein Teil von Springer Nature 2021
P. Stender, *Heuristische Strategien in der Schulmathematik*,
https://doi.org/10.1007/978-3-662-64079-1

Engel, A. (1977). *Elementarmathematik vom algorithmischen Standpunkt* (1. Aufl.). Klett.

Engel, A. (1987). Das Invarianzprinzip. *Zentralblatt für Didaktik der Mathematik, 87*(3), 91–96.

Engel, A. (1998). *Problem-solving strategies* (Corrected 2. print). Springer.

Estep, D. J. (2005). *Angewandte Analysis in einer Unbekannten.* Springer.

Forster, O. (2016). *Analysis 1: Differential- und Integralrechnung einer Veränderlichen* (12., verbesserte Auflage). Springer Spektrum. https://doi.org/10.1007/978-3-658-11545-6

Fritz, A., Ricken, G. & Schmidt, S. (2008). *Handbuch Rechenschwäche.* Beltz.

Fritz, A., Ricken, G. & Balzer, L. (2009). Warum fällt manchen Kindern das Rechnen schwer? - Entwicklung arithmetischer Kompetenzen im Vor- und frühen Grundschulalter. In A. Fritz & S. Schmidt (Hrsg.), *Fördernder Mathematikunterricht in der Sekundarstufe I* (S. 12–18). Beltz Verlag.

Fuchs, M. (2006). *Vorgehensweisen mathematisch potentiell begabter Dritt- und Viertklässler beim Problemlösen* (Dissertation).

Gerwig, M., Berg, H. C. & Hungerbühler, N. (2015). *Beweisen verstehen im Mathematikunterricht: Axiomatik, Pythagoras und Primzahlen als Exempel der Lehrkunstdidaktik.* Springer Spektrum. http://search.ebscohost.com/login.aspx?direct=true&scope=site&db=nlebk&AN=1001844

Glosauer, T. (2017). *(Hoch)Schulmathematik: Ein Sprungbrett vom Gymnasium an die Uni* (2., überarbeitete und erweiterte Auflage). Springer Spektrum. http://dx.doi.org/10.1007/978-3-658-14763-1

Griesel, H., vom Hofe, R. & Blum, W. (2019). Das Konzept der Grundvorstellungen im Rahmen der mathematischen und kognitionspsychologischen Begrifflichkeit in der Mathematikdidaktik. *Journal für Mathematik-Didaktik, 40*(1), 123–133. https://doi.org/10.1007/s13138-019-00140-4

Grieser, D. (2013). *Mathematisches Problemlösen und Beweisen Eine Entdeckungsreise in die Mathematik.* Springer Spektrum.

Heymann, H. W. (1996). *Allgemeinbildung und Mathematik* (Dr. nach Typoskript, Bd. 13). Beltz.

Höttecke, D., Koenen, J., Masanek, N., Reichwein, W., Stender, P., Scholten, N., Buth, K., Sprenger, S. & Wöhlke, C. (2018). Vernetzung von Fach und Fachdidaktik in der Hamburger Lehrerausbildung. In I. Glowinski, J. Gillen, A. Borowski, S. Schanze & J. v. Meien (Hrsg.), *Kohärenz in der universitären Lehrerbildung* (S. 29–46). Universitätsverlag Potsdam.

Houston, K. & Girgensohn, R. (2012). *Wie man mathematisch denkt: Eine Einführung in die mathematische Arbeitstechnik für Studienanfänger.* Springer Spektrum. http://www.vlb.de/GetBlob.aspx?strDisposition=a&strIsbn=9783827429971

Kießwetter, K. (1977). Kreativität in der Mathematik und im Mathematikunterricht. In M. Glatfeld (Hrsg.), *Mathematik lernen* (S. 1–39). Vieweg.

Kießwetter, K. (1985). Die Förderung von mathematisch besonders begabten und interessierten Schülern - ein bislang vernachlässigtes sonderpädagogisches

Problem: Mit Informationen über das Hamburger Modell. *Mathematischer und Naturwissenschaftlicher Unterricht, 38*(5), 300–306.

Klika, M. (2003). Zentrale Ideen - echte Hilfen. *Mathematik Lehren,* (119), 4–7.

Klippert, H. (1997). *Methoden-Training: Übungsbausteine für den Unterricht* (6., unveränd. Aufl., (Neuausg.)). Beltz.

KMK. (2004). *Bildungsstandards im Fach Mathematik für den Mittleren Schulabschluss: [Beschluss vom 4.12.2003].* Luchterhand.

KMK. (2005a). *Bildungsstandards im Fach Mathematik für den Primarbereich: [Beschluss vom 15.10.2004].* Luchterhand.

KMK. (2005b). *Bildungsstandards im Fach Mathematik für den Hauptschulabschluss (Jahrgangsstufe 9): [Beschluss vom 15.10.2004].* Luchterhand.

KMK. (2012). *Bildungsstandards im Fach Mathematik für die Allgemeine Hochschulreife: [Beschluss vom 18.10.2012].* Carl Link Verlag.

Krauthausen, G. (1995). Zahlenmauern im zweiten Schuljahr- ein substantielles Übungsformat. *Grundschulunterricht, 42*(10), 5–9.

Krauthausen, G. (2018). *Einführung in die Mathematikdidaktik - Grundschule* (4. Auflage). Springer Spektrum. https://doi.org/10.1007/978-3-662-54692-5

Kuntze, S. (2013). Vielfältige Darstellungen nutzen im Mathematikunterricht. In J. Sprenger, A. Wagner & M. Zimmermann (Hrsg.), *Mathematik lernen, darstellen, deuten, verstehen* (S. 17–33). Springer.

Latschev, J. & van Santen, I. (2016). Vorkurs Mathematik, Vorlesungsskript.

Lefrancois, G. R., Leppmann, P. K., Angermeier, W. F. & Thiekötter, T. J. (1986). *Psychologie des Lernens* (Zweite, vollkommen überarbeitete und ergänzte Auflage). Springer. https://doi.org/10.1007/978-3-662-09577-5

Leiß, D. (2007). *"Hilf mir es selbst zu tun": Lehrerinterventionen beim mathematischen Modellieren: Univ., Diss.–Kassel, 2007.* (Bd. 57). Franzbecker.

Leuders, T., Barzel, B. & Hußmann, S. (2005). Outcome standards and core curricula: a new orientation for mathematics teachers in Germany. *ZDM Mathematics Education, 37*(4), 275–286.

Leuders, T. & Prediger, S. (2005). Funktioniert's? – Denken in Funktionen. *Praxis der Mathematik in der Schule, 47*(2), 1–7.

Miller, G. A. (1956). The Magical Number Seven, Plus or Minus Two: Some Limits on our Capacity for Processing Infor-mation. *Psychological Review, 63,* 81–97.

Niss, M. (1999). ASPECTS OF THE NATURE AND STATE OF RESEARCH IN MATHEMATICS EDUCATION. *Educational studies in mathematics, 10,* 1–24. http://link.springer.com/content/pdf/10.1023%2FA%3A1003715913784.pdf

Nolte, M. (2004). Entdeckungsreisen im Land der Plus-Dreiecke. In M. Nolte (Hrsg.), *Der Mathe-Treff für Mathe-Fans* (S. 82–116). Franzbecker.

OECD. (2003). *The PISA 2003 Assessment Framework.* OECD Publishing. https://doi.org/10.1787/9789264101739-en

Ortlieb, C. P. (2009). *Mathematische Modellierung: Eine Einführung in zwölf Fallstudien* (1. Aufl.). Vieweg + Teubner.

Padberg, F. & Büchter, A. (2015). *Einführung Mathematik Primarstufe - Arithmetik* (2. Aufl. 2015). Springer Spektrum. https://doi.org/10.1007/978-3-662-43449-9

Padberg, F. & Wartha, S. (2017). *Didaktik der Bruchrechnung* (5. Auflage). Springer Spektrum. https://doi.org/10.1007/978-3-662-52969-0

Peitgen, H.-O., Jürgens, H. & Saupe, D. (1992). *Bausteine des Chaos: Fraktale.* Klett-Cotta.

Piaget, J. (Hrsg.). (1983). *Meine Theorie der geistigen Entwicklung* (Ungekürzte, durchges. Ausg., 9. - 10. Tsd, Bd. 42258). Fischer-Taschenbuch-Verl.

OECD. (2013). *PISA 2012 assessment and analytical framework: Mathematics, reading, science, problem solving and financial literacy.* OECD.

Pólya, G. (1966a). *Vom Lösen mathematischer Aufgaben- Band I: Einsicht und Entdeckung, Lernen und Lehren* (1. Aufl.). Birkhäuser.

Pólya, G. (1966b). *Vom Lösen mathematischer Aufgaben- Band II: Einsicht und Entdeckung, Lernen und Lehren* (1. Aufl.). Birkhäuser.

Pólya, G. (1973). *How To Solve It: A New Aspect of Mathematical Method.* Princeton University Press.

Pólya, G. (2010). *Schule des Denkens: Vom Lösen mathematischer Probleme* (4. Aufl). Francke.

Rasch, R. (Hrsg.). (2003). *Unterschiedliche Leistungsfähigkeit im Mathematikunterricht der Grundschule.* Franzbecker.

Riemer, W. (1991). *Stochastische Probleme aus elementarer Sicht* (Bd. 18). BI-Wiss.-Verl.

Schaback, R. & Wendland, H. (2005). *Numerische Mathematik* (5., vollst. neu bearb. Aufl.). Springer. http://lib.myilibrary.com/detail.asp?id=62114

Schäfer, J. (2013). „Die gehören doch zur Fünf!": Teil-Ganzes-Verständnis und seine Bedeutung für die Entwicklung mathematischen Verständnisses. In J. Sprenger, A. Wagner & M. Zimmermann (Hrsg.), *Mathematik lernen, darstellen, deuten, verstehen* (S. 79–97). Springer.

Scherer, P. & Moser Opitz, E. (2010). *Fördern im Mathematikunterricht der Primarstufe.* Spektrum Akademischer Verlag. https://doi.org/10.1007/978-3-8274-2693-2

Schoenfeld, A. H. (1985). *Mathematical Problem Solving.* Academic Press.

Schreiber, A. (2011). *Begriffsbestimmungen: Aufsätze zur Heuristik und Logik mathematischer Begriffsbildung.* Logos.

Schupp, H. (1992). *Optimieren: Extremwertbestimmung im Mathematikunterricht* (Bd. Bd. 20). BI-Wiss.-Verl.

Schwarz, W. (2018). *Problemlösen in der Mathematik: Ein heuristischer Werkzeugkasten.* Springer Spektrum.

Schweiger, F. (1992). Fundamentale Ideen. Eine geistesgeschichtliche Studie zur Mathematikdidaktik. *Journal für Mathematikdidaktik, 13*(2-3), 199–244. https://doi.org/10.1007/BF03338778

Seeger, F. (1998). Representations in the Mathematics Classroom: Reflections and Constructions. In F. Seeger & Voigt, J. , Waschescio, U. (Hrsg.), *The*

Culture of the Mathematics Classroom. Cambridge [u.a.]: Cambridge Univ. Press, 308-343. (S. 308–343). Cambridge Univ. Press.

Sprenger, J., Wagner, A. & Zimmermann, M. (Hrsg.). (2013). *Mathematik lernen, darstellen, deuten, verstehen: Didaktische Sichtweisen vom Kindergarten bis zur Hochschule*. Springer. https://doi.org/10.1007/978-3-658-01038-6

Stender, P. (2001). Mathe mit Zellen: Neues Lernen mit Medien im Mathematikunterricht der Sekundarstufe I (Behörde für Bildung und Sport, Amt für Schule, Hamburg, Hrsg.). https://bildungsserver.hamburg.de/contentblob/3871838/c437c1e692c20b124bd59f174f0cbe90/data/mathemitzellen.pdf

Kaiser, G. & Stender, P. (2013). Complex Modelling Problems in Cooperative, Selfdirected Learning Environments. In G. Stillman, G. Kaiser, W. Blum & J. Brown (Hrsg.), *Teaching Mathematical Modelling: Connecting to Research and Practice* (S. 277–294). Springer.

Stender, P. (2014). Funktionales Denken - Ein Weg dorthin. In S. Siller & J. Maaß (Hrsg.), *Neue Materialien für einen realitätsbezogenen Mathematikunterricht* (S. 101–114). Springer Spektrum.

Stender, P. (2015). Modellieren und Simulieren in der Stochastik: Die Aufgabe „Flugbuchung" aus den Bildungsstandards. In W. Blum, C. Drüke-Noe, S. Vogel & A. Roppelt (Hrsg.), *Bildungsstandards aktuell: Mathematik in der Sekundarstufe II* (S. CD). Schroedel.

Stender, P. & Kaiser, G. (2016). Fostering Modeling Competencies for Complex Situations. In C. Hirsch (Hrsg.), *Mathematical Modeling and Modeling Mathematics* (S. 107–115). National Council of Teachers of Mathematics.

Stender, P. (2016a). *Wirkungsvolle Lehrerinterventionsformen bei komplexen Modellierungsaufgaben* (Dissertation). Springer Fachmedien Wiesbaden GmbH.

Stender, P. (2016b). Heuristische Strategien zur Überwindung der doppelten Diskontinuität in der Lehrerbildung . In Gesellschaft für Didaktik der Mathematik (Hrsg.), *Beiträge zum Mathematikunterricht 2016* (S. 935–938). WTM.

Stender, P. (2016c). The Bus Stop Problem. In C. Hirsch (Hrsg.), *Mathematical Modeling and Modeling Mathematics* (more4U). National Council of Teachers of Mathematics.

Stender, P. & Kaiser, G. (2017). The use of heuristic strategies in modelling activities. In T. Dooley & G. Gueudet (Hrsg.), *Proceedings of the Tenth Congress of the European Society for Research in Mathematics Education (CERME10, February 1-5, 2017)* (S. 1012–1019).

Stender, P. (2017). Heuristic strategies in mathematics teacher education. In T. Dooley & G. Gueudet (Hrsg.), *Proceedings of the Tenth Congress of the European Society for Research in Mathematics Education (CERME10, February 1-5, 2017)* (S. 2316–2317).

Stender, P. (2018a). The use of heuristic strategies in modelling activities. *ZDM Mathematics Education, 50*(1-2), 315–326. https://doi.org/10.1007/s11858-017-0901-5

Stender, P. (2018b). Lehrerinterventionen bei der Betreuung von Modellierungsfragestellungen auf Basis von heuristischen Strategie. In R. Borromeo-Ferri &

W. Blum (Hrsg.), *Lehrerkompetenzen zum Unterrichten mathematischer Modellierung – Konzepte und Transfer* (S. 101–122). Springer Spektrum.

Stender, P. & Stuhlmann, A. S. (2018). Fostering Heuristic Strategies in Mathematics Teacher Education (V. Durand-Guerrier, R. Hochmut, S. Goodchild & N. M. Hogstad, Hrsg.). In V. Durand-Guerrier, R. Hochmut, S. Goodchild & N. M. Hogstad (Hrsg.), *Proceedings of the Second Conference of the International Network for Didactic Research in University Mathematics.*

Stender, P. (2019a). Heuristische Strategien – ein zentrales Instrument beim Betreuen von Schülerinnen und Schülern, die komplexe Modellierungsaufgaben bearbeiten. In I. Grafenhofer & J. Maaß (Hrsg.), *Neue Materialien für einen realitätsbezogenen Mathematikunterricht 6* (S. 137–150). Springer Fachmedien Wiesbaden.

Stender, P. (2019b). Heuristische Strategien in der Grundschule. In K. Pamperien & A. Pöhls (Hrsg.), *Alle Talente wertschätzen* (S. 258–272). WTM-Verlag.

Stender, P. (2019c). Heuristic Strategies as a Toolbox in Complex Modelling Problems. In G. Stillman & J. Brown (Hrsg.), *Lines of Inquiry in Mathematical Modelling Research in Education* (S. 197–212).

Stender, P. (2021a). Vergleich von Carsharing Tarifen - Lebensrelevante Mathematik am Beispiel eines prototypischen Preisvergleichs. In N. Buchholtz, B. Schwarz & K. Vorhölter (Hrsg.), *Festschrift Gabriele Kaiser* (im Druck). Springer.

Stender, P. (2021b). Methoden der Mathematik im Lehramtsstudium. In S. Halverscheid, I. Kersten & B. Schmidt-Thieme (Hrsg.), *Bedarfsgerechte fachmathematische Lehramtsausbildung. Zielsetzungen und Konzepte unter heterogenen Voraussetzungen* (im Druck). Springer Spektrum.

Stoer, J. (2005). *Numerische Mathematik I* (9. Aufl.). Springer.

Tietze, U.-P. (1978). Heuristik - Überlegungen und Untersuchungen zu kognitiven Strategien im MU. *mathematica didactica, 1*, 43–54.

Tietze, U.-P., Klika, M. & Wolpers, H.-H. (1997). *Mathematikunterricht in der Sekundarstufe II* (Bd. 1). Vieweg+Teubner Verlag.

Tietze, U.-P., Klika, M. & Wolpers, H. (2000). *Mathematikunterricht in der Sekundarstufe II: Band 2 Didaktik der Analytischen Geometrie und Linearen Algebra*. Vieweg+Teubner Verlag. https://doi.org/10.1007/978-3-322-86479-6

Verschaffel, L., de Corte, E., de Jong, T. & Elen, J. (Hrsg.). (2010). *Use of representations in reasoning and problem solving: Analysis and improvement*. Routledge.

vom Hofe, R. (1995). *Grundvorstellungen mathematischer Inhalte: Zugl.: Kassel, Univ. Gesamthochsch., Diss., 1994*. Spektrum Akad. Verl.

Wagner, A. & Wörn, C. (2013). Veranschaulichungs- und Erklärmodelle zum Rechnen mit negativen Zahlen: Ein Plädoyer für eine Reduzierung der Vielfalt an Repräsentationen im Unterricht. In J. Sprenger, A. Wagner & M. Zimmermann (Hrsg.), *Mathematik lernen, darstellen, deuten, verstehen* (S. 191–203). Springer.

Weinert, F. E. (1994). Lernen Lernen und das eigene Lernen verstehen. In K. Reusser & M. Reusser-Weyeneth (Hrsg.), *Verstehen. Psychologischer Prozess und didaktische Aufgabe* (S. 183–205). Huber.

Weinert, F. E. (2001). *Leistungsmessungen in Schulen*. Beltz.

Winter, H. (1995). Mathematikunterricht und Allgemeinbildung. *Mitteilungen der Gesellschaft für Didaktik der Mathematik*, (61), 37–46.

Winter, H. (2001). Fundamentale Ideen in der Grundschule.

Wisniewski, B. & Vogel, A. (Hrsg.). (2013). *Schule auf Abwegen: Mythen, Irrtümer und Aberglaube in der Pädagogik*. Schneider Hohengehren.

Wittmann, E. C. & Müller, G. (2008). *Das Zahlenbuch* (1. Aufl., 2. Dr). Klett-Grundschulverl.

Wittmann, E. C. & Müller, G. N. (2017). *Vom Einspluseins zum Einmaleins* (Neufassung, 1. Auflage, Bd. / Erich Ch. Wittmann, Gerhard N. Müller ; Band 1). Klett/Kallmeyer; Ernst Klett Verlag GmbH.

Wolff, G. & Athen, H. (1969). *Elemente der Mathematik- Geometrie und Trigonometrie: Mittelstufe* (Bd. 2). Schrödel-Schöningh.

Zech, F. (1996). *Grundkurs Mathematikdidaktik: Theoretische und praktische Anleitungen für das Lehren und Lernen von Mathematik* (8., völlig neu bearb. Aufl.). Beltz.

Zeidler, E., Grosche, G., Ziegler, V., Ziegler, D. & Bronstein, I. N. (Hrsg.). (2013). *Springer-Taschenbuch der Mathematik* (3., neu bearb. und erw. Aufl. 2013, Bd. ,). Springer. https://doi.org/10.1007/978-3-8348-2359-5

Zimmermann, B. (2002). Zur Genese mathematischen Denkens.

Springer

springer.com

Willkommen zu den Springer Alerts

Unser Neuerscheinungs-Service für Sie:
aktuell | kostenlos | passgenau | flexibel

Mit dem Springer Alert-Service informieren wir Sie individuell und kostenlos über aktuelle Entwicklungen in Ihren Fachgebieten.

Jetzt anmelden!

Abonnieren Sie unseren Service und erhalten Sie per E-Mail frühzeitig Meldungen zu neuen Zeitschrifteninhalten, bevorstehenden Buchveröffentlichungen und speziellen Angeboten.

Sie können Ihr Springer Alerts-Profil individuell an Ihre Bedürfnisse anpassen. Wählen Sie aus über 500 Fachgebieten Ihre Interessensgebiete aus.

Bleiben Sie informiert mit den Springer Alerts.

Mehr Infos unter: springer.com/alert

Part of **SPRINGER NATURE**

Printed in the United States
by Baker & Taylor Publisher Services